U0301140

人工智能与人类语言系列丛书

总主编：李佐文

语言智能导论

李佐文　任佳伟　主编

外语教学与研究出版社

北京

图书在版编目（CIP）数据

语言智能导论／李佐文，任佳伟主编． —— 北京：外语教学与研究出版社，
2024.8 (2024.11 重印)． ——（人工智能与人类语言系列丛书／李佐文总主编）.
ISBN 978-7-5213-5604-5
I. TP312.8
中国国家版本馆 CIP 数据核字第 2024J5D916 号

语言智能导论
YUYAN ZHINENG DAOLUN

出 版 人　王　芳
项目负责　孔乃卓
责任编辑　李婉婧
责任校对　闫　璟
封面设计　郭　莹
出版发行　外语教学与研究出版社
社　　址　北京市西三环北路 19 号（100089）
网　　址　https://www.fltrp.com
印　　刷　北京九州迅驰传媒文化有限公司
开　　本　650×980　1/16
印　　张　21.5
字　　数　343 千字
版　　次　2024 年 8 月第 1 版
印　　次　2024 年 11 月第 2 次印刷
书　　号　ISBN 978-7-5213-5604-5
定　　价　89.90 元

如有图书采购需求，图书内容或印刷装订等问题，侵权、盗版书籍等线索，请拨打以下电话或关注官方服务号：
客服电话：400 898 7008
官方服务号：微信搜索并关注公众号"外研社官方服务号"
外研社购书网址：https://fltrp.tmall.com

物料号：356040001

丛书编委会名单

主　任：王定华

副主任：孙有中　顾曰国　李佐文

委　员：（按姓氏笔画）

王立非（北京语言大学）

王穗苹（华南师范大学）

刘　挺（哈尔滨工业大学）

刘红艳（北京外国语大学）

江铭虎（清华大学）

许家金（北京外国语大学）

罗选民（清华大学）

胡加圣（上海外国语大学）

姜　孟（四川外国语大学）

秦　颖（北京外国语大学）

唐锦兰（北京外国语大学）

颊东耀（北京交通大学）

总　序

王定华

　　当今世界正经历百年未有之大变局，国际环境错综复杂，局部冲突持续不断，新冠疫情影响深远，逆全球化思潮有所抬头。全球科技创新也正进入密集活跃时期，新一轮科技革命和产业变革正在重构全球创新版图，重塑全球经济结构，重振全球高等教育形态。

　　作为人类有史以来最具革命性的技术，人工智能近年来正释放出科技发展和进步过程中积蓄的巨大能量，深刻改变着人类生产生活方式和思维方式，对社会发展和人类文明产生重大而深远的影响。人工智能概念提出60多年来，全球人工智能发展经历了数次浪潮。今天，计算机运算能力飞速提升，计算成本快速下降，深度学习算法快速进化迭代，互联网、物联网高速发展积累起海量数据，正共同推动人工智能在智能机器人、智能金融、智能医疗、智能安防、智能驾驶、智能搜索、智能教育等方面的发展与突破。未来，人类社会的经济、社会、教育乃至日常生活的方方面面，将呈现出一系列重大变化。人类感知外部世界的能力、传播信息的流量与速度、运算和分析相关数据并进行反馈的能力，都将得到前所未有的提高。人类世界、自然世界、虚拟世界呈现出深度融合的态势，智能技术渗透到经济生产活动，数据成为经济运行的灵魂，生产要素、生产力、生产关系将发生重大改变。当前，世界主要国家都高度重视人工智能发展，我国亦把新一代人工智能作为推动科技跨越发展、产业优化升级、生产力整体跃升的驱动力量。

　　在未来的国际竞争中占据发展先机，需要认清人工智能时代的总体特征，把握人工智能技术应用给生产、生活带来的机遇和挑战，研究新对策、摸索新规律、洞察新趋势。我们要在应用智能技术上着力，全力适应人机共存的教育新形态，探索人工智能时代教育教学新思路、新领域。作为新时代教育现代化发展的核心引领力，人工智能必将极大激发教育在促进人类进步和社会发展中的巨大能量。人类行为和教育活动将受到智能化的重大影响，甚至是颠覆性的影响。

人工智能时代下的高校，将实现校园赋能、家校互相增强、泛在教育环境，将从片面看重智育转向促进全面发展的教育，从以教师为中心转向以学生为中心，积极探索更多人机协同的智能课堂形式。高校要推动人工智能普及，打造智慧型校园，变革高校治理方式，积极探索智能教育的发展战略。开展人工智能教育，既可作为教学内容，又可作为教学手段，更可将人工智能与学科教学、学生发展结合起来。

人工智能时代的教师，应当努力成为学生灵魂的工程师、学生自主学习的引导者、人工智能技术的拥抱者，教师要不断增长本领，善用人工智能，开展差异教学、增强教学、协同教学，提高教学效果，扩展知识疆域，调动学生兴趣，不能对其漠然置之，不屑一顾。教师也要体现主体地位，勇做学校主人，关注学生成长。

人工智能时代的学生，要在原有素养的基础上，重点发展批判性思维能力、学习能力、知识迁移能力。人工智能通过精准评测准确了解学生的学习状态，诊断学习中存在的问题，进而，自适应学习系统可以使每个学习者的学习内容和学习路径随着他的个人特征适时调整以达到最优适配。学生也可以据此选择学习资源、学习方式、学习伙伴，甚至选择教师为其提供辅导、课程资源、支持服务。

技术赋能教育，科技创造未来。随着人工智能迈入认知智能阶段，人工智能与脑科学、认知科学、语言科学等学科之间交叉融合，不仅对外语学科发展和人才培养产生了冲击，同时也带来了新的机遇和挑战。人工智能与人类语言有着密不可分的关系。无论是人类智能还是人工智能，都涉及语言处理的问题。人获取知识的主要媒介是语言，由此形成概念，对世界进行分类概括，进而形成认知。在知识应用阶段，人依然需要用语言来表达思想和概念。语言、认知和思维密不可分。语言生成、理解和学习是人类的智能活动，探究其过程需要借助脑科学、认知科学等领域的研究成果。机器要与人类进行高效交互，就需要理解和生成自然语言，因此自然语言处理被视为人工智能皇冠上的明珠。在整个人工智能革命的大潮中，实现语言智能已经成为当前人工智能走向强人工智能的必由之路。发展语言智能的基础研究与工程应用，是科技创新和人才培养的时代要求，也是语言类高校服务国家战略的一个重要方面。

从互联网到信息化，到云计算、大数据，再到人工智能，我国教育系统始终坚持与时俱进的精神，主动作为，积极迎接和助力信息技术的变革，并将其及时融入教育事业改革发展的进程之中。为贯彻落实国务院《新一代人工智能发展规划》和教育部《高等学校人工智能创新行动计划》，推动教师主动适应智能化变革，积极有效开展教育教学，2018 年8 月，教育部在北京外国语大学开展人工智能助推教师队伍建设行动试点工作。开展试点工作以来，北外改造智能教育环境，提升教师智能素养，助力教师教学创新，加强教师队伍治理，取得积极进展和明显成效。在试点基础上，为进一步推动人工智能与教育深度融合，攻克语言智能中的关键核心技术，北京外国语大学于 2019 年 12 月成立了人工智能与人类语言重点实验室。实验室聚焦国家人工智能与语言教育领域的前沿课题，以"阐释人类智能，驾驭人工智能，解码语言奥秘，成就智慧人生"为宗旨，以"聚焦前沿课题，发挥北外优势，探索崭新机制，服务国家战略"为目标，立足学校外语教学与研究传统优势，着力开展语言学习机理研究、基于人工智能的语言教学研究、多语种语料库、多语自然语言处理和外语健脑强智研究，带动语言类基础学科的理论创新、制度创新和实践创新，推动前沿技术赋能语言研究的突破性进展，努力构建面向每个人、适合每个人、更加开放灵活的教育体系，引领我国外语教育信息化、智能化。同时，实验室探索崭新机制，本着"开放、协同、智能、一流"的建设原则，依托交叉学科智库，围绕国家科教兴国战略，汇聚海内外贤才，力争成为国内乃至世界领先的人工智能助推语言教育的研究高地，并与兄弟院校、相关科技企业共建共享、合作互助。

实验室成立以来，在学校党委的领导下，很快形成了以优秀专家学者为带头人，青年学术骨干为主体的科研队伍，承担了以国家社科重大项目、教育部重大项目、北京市社科重大项目为代表的多项研究课题，产出了一批有原创性、有影响力的研究成果，并于 2021 年 12 月入选首批教育部哲学社会科学实验室。

"人工智能与人类语言系列丛书"即人工智能与人类语言重点实验室成立以来研究团队取得的部分成果。这套丛书围绕人工智能技术与语言研究，汇聚语言学、计算科学、教育学、心理学等学科的多领域前沿成果，涵盖了人工智能与人类语言研究的各个热点领域，包括语言与认知神经发展、多语言自然语言处理、智慧外语教学、外语健脑强智、多语言语料库建设等话题，开展多语种、跨语言、多模态的智能语言处理实践，研究实现人机之间用自然语言进行有效沟通的各种方法和技术，致力于深度语义理解、语言认知机制的计算建模等前沿研究。希望系列丛书能够丰富人工智能与人类语言这一交叉领域的学科知识，帮助正在学习和从事相关领域的读者开阔视野，了解当前发展趋势，进而促进该领域研究的长远发展和深度融合。

是为序。

2022 年 9 月 10 日

（总序作者系北京外国语大学党委书记、教授、博士生导师）

前言

    作为人类有史以来最具革命性的技术，人工智能近年来正释放出科技发展和进步过程中积蓄的巨大能量，以前所未有的广度和深度深刻改变着人类社会发展方式。特别是近年来，以大语言模型、生成式人工智能为代表的通用人工智能技术在全球引起广泛关注，人工智能掀起新一轮浪潮。在此背景下，国家对掌握人工智能技术的专业人才以及掌握专业知识又有人工智能知识和技能的人才需求急剧增长。在新文科新工科建设的大背景下，加强人工智能领域人才培养，尽快提升专业领域人员的人工智能技术和素养，将人工智能通识课程拓展到更多专业，以提升他们理论与实践相融合的综合素质，培养更多跨领域人才，对于我国新质生产力的发展具有十分重要的意义。语言智能是人机交互的重要基础和手段，研究人的语言能力和机器的语言能力以及二者互鉴共促的一个科学领域。随着人工智能的快速发展，特别是大语言模型的出现，语言智能的研究与应用越来越受到人们的关注，成为推动新质生产力发展的重要因素。

    《语言智能导论》是教育部哲学社会科学实验室——北京外国语大学人工智能与人类语言重点实验室组织相关研究人员编写的一本面向文科专业学生，特别是语言类专业学生学习的概论性通识读本。目的是让文科类学生掌握一定的人工智能知识和技术，让理工类专业学生掌握一定的语言学知识和原理，积极推动人工智能、大数据等现代信息技术与文科专业深度融合。

    本书的主要特色是：（1）清晰地勾勒出语言智能的理论框架和研究体系。"语言智能"这个术语经常听到人们提及，但它的科学内涵和研究内容包括哪些并不清晰。本书在智能科学与技术的视角下，按照人类的语言与认知、语言数据与模型、机器对人类语言的模拟与延伸、语言智能的创新应用和伦理规范等这一框架来拟构人机互鉴的语言智能学科。（2）突出核心概念、关键技术，反映前沿水平。语言智能是一个涉及多学科的交叉领域，每个学科都有丰富的内容和长篇著述，作为一本"导论"性质的通识读物，不可能详细论述所有细节，而是更加关注和语言智能相关的核心概念，主要发展历程，关键技术以及目前的发展状态。（3）理论介绍与实际应用相结合。在介绍相关原理和技术发展的同时，本书更注重问题的解决和技术的实际应用，提供丰富的实操案例和推荐资源，以方便读者学以致用。

北京外国语大学人工智能与人类语言重点实验室以"聚焦前沿课题，服务国家战略"为目标，发挥学校外语教学研究和语言资源优势，致力于语言智能的研究开发和人才培养。参加本书编写的成员，都来自实验室的交叉学科师生团队，有的来自认知科学领域，有的来自人工智能领域，有的来自语言科学领域，是名副其实的交叉学科研究团队。各部分撰写分工如下：前言和第一章由李佐文撰写；第二章由冯望舒撰写；第三章由王玉玲撰写；第四章由王子晗撰写；第五章由于志、李佐文撰写；第六章由任佳伟撰写；第七章由李娜撰写；第八章由任佳伟撰写；第九章由孙上、闫瑾撰写；第十章由龙飞、李佐文撰写；第十一章由张一凡撰写。全书由李佐文、任佳伟负责规划、审稿和统筹。

本书的撰写和出版得到北京市哲学社会科学基金重大项目"面向自然语言处理的通用篇章语义计算模型研究（20ZDA21）"支持。外语教学与研究出版社对系列丛书的出版给予大力支持和帮助，在此表示衷心感谢。感谢长期以来对北外人工智能与人类语言重点实验室给予大力支持的领导、师长和朋友们！

语言智能的发展虽然日新月异，令人欢欣鼓舞，但让机器具有像人一样的语言交际能力和认知能力，还有相当长的路要走，其中很多的问题还在求索和探寻之中。编写这样一本通识读本具有很多的挑战，加之编写者水平有限，书中存在诸多疏漏和不妥之处在所难免，欢迎读者批评指正。

编　者

2024 年 3 月 30 日

目录

第一章　语言智能的概念及其发展

本章提要

　　语言智能作为智能科学与技术的重要组成部分，代表着人工智能发展的前沿水平。近年来，大语言模型的出现，使语言智能的发展突飞猛进，深刻影响着人类社会和人类文明，也使语言智能这一领域备受关注。本章首先对语言智能的概念和内容进行阐述，勾勒出语言智能的基本理论框架和研究内容。语言智能研究包括人类的语言与智能、机器的语言智能处理技术以及这些技术的创新应用。语言、认知和计算是语言智能的三大要素。然后简单概述语言智能在国内外的发展情况，最后论述了新文科建设背景下学习语言智能的重要意义。时代呼唤新型交叉学科解决现实问题，语言智能学科的设立和发展，对我国人工智能发展战略实施和高端复合型人才培养具有重要的推动作用。

1.1　语言智能的基本概念和相关术语的界定

　　近年来，随着以 ChatGPT 为代表的大语言模型的出现，语言智能成为人们关注的焦点和热点，成为异常火爆的词汇。语言智能是一个多层次多领域的概念，涉及语言学、认知科学、计算机科学、人工智能等领域。关于语言智能的概念，不同学者从不同的角度进行过界定。霍华德·加德纳（Howard Gardner, 1983）在他的多元智能理论中曾使用"语言智能"这一术语，认为语言智能是灵活掌握语音、语义、语法，具备用言语思维、用言语表达思想和交际意图的能力，是人类多元智能的一个方面。随着计算机科学技术和人工智能的发展，人们一直在探索如何让机器也具有像人类一样的语言能力，机器翻译、自然语言处理、人机对话等都是在朝着这一目标努力，让机器具有语言智能。在此背景下，语言智能这一术语越来越多地被用来特指计算机智能处理人类语言的能力和技术。周建设等（2017；2018；2019）认为，语言智能即语言信息的智能化，指运用计算机信息技术模仿人类的智能，分析和处理人类语言的过程。语言智能旨在运用计算机技术和信息技术，让机器理解、处理和分析人类语言，实现人机语言交互（胡开宝，田绪军，2020：59），使得机器在一定程度上拥有理解、应用和分析人类语言的能力（胡开宝，尚文博，2022：104）。

在计算机科学与人工智能领域，语言智能处理主要体现为自然语言处理，是指利用计算机等工具分析和生成自然语言（包括文本、语音等），从而让计算机"理解"和"运用"自然语言，可以让人类通过自然语言的形式与计算机系统进行智能交互（黄河燕，史树敏等，2020）。

"语言智能"在语言教育和语言学习领域也经常提及和使用。周建设（2019：45）指出，"语言智能有力促进了语言教学、语言学习的智能化，拓展了语言学研究的新领域，在未来教育中将发挥越来越重要的作用。"黄立波（2022：5）认为，语言智能研究旨在借助现代技术，尤其是人工智能技术，模拟人类的语言能力，实现语言学习的全程智能化。

可以看出，大部分学者是从机器智能的角度来界定"语言智能"概念，把它看成是与感知智能、行为智能、类脑智能并列的一种机器智能，即强调人工智能技术在语言相关领域的应用。梁晓波、邓祯（2021：85）认为，语言智能指的是"运用计算机信息技术模仿人类的智能，以及分析和处理人类语言文字、声音、知识、情感的科学技术"。周建设（2019：45）认为，语言智能研究是语言学与人工智能的交叉学科。简单而言，语言智能就是语言加人工智能，语言智能研究就是人工智能技术应用于自然语言处理领域的相关研究（黄立波，2022：4）。

我们认为，"语言智能"是智能科学的重要组成部分。智能科学研究智能的基本理论和实现技术，是由脑科学、认知科学和人工智能等学科构成的交叉研究领域（史忠植，2013）。因此，语言智能的研究也至少应在脑科学、认知科学和人工智能技术三个层面上进行，既有机理和模型的探讨，也有功能的仿真，才能形成完备的理论和应用互益发展的体系。

脑科学从大脑的结构和功能的角度揭示语言习得和使用过程中的神经活动规律，是语言智能研究的基础。认知科学研究人类智能的本质和规律，探讨语言使用过程中的概念语义形成的机制和过程、具身性特征等。人工智能通过语音识别、自然语言处理，知识图谱等技术来模拟和实现人类的语言能力，三个方面互相支撑，彼此促进，共同构成语言智能的主要学科基础。

从智能行为的主体来看，主要包括两类，以人类为代表的生物和以计算机为代表的机器，因此智能有两种表现形态，人类智能（Human Intelligence）和人工智能（Artificial Intelligence），后者以前者为基础和目标，是对前者的延伸和拓展。无论是人类智能还是人工智能，都涉及语言的使用和处理问题。在人类智能中，知识总是用自然语言（其中主要是文字）表示的，推理是人脑的功能，所以人类智能的标志是自然语言知识＋人脑推理（李冠宇，黄映辉，2009）。人类主要以语言媒介来获取知识，对世界形成概念和认知。在知识应用阶段依然是用语言来表达思想和概念，语言、认知和思维密不可分。语言的学习和使用是人类的智能活动。语言生成和理解的研究需要借助脑科学、神经认知科学等学科领域的研究。在机器智能中，机器要与人进行交互，也要理解和生成自然语言，因此自然语言处理被称为人工智能皇冠上的明珠。语言智能研究人的语言能力和机器对人的语言能力的模拟和延伸，以及二者的互动同构关系。

语言智能不是单纯的机器智能，而是以人类语言能力为基础、实现增强与互联的深度人机结合的综合智能行为。对人类语言机制的深入探讨将推动机器认知智能的进一步发展。语言智能是机器智能走向认知智能的必经之路，自然语言处理是机器智能的关键核心技术，是制约人工智能发展的主要瓶颈。语言智能是人工智能的重要组成部分及人机交互认知的重要基础和手段。语言智能基于人脑生理属性、言语认知路径、语义生成规律，利用大数据与人工智能技术，构拟人机语义同构关系，让机器实施类人言语行为（唐良元，2023）。另外，语言智能还有力促进语言教学、语言学习的智能化，拓展语言学研究的新领域，在外语教育和人才培养过程中发挥越来越重要的作用。

　　在理解语言智能概念的时候，我们通常会联想到与它相关的一些术语，例如，计算语言学、自然语言处理、语言技术、语言数据科学、语言资源学等。

　　计算语言学（Computational Linguistics）通常被认为是语言学或应用语言学的一个分支领域。它从计算的视角，研究自然语言的规律，提供各种语言现象的计算模型，最终目标是让计算机能够像人类一样分析、理解和处理自然语言。与计算语言学最相关、近乎可以替换使用的术语是"自然语言处理"。自然语言处理（Natural Language Processing, NLP）研究人与计算机之间用人类语言进行沟通交流的实现方法。虽然这一领域的研究涉及自然语言，即人们日常使用的语言，它与语言学的研究有着密切的联系，但它的重点在于研制实现自然语言理解和生成的计算机系统，特别是其中的软件系统。因而它通常被认为是计算机科学的一部分。计算语言学和自然语言处理研究的内容大部分重叠，但侧重点各不相同，它们是语言智能的重要实现途径。

　　语言技术（Language Technology）是指利用自然语言处理、机器学习和深度学习等技术，使计算机能够理解、解析和生成自然语言的能力。通过这些技术，计算机可以分析文本、感知语音以及与人类进行交流，核心目标是建立智能对话系统，使机器具备像人类一样的沟通能力。

　　语言数据科学（Linguistic Data Science）是数据科学的一个领域。数据科学使用科学的方法，计算过程、算法和操作系统从结构化和非结构化数据中获得知识和观点。语言数据是指以语言为主要信息载体的数据，包含语言的各种属性，如词性、语法、句式、语义、语用等，形式可表现为文本数据、语音数据、视频数据等形式。在人工智能领域，语言数据常用于训练自然语言处理模型，如机器翻译、语音识别、文本分析等。

　　语言资源学（Study of Language Resources）是研究语言资源及其相关问题的科学，以语言资源为研究对象，系统研究语言资源的类型、构成、分布、质量特征、使用状况及其与语言研究和社会发展之间的关系，内容主要涉及语言资源理论、语言资源应用技术、语言资源管理与伦理等，是跨语言学、资源学、信息科学等的交叉学科。

　　这些术语和领域都和语言智能密切相关，并且在发展过程中深度融合，在推动语言智能发展的过程中发挥着重要作用。

1.2　语言智能的研究内容

从上一节可以看出，语言智能研究人的语言能力和机器对人的语言能力的模拟和延伸，以及二者的互动同构关系。它基于人脑生理属性、具身的认知体验、言语生成规律，利用大数据与人工智能技术，对自然语言信息进行处理，让机器实施类人言语行为，服务于人类社会。据此，语言智能的研究内容可以分为三个层次：基础理论研究、关键技术研究和应用创新研究。这三个层次主要内容之间的逻辑关系主要表现为：首先，语言的脑神经认知机制为语言智能提供关于人类语言处理的（生理、心理、语言）理论基础；其次，语言数据技术和计算模型为语言智能提供关于自然语言处理的关键技术支撑；第三，语言智能教学和人机互动系统等是语言智能技术的重要应用领域。这三大方面的研究密切联系，有机融合，共同构成了语言智能的整体框架。如下图所示：

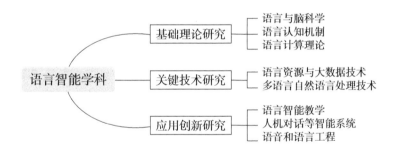

1.2.1　人类的语言与智能研究

语言智能研究不仅涉及运用人工智能技术对语言信息进行智能化处理，而且要致力于研究人类大脑处理自然语言的神经认知机制，致力于探索语言的脑认知奥秘，以语言认知、语言学习、语言模型研究为重点，努力推动服务于认知智能、类脑智能发展的基础理论研究。苏金智（2021a）指出，语言智能与语言能力的关系很难分得一清二楚。他认为，人类的语言智能实际上就是人类语言能力的体现，机器人的语言智能就是机器人语言能力的体现，语言能力在这里起着关键的作用。

语言智能的基础理论研究主要包括以下内容：

（1）语言与脑科学研究，主要关注人类语言处理的神经生理基础，研究大脑语言功能发展、多语言学习的脑加工机制、语言病理机制，以及语言产生、接收、分析和储存的神经机制等。

（2）语言认知机制研究，主要关注人类语言处理的认知心理基础，研究语言理解、生成与使用的认知加工机制，语言能力和言语交际的认知解释等。

（3）语言计算理论研究，主要关注人类语言的本质和系统特征以及面向计算机智能处理的理论和分析方法、构建语言模型等。语言理解是语言智能的主要任务，涉及语言理解的目标、途径和主要模型。机器对语言的理解就是确定了概念与语言单元的映射，以及知道承载概念单元的语言属性和知晓不同语言单元之间的关系。而语义理解是语言理解的核心，它包括对自然语言知识和常识的学习；语义理解可以通过一系列的人工智能算法以及多场景智能语义分析，将文本解析为结构化的、机器可读的意图与词槽信息。

1.2.2　语言智能技术研究

语言智能技术主要是计算机领域或人工智能领域感兴趣的话题，包括语言资源与大数据技术、多语言自然语言处理技术等。语言智能关键技术研究的主要目标是构建数据驱动、以自然语言理解和生成为核心的计算模型及优化方案，为语言计算、语言教育和语言工程应用提供关键技术支撑。

（1）语言资源与大数据技术：利用计算机对语言数据进行抽取、存储、标注与研究，智能高效地处理语言大数据，构建语言资源。李宇明（2022）指出，"语言资源建设的科学目标，是满足计算机发展语言智能、从事各种机器语言行为的需要，满足计算机'社会计算'的数据需要"。实现语言数据与语言知识、世界知识的有机融合，是语言智能处理的发展方向。语言数据是语言智能的基础，高质量的语言数据和资源是决定语言智能水平的重要因素。同时它也是语言研究的重要资源和基础。一方面，语言智能需要采用文本挖掘、知识图谱、深度学习、多模态识别等人工智能技术构建多语言语料库、知识库、资源库，帮助解决现实中的语言问题；

另一方面，利用语言数据挖掘和知识抽取算法发现新的语言现象，提出新的语言问题，从中总结出新的语言规律。

（2）自然语言处理技术：以计算机为基本工具，研究自然语言的分析、理解和生成技术，以及面向语言的机器学习方法，实现有效的自然语言语义和意图计算。开展多语种、跨语言、多模态的智能语言处理实践，研究实现人机之间用自然语言进行有效沟通的各种方法和技术，致力于自然语篇语义理解、语言认知机制的计算建模等前沿研究，探索提升话语计算、情感分析、机器翻译准确率和精确度的有效路径，这些都是自然语言处理需要解决的问题。在大语言模型盛行的当今时代，探索大模型的原理和有效利用是这一领域关注的重点。

（3）人机交互技术（Human-Computer Interaction, HCI）：通过软硬件设计和实现来支持人与计算机之间交互的学科、过程和方法。它旨在促进用户友好的界面和系统，使人们能够尽可能轻松地使用计算机。该领域关注如何设计、评估、部署和使用计算机系统，以便人类用户可以更好地完成任务，并从中获得良好的用户体验。

1.2.3　语言智能的创新应用研究

语言智能的应用范围相当广泛，主要包括语言智能教学、人机对话等智能系统、语音工程与语言工程等，用于解决各领域与语言相关的实际问题。创新语言智能技术的应用研究、促进语言教育智能化、提升各类智能系统和平台的性能和质量、开发和拓展各类语言工程应用，也是语言智能学科需要研究的重要内容。

（1）语言智能教学：开展人机共生时代语言教学理论、学习理论与学习者研究，创新智能化语言教学模式和方法，设计、管理和优化语言学习过程，开发个性化的多语言智能教学系统、测评系统和学习平台，建设数字化语言学习资源库，培养掌握智能技术和语言技能的复合型人才，提升语言教师的智能化教学素养等。

（2）人机对话等智能系统：人机对话系统是语言智能的重要应用领域，近年来的最新进展主要来自深度学习技术的成熟和大规模对话语料获取这两方面的进步，但目前仍存在诸多问题和挑战（黄河燕，史树敏等，2020: 196-197）：在系统层，需要构建统一的人机对话框架；在模型层，构建完全端到端的人机对话系统仍面临巨大挑战；在学习层，需要超越当前的有监督学习范式；此外，还需要与常识、现实世界和情境建立联系。

（3）语音与语言工程：语音工程是与语音智能处理有关的实际应用，在语音产生、传递和感知研究的基础上，利用人工智能技术进行语音识别、语音编码、语音合成、言语感知等。语言工程主要应用语言智能解决各类现实问题。

随着语言智能技术的不断进步，应用场景会不断拓宽。在智能客服、多语语言服务、数字人文、社会计算和国际传播等领域具有广阔的应用空间。加强语言智能的领域应用研究，与技术研发同等重要。

1.3 国内外语言智能的发展

语言智能研究在整个人工智能领域发挥关键核心作用。在国外，和语言智能密切相关的研究很早就受到了关注和重视，具备了较好的研究基础，但没有使用"语言智能"这一名称，较多地采用"语言技术""语言与语音处理""计算语言学与信息处理"等名称。国外的语言智能研究主要体现为语言技术研究与自然语言信息处理。例如，美国卡内基梅隆大学计算机科学学院设有语言技术研究所；斯坦福大学人工智能实验室设有专门的 NLP 研究组；麻省理工学院设有计算机科学与人工智能实验室，研究方向包括人机互动、机器人学等；约翰斯·霍普金斯大学设有语言与语音处理中心 CLSP；马里兰大学设有计算语言学与信息处理实验室；宾夕法尼亚大学设有自然语言处理研究组（UPenn NLP Group）；英国爱丁堡大学设有语言、认知和计算研究所。事实上，美国军事领域很早便启动了语言智能处理项目，整合了统计学、计算机科学、认知科学、语言学等领域的先进成果，目前在语言智能处理领域处于全球领先地位。

在我国，"语言智能"这个概念是在 2013 年北京"语言智能学术论坛"上提出的（周建设，2023）。随着深度学习、语言大数据技术的不断发展，越来越受到学界业界的重视并取得了令人瞩目的成就。在语言资源建设、多语言机器翻译、多语言文本挖掘、智能语言教学、智能舆情监控等领域发展迅速，为全球语言服务发挥了重要作用。

在理论建构和学科建设方面，学者们围绕语言智能的概念与内涵、语言智能与大数据、语言智能与国家语言能力、语言智能和语言学的关系、语言智能在外语教学中的应用、语言智能的学科建设与人才培养等进行探讨，使语言智能的概念逐渐广为接受，其重要意义受到前所未有的关注。语言智能是人工智能走向认知智能的关键所在，对于我国的人工智能发展战略至关重要，也是语言类学科参与重大科研攻关和社会服务、更新人才培养理念的重要契机。

目前，我国的语言智能学科建设已经具备了较好的基础，形成了较明确的研究方向，具备较为稳定的教学、科研队伍，也产出了很多技术应用成果。在我国的学科体系中，语言信息处理一般是语言学及应用语言学、计算机应用技术、教育技术学等二级学科下的研究方向。近年来，国内一些高校新设置了语言智能相关学科或研究机构，分属中国语言文学、计算机科学与技术或外国语言文学等一级学科，如首都师范大学、北京语言大学、重庆大学、四川外国语大学等。上海外国语大学、北京外国语大学、青岛大学、北京理工大学、西安外国语大学等高校也在积极开展语言数据科学、"人工智能＋外语"等新文科探索和语言智能相关研究。这些进展充分说明，语言智能交叉学科建设在我国已受到较广泛的重视，事实上已经成为新文科建设的一个重要方向。

从技术演进的角度来看，语言智能（机器翻译、自然语言处理、人机对话、语言识别等）的发展脉络和语言模型的范式演进过程趋同。语言模型的"范式"通常指的是模型的基本建构方式。范式决定了语言模型如何捕获语言单位的概率分布和语法结构，以便执行不同的自然语言处理任务。从自然语言处理的研究范式来看，1950—1990 年占主导地位的是小规模专家知识，1990—2010 年是浅层机器学习，2010—2017 是深度学习，2019—2022 是预训练语言模型，2023 年开始进入大模型时代（刘挺，2023）。在这过程中逐渐形成的模型范式主要包括基于规则的范式、基于概率统计的范式、基于深度学习的范式和预训练＋微调范式，语言模型的范式演进过程贯穿了语言智能的发展过程。具体内容因为后面章节都有所涉及，此处暂不展开讲解。

1.4　语言学和语言智能

讨论人类的语言智能也好，机器的语言智能也好，都必然会涉及语言的原理和规律问题，只有深刻认识人类语言的本质属性和使用的机制，才能更好地深入研究语言智能的前沿领域。语言学作为一个蓬勃发展的学科，主要研究和描写人类语言的结构、功能及其历史发展，揭示语言的本质，探索语言的共同规律。语言是人类所独有的，只有人类才使用有声语言进行交际，因此，通过语言的研究，我们可以更加清楚透彻地理解人类的本质。语言是人类进化过程中的重要成果之一，而语言学正是将人类语言从古至今的演化历程进行系统、全面、深入地研究，并得出有意义的结论，从而让我们更好地了解人类智慧和文明的发展历程。比如，语言学家们通过对各种语言结构的形式和规律的探讨，可以揭示不同文化背景下人们的思维方式和行为模式，为世界各地的跨文化交流提供理论基础。

语言学与语言智能有密切关联，并在语言智能的发展过程中发挥重要作用。机器智能的探索始于对机器翻译的研究，在最初基于规则的机器翻译发展阶段，语言学知识和理论发挥着主导作用。自然语言处理、人机对话等领域也大都采用语言学家编制规则的方法来实现智能操作。随着深度学习的应用、计算机软硬件的不断发展，语言智能愈来愈依赖于语言数据，而非语言学知识，但效果越来越好，不仅能够生成符合语法的句子，还可以更好地"理解"人类语言。基于大数据和深度学习的自然语言处理技术已成为语言智能的主流。语言学对于语言智能的重要性似乎逐渐下降，甚至有人认为语言学研究对于语言智能发展的意义并不大。

语言智能是由多学科构成的交叉领域，其中计算机科学与技术、认知科学等发挥关键作用，但语言学的作用不可或缺。没有语言学的理论和研究成果作指导就不可能有语言智能技术的创新和发展。语言学对语言结构的描写和语言使用规律的总结可以应用于语言数据的标注。语义学的研究可应用于知识图谱的建构的设计。言语交际的理论可应用于人机对话的改进和提升，认知语言学的理论可以指导人工智能走向具身认知智能等等。事实上，无论是过去还是将来，语言智能的发展离不开语言学的支撑，人工智能算法并不能代替语言学理论（胡开宝，2023）。

当然，语言智能发展到今天，特别是大语言模型的快速发展，确实也给语言学的研究提出了新的问题和挑战。例如，以 ChatGPT 为代表的大语言模型到底学到了哪些语言知识？为什么在不需要大脑思考的情况下，仅依靠大数据和大算力就可以理解和生成话语？我们应该如何刻画和评测大语言模型所表现出来的语言能力？在过去的语言学研究过程中，语言学家大多依赖语言直觉或有限的语言数据作为分析和总结规律的依据；在互联网高度发达且语言数据迭代增强的当今时代，能否借助人工智能和大数据分析技术，来重新建构我们对人类语言的观念和认知？在海量数据和人工智能加持下得出的语言学理论和规律会和我们以前的认知假设一致吗？语言学理论在语言智能发展的过程中一直发挥重要的支撑作用，反过来，语言智能的发展也会极大地促进语言学的研究和迭代升级，二者之间相互借鉴，相互促动，共同推动语言科学和技术的不断发展。

1.5 新文科背景下学习语言智能的重要意义

随着智能科学与技术的日益普及和广泛应用，社会对既通语言又懂技术的语言智能人才需求量越来越大。刘利（2019）认为，"当前语言智能领域对语言知识和语言资源的投入依然不足，语言智能人才的培养仍旧存在结构性缺陷——了解语言智能算法和应用技术的人对语言资源缺乏认识，对语言规律、语言现象了解不足；从事语言规律研究、参与语言资源建设的人又缺少语言智能科学的素养。这种严重的脱节已经成为影响语言智能发展的瓶颈"。在新文科背景下，学习语言专业的学生要掌握一定的语言智能技术，学习人工智能专业的学生要掌握一定的语言学知识，时代对这一领域复合型人才的需求突显了学习语言智能知识的重要意义。

首先，学习语言专业的学生需要掌握一定的人工智能技术。人工智能已经悄然改变了我们与世界的交流方式。在语言学习和语言研究过程中，人工智能技术可以帮助我们更高效地完成这些任务。比如，AI 可以通过分析大量的语料库，自动识别和理解语言的模式和规则。这不仅提高了效率，也使得研究更具有客观性和可信度。再如，自然语言处理技术就是 AI 在语言分析中的一个具体应用。语言类学生可以通过这些技术来处理大规模文本数据，以发现趋势、解决问题，省去大量的时间和精力去处理数据。时代发展到今日，以解决问题为导向的跨学科融合已成为科学研究的发展趋势，语言智能作为代表人工智能发展水平的交叉领域，涵盖了计算机科学、人工智能、数据科学和语言学等多个学科领域。学习语言智能可以帮助语言类学生更好地融入跨学科的研究，提升自己的智能素养和水平，跟上科技发展的脚步，为未来做好准备。

另一方面，学习计算机科学的学生或从事人工智能研究的人员也要注重语言学知识的学习。计算机科学和人工智能领域的一个重要分支是自然语言处理（NLP），它涉及计算机理解和生成自然语言的能力。具备语言学知识的人能更好地理解语言结构、语法、语义等概念，从而更有效地进行 NLP 研究。在数据科学和机器学习领域，文本数据的分析和挖掘是常见任务。语言学知识可以帮助研究人员更好地理解文本数据，提取有用的信息，并进行情感分析、主题建模等任务。人工智能研究者可能需要处理多种语言的文本数据。了解语言学原理可以帮助他们更好地理解不同语言之间的差异，从而提高机器翻译和多语言处理系统的性能。知识图谱和语义网技术在人工智能中具有重要地位。语言学知识可以帮助研究人员更好地理解和利用知识图谱中的信息。融合计算机科学和语言学的知识可以促进创新性的研究。跨学科合作在解决复杂问题时尤为重要。跨学科的综合知识通常会产生创新性的成果，有助于解决复杂的人工智能挑战。

李宇明（2023）在《语言智能与社会进步》一文中指出，文理分家的教育模式已经不适合大交叉大融合的科学发展要求。大学本科和研究生教育都要进行深度的文理融合。不仅文科生需要进行必要的理科教育，理工科学生也需要文科教育。特别是人工智能课程，应当成为基础教育的基础课，成为大学各个专业的重要课程。让学生了解人工智能发展趋势，具备人工智能意识，掌握必要的计算科学方法，借助人工智能处理本专业问题，并有意识地利用专业优势推进人工智能发展。文科和理科之间在学科方法、学科工具与技术训练等方面确实存在很多的差异，但它们恰恰可以构成问题意识的互补性。语言智能是人工智能皇冠上的明珠，是人工智能之冠，也是新文科建设的新方向。加强语言智能的研究有利于推动计算机科学与技术、认知科学、语言学等多学科的深度合作，对于创新学科发展体系，培养拔尖创新人才具有重要意义。

　　近年来，我国高等文科类院校，特别是语言类院校面对快速发展的人工智能技术，高度重视语言智能的研究和人才培养工作，纷纷设立了和语言智能相关的学科和科研机构，在语言机理、语言数据、关键技术、创新应用等方面作了大量卓有成效的工作。在推动语言智能的学科发展、交叉学科人才培养方面取得了积极的进展。然而，很多高校语言类专业未能开设反映语言智能发展现状和关键技术的系列课程，很少向学生系统传授语言智能以及相关学科的知识。尽管一些高校在本科阶段开设了诸如语料库语言学、计算机辅助翻译等课程，这些课程还远不能满足学生智能素养的提升和创新能力的培养。开设诸如语言智能基础、自然语言处理、语言数据处理与应用、语言认知与计算等课程是促进学生的跨学科知识融合、培养具备未来竞争力的高素质人才的时代需求。

思考与讨论

1. 为什么说语言智能是人工智能皇冠上的明珠？
2. 如何理解语言认知计算是语言智能的核心要素？
3. 谈一谈语言类专业的学生学习语言智能的重要意义。

参考文献

[1] Gardner, H. *Frames of Mind: Theory of Multiple Intelligence* [M]. New York: Basic Books, 1983.

[2] Sharp, B. et al.（eds.）. 徐金安等译. 自然语言处理的认知方法 [M]. 北京：机械工业出版社，2019.

[3] 艾斌. 语言智能与外语教育——第二届中国外语教育高峰会议综述 [J]. 中国外语，2021，18（01）：108-111.

[4] 崔启亮. 人工智能在语言服务企业的应用研究 [J]. 外国语文, 2021, 37（1）: 26-32+73.

[5] 邓力, 刘洋. 基于深度学习的自然语言处理 [M]. 北京: 清华大学出版社, 2020.

[6] 国务院关于印发新一代人工智能发展规划的通知 [D]. 国发〔2017〕35, 2017 年 7 月 8 日, http://www.gov.cn/zhengce/content/2017-07/20/content_5211996.htm.

[7] 胡开宝, 尚文博. 语言学与语言智能 [J]. 华东师范大学学报（哲学社会科学版）, 2022, 54（02）: 103-109+176.

[8] 胡开宝, 田绪军. 语言智能背景下的 MTI 人才培养: 挑战、对策与前景 [J]. 外语界, 2020,（2）: 59-64.

[9] 胡开宝, 王晓莉. 语言智能视域下外语教育的发展——问题与路径 [J]. 中国外语, 2021, 18（6）: 4-9.

[10] 黄河燕, 史树敏等. 人工智能: 语言智能处理 [M]. 北京: 电子工业出版社, 2020.

[11] 黄立波. 2022. 大数据时代背景下的语言智能与外语教育 [J]. 中国外语, 2020, 19（1）: 4-9.

[12] 教育部关于印发《高等学校人工智能创新行动计划》的通知 [D]. 教技〔2018〕3 号, 2018 年 4 月 2 日, http://www.moe.gov.cn/srcsite/A16/s7062/201804/t20180410_332722.html.

[13] 李冠宇, 黄映辉. 智能科学与技术的知识体系: 语义分析的结论 [J]. 计算机教育, 2009, 95（11）: 61-67.

[14] 李西, 王霞, 姜孟. 语言智能 赋能未来——第五届中国语言智能大会综述 [J]. 外国语文, 2021, 37（2）: 141-144.

[15] 李宇明, 施春宏, 曹文, 王莉宁, 刘晓海, 杨尔弘, 颜伟. "语言资源学理论与学科建设"大家谈 [J]. 语言教学与研究, 2022,（2）: 1-16.

[16] 李佐文, 梁国杰. 语言智能的学科内容与建设路径 [J]. 外语电化教学, 2022,（5）.

[17] 李佐文等. 人工智能拓宽话语研究路径 [N]. 光明日报, 2020 年 7 月 18 日.

[18] 梁晓波，邓祯. 美军语言智能处理技术的发展策略与启示 [J]. 国防科技，2021，42（4）：85-91.

[19] 刘利. 语言智能的学科建设与发展方向 [OL]. https://www.sohu.com/a/321162236_312708，2019-06-17.

[20] 史忠植. 智能科学（第 2 版）[M]. 北京：清华大学出版社，2013.

[21] 苏金智. 语言智能水平关乎国家语言能力 [N]. 光明日报，2021a-08-08（07 版）.

[22] 苏金智. 中国语言智能研发暨语言文化教育传播高峰论坛开幕词 [J]. 汉字文化，2021b，（1）：4-8.

[23] 唐杰. 让机器像人一样"思考"：超越图灵测试的通用机器认知能力 [J]. 智能系统学报，2020，15（6）：1029.

[24] 唐良元. 2023. 什么是语言智能 [EB/OL]. 千家网. https://baijiahao.baidu.com/s?id=1774164115319852097#:~:text=%E6%96%87%2F%E5%94%90%E8%89%AF%E5%85%83.

[25] 杨尔弘等. 语言智能那些事儿 [A]. 中国语言生活状况报告. 北京：商务印书馆，2018，79-86.

[26] 语言智能与外语教育协同发展 [J]. 语言教学与研究，2019（1）：113.

[27] 周建设. 语言智能，在未来教育中扮演什么角色 [J]. 云南教育（视界综合版），2019，（4）：45-46.

[28] 周建设. 加快科技创新 攻关语言智能 [N]. 人民日报，2020-12-21（019）.

[29] 周建设. 语言智能研究 [M]. 天津：天津大学出版社，2023（1）.

[30] 周建设等. 语言智能研究渐成热点 [N]. 中国社会科学报，2017-02-07（003）.

[31] 周建设，张文彦. 智能时代的语言学研究 [N]. 中国社会科学报，2018-09-14（005）.

第二章　人类的语言与智能

本章提要

　　语言是人类所独有的，其理解、产出和习得都与人类的认知与脑密切相关。不揭开人类语言的奥秘，就不可能发展真正意义上的语言智能。在本章中，我们主要关注人类语言的特征与核心机能、人类语言与智能的关联以及人类语言智能的神经基础，通过梳理以往研究，为读者呈现有关人类语言智能的基本认识。

2.1　引言

　　作为一种社会性动物，人类具有极强的言语交际能力。我们能够谈论并不真实存在的事物和没有具体形象的概念，能够学习和掌握那些与我们自身经验相去甚远的知识或技能，能够不动用武力而使得他人认同我们的观点，甚至改变他们的情绪和行为。这些很大程度上都得益于我们能够使用语言。

　　当我们对日常生活中那些口头或书面形式的言语交际感到司空见惯时，我们常常忽略了一些事实以及在背后支撑这些事实成立的复杂机制。一个流利的汉语使用者能够毫不费力地在一秒内说出包含四个音节的内容（李爱军等，2007），也能够每分钟阅读理解超过 300 个汉字（闫国利等，2013）。在交谈中，人们能够在极短的时间内进行语言的理解和产出，两个或以上的会话参与者交替进行发言和聆听，这种转换往往只需要短短 200 毫秒的间隔（Stivers, 2009）。专业人员甚至能够在演讲者持续发言的情况下，不间断地将话语内容转化为另一种语言并同步传达给听众。这意味着，人类的语言系统足以支持个体高效地识别语音或字形，从包含成千上万条目的词库中提取符号对应的意义，按照某种既定的规则对话语的结构进行解析并应用这套规则构建话语。更奇妙的是，这样的过程并不仅止于简单地编码或解码命题内容，还涉及对个体态度、意图和情绪的推测，并且能够结合个体所处的社会文化背景、所积累的交际经验以及话语使用的临时语言环境进行灵活地解读。时至今日，我们没有在其他物种中发现可以与人类语言相提并论的符号系统，同样地，我们也没能赋予任何一个人工智能系统像人类这样随意挥洒的言语交际能力，尽管一些人工智能系统在自然语言处理上已经表现出令人惊艳的"才能"。这就是人类的语言智能。

随着计算机技术的出现和飞速发展，人们越来越迫切地希望利用机器或人工系统来处理自然语言，无数文学和影视作品中的机器人形象都深刻地投射了人们对于人工智能的期望。在那里，机器人能够与人流畅地进行交流，还能够领悟其中丰富的感情色彩。系列电影《星际迷航》（*Star Trek*）中，人形机器人达塔（Data）依靠模仿人脑神经纤维制造的神经机械进行计算，他能够使用语言进行交际，能够遵从言语交际的社会规则（礼貌），甚至在插入情感芯片后能够产出颇具幽默感的话语。1950 年，图灵（Alan M. Turing）在《计算机械和智能》（"Computing Machinery and Intelligence"）一文中提出了一套判断机器是否能够思考或者具备智能的方法。图灵认为，机器可以拥有智能，如果一台机器能够在匿名的多轮对话中假扮成一个人类个体，并且成功地"欺骗"与之对话的人类个体，那么就可以认为这台机器是具备智能的。这种判别方法后来被称为图灵测试（Turing Test），它为"人工智能"这一概念塑造了最初的可检验的形态。从这一判别方法我们可以看出，语言能力是人工智能的核心要素，并且这种能力明确地以人类所使用的自然语言为参照。正如图灵所预期的那样，数十年之后的今天，人们不再怀疑机器或人工系统终将获得与人类相当的语言智能。具体而言，这种智能是指，个体或系统所具有的理解、使用和学习语言以及利用语言进行推理的潜在或已有的能力。

2.2　人类语言与动物交际

2.2.1　（自然界中的）动物交际行为

语言是人类重要的交际工具，其表达内容的能力远远超过包括手势、表情在内的其他方式。

如果我们仅仅将语言当作一种传递信息的方式，那就不难发现在其他物种中也存在相似的交际行为，比如蜜蜂能够通过"舞蹈"向同伴传达食物来源所在的方向和飞行距离，猴子能够使用不同的叫声预警各类天敌的出现。这是否意味着其他物种同样具有语言智能呢？事实上，人类语言并没有在这种比较下泯然于众。通过深入观察动物的交际行为，研究者发现它们的"语言"十分有限。

很多群居昆虫都能够使用一些肢体动作向同伴传递信息，其中最受关注的要数蜜蜂的舞蹈。在蜂群中，研究者主要观察到了两种舞蹈的形式，一是圆圈舞（Round Dance），二是摇摆舞（Waggle Dance; von Frisch, 1967）。当蜂巢中的蜜蜂观察到同伴跳起圆圈舞后，它们就会根据跳舞蜜蜂腿上携带的气味在附近寻找特定种类的花朵。与之相比，摇摆舞似乎具有更加丰富而明确的意义。在一支摇摆舞中，跳舞的蜜蜂会在蜂巢上向着特定的方向移动并且迅速地摇摆腹部，然后向左或向右绕回到起点，再在之前的路线上重复摇摆前进，随后由另一边绕回起点，如此重复多次。其行经的路径像一个横躺下来的数字"8"。我们可以将摇摆舞看作一个从蜂巢到食物所在地飞行过程的微缩重演，其中摇摆直行的部分包含了重要的信息：舞蹈摇摆部分的前进方向反映了食物所在地的方向；并且随着到达食物所在地的飞行距离变长，舞蹈摇摆部分的持续时间也会加长（详见 Anderson, 2004）。尽管食物所在地的距离和方向因其连续性而存在无限种可能，但考虑到蜜蜂分辨距离和方向的精度及其可能的活动范围，我们不难发现这种舞蹈能够传达的信息是非常有限且固定的。此外，蜜蜂的舞蹈仅仅形象地模拟了到达较远食物所在地的行动过程，其形式与意义之间存在着明确而必然的联系，并且我们也难以从这种舞蹈形式中解析出离散的单元和可递归的层级结构。

　　自然界中，有很多物种像人类一样将声音作为意义的载体。蛙声、鸟鸣、鲸豚的声波，以及猴子的啼叫等都能够起到在个体间传递信息的作用。在众多物种中，鸟类常常因为它们幼年时学习歌唱的过程与人类学习语言十分相似而备受研究者的关注。从声音结构的复杂性上看，鸟鸣同样可以在时间维度上被分割为离散的声音元素。这些元素以特定的顺序组成音节，进而组合成"动机（Motif）"[1]，最终形成完整的歌曲段落（Berwick et al., 2011）。在鸟鸣中，声音元素的组合同样遵循一定的规则，并且这种"语法"规则在音系结构上已经超出了二元语法（Bigram）[2]的描述能力。研究进一步发现，欧洲金丝雀能够准确地识别根据可递归的、中心嵌入式的上下文无关语法（如：AABB、AAABBB）创建的声学模式，还能够分类符合该语法的新模式，并可靠地排除不合语法的模式（Gentner et al., 2006）。然而，鸟鸣的"语法"却不像人类语法那样具有嵌套依赖关系，即元素之间的依赖关系可以形成嵌套，一个元素的依赖项可以依赖于另一个元素，而这个元素又依赖于更多的元素，形成一种层次结构。这可能是因为鸟鸣中缺乏语义，它的"语法"规则可能仅用于构建可变的鸣叫元素序列，这些序列通常改变的是信息的强度，而不是信息的类型（Bolhuis et al., 2010）。

　　研究者在灵长类动物中发现了与人类语言更加相似的交际行为。猴子和类人猿的叫声包含一定数量的声音信号，并且每一种都可能在一定层面上表达它们的内在状态。比如，黑长尾猴（vervet monkey）有三种分别代表鹰、蛇和豹子的警报声（Seyfarth et al., 1980）。作为我们最近的生物亲属，黑猩猩的叫声也和人类语言一样包含可能具有独特的含义或指称的多种声音信号。黑猩猩可以通过学习和模仿其他黑猩猩的语音来产生这种功能性语音，而且这种语音的产生与黑猩猩的社会行为和认知能力密切相关，具有一定的灵活性和意向性（Fitch, 2020）。Watson 等人（2015）观察了一种叫做"食物嘟囔（Food Grunt）"的语音，这是一种由黑猩猩和其他类人猿发出的声音，通常是在它们发现或享用食物时发出的。这种声音一般是一种低沉的咕哝声，可以传达食物的类型和位置信

1　动机（法语：motif）是作曲者在作曲时反复再现的几个突出的音型、一小段音符构成的音乐片段，是构成音乐的基本材料（高佳佳，赵冬梅，2009）。

2　二元语法指的是符号串中两个相邻元素的序列，这些元素可以是音素、音节、词等。

息。在某些情况下，这种声音也可以被用来表示其他社交信息，例如警告或威慑。虽然声学形态与某个特定情境的关联是任意的，但这些信号足以使其受众在不凭借任何其他情境信息的情况下做出适当的反应。然而，非人类灵长类动物的此种语音仅与特定功能（如：示警、摄食等）相关，也缺乏层级结构，这与它们丰富而复杂的认知能力相比相形见绌。实际上，即使是经过艰苦卓绝的"语言训练"的黑猩猩，其言语也远远无法表达像数量、必然性或工具使用等概念的复杂性（Savage-Rumbaugh et al., 1983）。

可见，自然界中其他生物的交际系统都是有限状态的，难以表达丰富多样的意象。尽管这些系统已经取得了令人振奋的成就，并且它们对于理解语言的进化非常重要，但是我们不得不指出现存的动物交际系统和人类语言之间存在着不容忽视的鸿沟，并且它们的存在不能充分解释人类语言的独特特征的由来，这也使得人类语言的起源依然是一个尚未得到解答的谜团。

2.2.2 人类语言的特征

语言是人类交际最广泛使用的符号系统。借助语言，我们能够与他人彼此取悦，相互激励，组建社群。语言使得人类作为社会性动物，在自然界中获得了难以企及的成功。这源于人类语言，作为一个音义连接系统，具有无限生成的潜能。几千年来，人们一直为语言这一系统的强大能力着迷，并试图揭示其基本和必要的特征。

现代语言学的奠基人索绪尔（Ferdinand De Saussure）指出，语言符号有两个特征，一是任意性，二是线条性。任意性是指，符号系统中的单个语言符号的形式和其代表的意义之间没有必然联系，他们之间的对应是在社会生活中约定而成的。比如，声音符号"多"（duō）的发音特征和声学特征都与数量上的"大"没有直接对应关系，并且在跨语言比较中也无法观察到语音形式"duō"与意义"数量大"对应的一致性。线条性是指，语言符号在使用中以线性序列的形式出现，即单个符号一个接一个地相继出现。

语言学家霍凯特（Charles F. Hockett）提出了人类语言的 13 个设计特征（Hockett, 1960: 90-92）。其中，发声–听觉通道（Vocal-auditory

Channel）、四散传播与定向接收（Broadcast Transmission and Directional Reception）、迅速消失（Rapid Fading）强调以声音模式为载体的语言的物理、生理属性；互换性（Interchangeability）是指言语产出者可以产出任何他可以理解的语言消息；完全反馈（Total Feedback）是指当个体产生话语时，她／他会注意到跟这一行为相关的一切事物；专门化（Specialization）是指身体努力和发出言语声波只是让它成为一种信号；语义性（Semanticity）是指在语言中，一段消息触发了特定的结果，因为消息中的构成成分（比如词）跟我们周围世界中反复出现的特征或情境有一种相对固定的联系；任意性（Arbitrariness）是指在一个语义交际系统中，有意义的消息成分和其意义之间的联结可以是任意的或非任意的，但在语言中这种联结是任意的；离散性（Discreteness）是指语言系统仅使用了发音器官能发出的一部分声音作为其元素，并且这些不同的一部分声音之间的差别在功能上是绝对的（不受限制的）；超越时空（Displacement）是指人类可以使用语言谈论在空间或时间（或两者）上与自己相距甚远的事物；能产性（Productivity）是指掌握某一语言的对话双方，即使产生之前从未出现的语音形式，也能够被听话人理解；传统传授（Traditional Transmission）是指人类不仅通过先天遗传，也通过后天学习获得语言能力；结构二重性（Duality of Patterning）是指人类语言存在语音和词汇句法两个层次，并且这两个层次中的单位都分别根据自身的规则进行组合和重组。通过与其他动物的交际系统进行比较，之后的研究者提出上述 13 个设计特征中，超越时空、能产性、传统传授和结构二重性这 4 项是人类语言独有的特征，并据此考察非人类的物种是否具备掌握语言的能力。

随着对人类语言和动物交际系统更加深入的探究，研究者逐渐意识到人类语言的强大能力可能由某种基本认知能力的获得而触发，将人类语言的核心特征聚焦于语言的结构属性——组合性和递归性。组合性体现在语言中各层级的元素根据既定规则进行组合形成更大的语言单位，比如：音位 /t/ 和 /a/ 组合成音节"大"/ta/，音节"大""地"组合成词"大地"，词还能进一步组合成句子。霍凯特提出的"结构二重性"就是强调了语言在语音和形态两个层面上都存在这种组合结构。当承载意义的语言单元进行组合时，组合成的整体所传达的意义取决于其组成部分的意义。这种机制使得人类语言是开放的，有限的规则可以生成无限的表达。人们能创造出新的单词来代指新出现的事物和概念，也能够创造出新的话语来表达当下的状态和感受，并且这些新异表达能够被其他语言使用者轻易理解。尽管非人类中也有丰富的组合性，比如鸟类、鲸类的声音元素也能够组合成歌曲，但这种组合无论整体还是部分都缺乏语义，即其声音元素或歌曲并不指称某一意义或内容（Zuidema & De Boer, 2018）。

人类语言的另一个显著特征是其递归性。在人类语言中，句子或者话语的扩展只是受限于我们作为生物体的生理，而非语言作为符号系统的属性。没有任何一个句子能够被称为最长的句子，因为它总是可以通过增加诸如"张三说……"等句子成分被扩展成为更长的句子。一些研究者假设，句法递归的能力构成了独特的人类语言官能的计算核心（Hauser et al., 2002; Fitch et al., 2005）。语言允许我们"从 25 或 30 种声音构建无限多种表达方式"（Arnauld & Lancelot, 1975: 65），Chomsky（2017, 2021）将解释这种无限性的任务称为"伽利略的挑战"。在生成语法的具体形式"最简方案"的框架下，人类语言的"无限性"源于"合并（Merge）"操作，这个操作将两个句法项作为输入，并由此构建一个新的句法项。语言的递归性体现在，新形成的句法项本身可以作为另一个"合并"操作的输入，其输出也可以作为又一个输入，如此推导下去。这个迭代过程原则上可以生成一个具有层次结构的无限长度的表达形式。这种无限性没有在其他物种的交际系统中被观察到，已知的非人类动物交际系统都可以被分析为零次合并或者单次合并系统（Rizzi, 2016; Schlenker et al., 2016）。比如，油灰猴（putty-nosed monkey）的鸣叫中有两个明显不同于彼此的基本单词，"Pyow"一般代表豹子，"Hack"一般代表鹰，其中单个"词"内部没有结构，这就是零次合并系统。在学习人类语言的尝试中，研究者发现，非人类灵长类动物可以在一定程度上学会组合，比如可以将代表"water"和"melon"的信号结合来表示名为西瓜（watermelon）的物体，但它们无法成功获得层级结构（Truswell, 2017）。

语言智能的奥秘在于我们如何运用有限的符号和规则，实时地自由地表达我们的思想、感受和意图。这样做如此自然而迅速，以至于我们难以意识到我们卓越的创造力。

2.3　语言与智能

2.3.1　语言是人类智能的关键

　　智能是指一种思考、从经验中学习、解决问题和适应新环境的能力。也有研究者将智能定义为主体所具有的能力以及建立在这种能力之上的自主行为（金东寒，2017）。百年前开始，人们就热衷于量化不同个体的智能情况，并开发了多种智力测试。智力测试的分数可以预测个体的学术和军事表现，以及在各种工作中的成功（Ones, Viswesvaran, & Dilchert, 2005; Schmidt & Hunter, 1998）。经典智力测试也将语言智能视为个体智能的重要组成部分。1905 年发表的比奈–西蒙量表是第一个一般智力测验，其设计的初衷是用于判别智力低下的儿童，它包含了 30 道难度依次增加的测试题目。其中，第 9 题要求测试参与者说出图片中标明的物体名称，第 14 题要求给熟悉的事物下定义，最难的第 30 题要求界定并区别成对的抽象名词。可见，个体的语言和言语能力在人类智能中至关重要。正如心理学家 Steven Pinker（1994）所说，语言是"认知皇冠上的宝石"。

　　然而，正如一个人的话语仅揭示了他们所知事物的一部分一样，语言智能并不是人类思维或智能的全部。在缺乏语言的非人类动物中，从黑猩猩和倭黑猩猩到海洋哺乳动物和鸟类，明显存在着无数形式的复杂认知和行为。患有全面性失语症的人几乎没有能力理解或产生语言，但他们仍然能够进行加法和减法、解决逻辑问题、思考他人的想法、欣赏音乐并成功地驾驭他们的环境（Fedorenko & Varley, 2016）。韦克斯勒–贝勒维量表（Wechsler, 1939）首次尝试测量成人智力，并首次引入了非言语量表—操作量表。在 WAIS-III 中，言语量表包含词汇、类同、算数、数字广度、常识、理解和字母–数字排序七个分测验；操作量表包含图画补缺、数字–符号编码、积木图案、矩阵推理、图片排列、物体拼组和符号搜索七个分测验。非语言智力活动如数学和空间认知，也是人类智能的重要组成部分。

　　语言是人类最重要的智能活动之一，也是人类智力的主要表现形式。语言能力与人类的认知能力密切相关，语言的掌握可以促进思维和解决问题的能力（Premack, 2004）。那么，是我们巨大的智慧让我们拥有语言，是这种以规则方式使用符号来创造意义的交流系统，还是我们所拥有的语言能力支撑了我们灵活而强大的智能呢？Premack 提出了一个"语言瓶颈"的概念，即人类智力的上限可能受到语言能力的限制。如果人类没有语言能力，那么他们的智力水平可能会受到限制，无法达到与有语言能力的人类相同的高度。然而，语言能力和人类智能之间的关系并没有那么简单、直接，语言和非语言智力活动也可能存在着复杂的关联。

人类智能的一个主要显著特征是灵活性。动物们都是各自领域的顶级专家，蜜蜂可以构建精巧的正六边形蜂巢，岩羊可以在陡峭的岩壁上奔跑跳跃，克拉克星鸦可以记住几千个埋藏食物的地点。如果"易地而处"，它们却难以做到其他动物的专长。与此不同，人类能够在各种各样的熟悉或陌生的领域达到非凡成就。人类智能是能够为生物所面临的问题提供无尽解决方案的灵活过程，它是通用的，是能够服务于多个任务目标的。有研究者认为，尽管语言不是人类独特性的唯一贡献者，但掌握语言所表现出的递归的根本规则是人类灵活性的关键，这让人类能够抽象思考、使用隐喻，并理解时间等概念。Chomsky（1998）明确提出了非语言思维领域（例如数学）可能会利用语言的递归机制的想法。基于语言与数学，乃至道德和音乐之间存在的跨领域相似性，研究者假设可能存在一个链接到人类思想所有领域的通用生成机能（Universal Generative Faculty, UGF; Hauser & Watumull, 2016），它与不同的知识领域相结合，在思维和行动中创建有内容的表达。

2.3.2 语言智能的获得

几个世纪以来，人类如何获得语言智能一直吸引着哲学家、语言学家、心理学家和神经科学家的兴趣。幼儿可以快速、轻松地学习语言。刚满一岁的时候，婴儿就会指着衣架上的袜子说："袜袜，拿袜袜"；在学会"舅舅""舅妈"之后，她迅速地产生了"舅爸"这个从未出现过的组合。从 6 个月大的牙牙学语过渡到 3 岁时能说出完整的句子，无论文化背景如何，儿童的语言习得遵循着一致的发展路径。

人类婴儿生来就是世界语言公民，能够学习他们在环境中听到的任何语言。事实上，新生儿拥有基础而具有普遍性的能力，使他们能够感知和区分未来母语中所没有的语音对比。相对于同样复杂的正弦波语音模拟，新生儿更喜欢人类语音（Vouloumanos & Werker, 2004），他们几乎可以辨别世界语言中使用的所有音素（Eimas et al., 1971; Streeter, 1976）。在出生后的第一年里，婴儿从经验中学习，发展出语言特异的语音能力（Kuhl et al., 1992, 2006），并能够探测出单词和短语的边界（Christophe et al., 1994），能够区分具有不同重音模式的单词（Sansavini et al., 1997）。一岁之后，婴儿能够识别单词的意义（Molfese et al., 1993）。在 18 至 24个月大的时候，婴儿的词汇量通常会迎来一个"爆炸式"的增长（Ganger & Brent, 2004; Fernald et al., 2006）。从两岁开始，儿童对语义和句法异常的句子表现出与成人相似的神经反应（Friedrich & Friederici, 2006; Oberecker et al., 2005）。

婴儿一岁以内对基本语音单位的神经响应与他们在第二年和第三年对单词和语法的加工密切相关（Kuhl et al., 2008; Rivera-Gaxiola et al., 2005）。精湛的语音能力有助于儿童将语音信号分割成单词，并提取单词的含义，从而理解更大的语言单位。研究发现，如果婴儿在 7.5 个月时表现出更好的对母语语音对比对的辨别，那么她/他将在之后各个层级的语言习得上发展更好，包括 24 个月时的词汇产出、24 个月时的句子产出的复杂性，以及 30 个月时的平均话语长度。与之相对，如果在 7.5 个月时表现出更好的对非母语对比对的辨别，那么其语言发展会较慢，包括词汇产出量较少、句子产出的复杂性较低、平均话语长度较短。这表明，从婴儿语言学习的最早阶段到他们三岁时能够熟练地进行复杂的语言表达，这一语言发展过程具有连续性。从生命的第一年开始，语言接触就在不断地塑造个体的神经结构，从而使婴儿在语言习得方面向前迈进（Kuhl & Rivera-Gaxiola, 2008; Skeide & Friederici, 2016）。

基本语言技能的完善和工作记忆资源的增加共同推动了高阶语义和句法表征的出现。自上而下的语义和句法关系加工出现在生命的第四年，并在童年到青春期的时期缓慢地逐渐完善（Brauer & Friederici, 2007; Nunez et al., 2011）。3 到 7 岁时，语义和句法相关加工的神经活动在很大程度上相互重合；而 7 到 9 岁之间，句子水平的语义信息和句法信息加工的神经活动是可分离的；只有在 10 岁之后，在复杂句法加工方面表现出与成年人相当的效率。年龄较小的儿童很可能利用他们的概念语义的世界知识来掌握复杂的句法结构，而 9 到 10 岁的儿童则不再倚重概念语义的世界知识来制约句法加工。

我们花费大量的时间在产生和理解语言上。在整个生命周期中，语言学习都在持续进行，我们不断地习得新的名字、术语、俗语，甚至改变我们说话的结构和模式。个体从言语经验中学习涉及的计算技能可能不是人类这一物种或者语言这一认知过程所独有的，但这种计算技能和我们对言语信息与社交互动的特殊兴趣的结合可能是人类独有的。

2.4　语言智能的神经基础

2.4.1　脑的结构

在了解人类语言智能的神经基础之前，我们需要先认识承担着这项非凡能力的人体器官——脑。我们的脑位于颅骨内，是中枢神经系统的核心部分，是控制和调节人体各种生理和认知功能的主要器官。我们的语言智能也蕴藏于此。

1. 神经元

神经元（Neuron）是神经系统最基本的功能单位。它是一种特殊的细胞，负责接收、传递和处理神经信号。神经元细胞除了与其他细胞一样包含细胞体之外，还有树状分叉的突起，被称为树突（Dendrites），和单个长条的突起，被称为轴突（Axon）。细胞体是神经元的主体部分，包含细胞核、线粒体、内质网、高尔基体和其他细胞成分，负责维持细胞的生命活动。树突是从细胞体伸出的分支，可接收来自其他神经元的信号。轴突也是从细胞体伸出的分支，负责将神经信号从细胞体传递到其他神经元或目标组织。轴突的末端与下游神经元的树突之间相贴，形成突触（Synapses），是神经元与其他神经元或目标组织之间的连接点，神经元通过突触与其他细胞进行通信。轴突外包裹着髓鞘（Myelin Sheaths），其作用是保护和绝缘，能够促进信息在神经元内的传播。

神经元之间的通信是通过电化学过程完成的。神经元的活动状态可以用神经电位来描述。神经电位是神经元在静息状态下的电位差。当神经元受到达到一定阈限的刺激时，其电位会发生变化，产生动作电位

（Action Potential）。动作电位是一种短暂的电位变化，其大小和持续时间取决于刺激的强度和持续时间。神经元的活动状态和神经电位的变化是神经系统中信息传递的基础。大脑中神经信号传导的所有过程，包括动作电位的形成和传播、囊泡与突触前连接的结合、神经递质跨突触间隙的释放、突触后结构中动作电位的接收和再生、清除过量的神经递质等都需要消耗三磷酸腺苷（Adenosine Triphosphate, ATP）形式的能量。这种核苷酸主要由线粒体通过葡萄糖的糖酵解氧化产生，这一过程消耗氧气，产生二氧化碳。

神经元在神经系统中起着至关重要的作用，它们通过复杂的网络连接，形成了我们的思维、感觉和行为的基础。

2. 脑

脑（brain）是人体中最复杂的器官之一，它负责控制和协调身体的各种功能。脑的主要结构包括大脑、小脑和脑干。大脑具有非常高的神经元密度和复杂的神经网络，包含数十亿个神经元和数万亿个神经元突触连接。这些神经元之间的连接构成了复杂的神经网络，支持了人类的高级功能，包括记忆、语言、决策等。

大脑皮层（Cerebral Cortex）是大脑外层的一层灰质（Gray Matter）组织，神经元细胞体位于其中，其下是大量神经元轴突聚集的白质（White Matter）。大脑皮层分为左右两个半球，二者在皮质下方由胼胝体（Corpus Callosum）连接。每个半球包含额叶（Frontal Lobe）、顶叶（Parietal Lobe）、颞叶（Temporal Lobe）、枕叶（Occipital Lobe）和脑岛（Insula）五个区域。不同于大脑较小的哺乳动物，人类的大脑皮层充满皱褶，这有助于在颅骨的空间限制下实现更大的表面积。大脑皮层中膨出的地方被称为回（Gyrus），凹陷的地方被称为沟（Sulcus）。人们常常使用沟回来指称大脑皮层的各个区域，比如位于额叶和顶叶之间的是中央沟，著名的布洛卡区（Broca's Area）位于左半球的额下回。德国神经科学家 Korbinian Brodmann 根据细胞结构特征，将大脑皮层划分为 43 个不同的区域，称为 Brodmann 区（BA）。这一分区与功能相关，比如 BA17 是负责初级视觉加工的皮层区域（初级视觉皮层，Primary Visual Cortex）。

3. 无创地观测脑活动

随着研究技术的发展，研究者能够借助功能性磁共振成像（Functional Magnetic Resonance Imaging, fMRI）、脑电图（Electro Encephalo Graphy, EEG）和脑磁图（Magneto Encephalo Graphy, MEG）等成像技术在宏观上无创地观测大脑的活动。

功能性磁共振成像是一种专门用于扫描人类或其他动物的大脑和脊髓的特殊脑部和身体成像技术，通过检测与脑细胞使用能量相关的血流变化来反映大脑或脊髓中的神经活动（Glover, 2011）。这种技术依赖于脑部血流和神经元活动之间的耦合。当大脑的某个区域工作时，该区域的血液中含氧和去氧血红蛋白的含量会发生变化。fMRI 测量血氧水平依赖（Blood Oxygenation Level Dependent, BOLD）信号，通过对信号强度进行着色，可以呈现出大脑区域的激活强度。该技术既有很好的空间精确度，可以实现毫米级别定位，但受限于这项技术所测量的是脑中血氧水平变化，而非神经元电活动本身，其时间精度仅限于几秒钟。自 20 世纪 90 年代初以来，fMRI 已成为大脑成像的主流方法，因为它不涉及注射、手术、物质吸入或放射性物质暴露。

脑电图是一种记录大脑自发的电活动的技术。它通过在头皮表面放置电极，测量和记录广泛分布的大脑神经元电活动，得到连续变化的电压数据。脑电图可以提供关于大脑活动的信息，包括脑电波的频率、振幅和时域特征。通过脑电图生物放大器和电极测量的电压波动可以评估正常的大脑活动。通过分析脑电图数据，研究人员可以了解大脑在不同任务和认知状态下的变化，以及与认知功能、情绪和注意力等相关的脑电活动模式。由于脑电图监测的电活动源自底层脑组织的神经元，因此头皮表面电极的记录会根据其方向和与活动源的距离而变化。此外，记录的值会被中间组织和骨骼扭曲，其作用类似于电路中的电阻器和电容器。这意味着并非所有神经元都会对脑电图信号产生同等的贡献，脑电图主要反映头皮电极附近皮质神经元的活动。尽管脑电图具有极高的时间分辨率，它的空间分辨率则很低，因为在头皮表面记录到的电位变化，可以来源于多种不同大脑神经活动的组合可能性中的任何一种。

脑磁图同样是一种功能性神经成像技术，与脑电图关系密切（Ioannides, 2007）。它通过使用非常灵敏的磁力计记录大脑中自然发生的电流产生的磁场来绘制大脑活动图。脑磁图用于检测、分析和解释脑产生的微弱磁场，其信号与大脑电活动的瞬时变化直接相关。脑磁图的硬件和软件可以在非常宽的频率范围内将大脑生成的信号与环境和生物噪声分开：从接近直流水平到每秒数千个周期。因此，只要信号处理和分析方法合适，就可以从多个时间尺度（从几分之一毫秒到几个小时）的同一脑磁信号中提取有关大脑活动的信息。因此，脑磁图可以提供很好的毫秒级的时间精度，也可以提供相对精确的空间精度。

2.4.2　语言网络

自 19 世纪末和 20 世纪初以来，研究者对语言神经生物学基础的认知不断发展（Levelt, 2013）。源于失语症研究的经典模型认为，人类语言能力位于左侧外侧裂周皮层，并且额叶和颞叶区域之间有着严格的分工。位于左侧额叶的 Broca 区被认为负责语言的产生和控制，包括语音、语法和词汇的处理等。Broca 区的损伤或病变会导致失语症，患者会出现口语表达困难、语音错误和词汇缺失等症状，但理解语言的能力通常保持完好。位于左侧颞叶后部的 Wernicke 区被认为负责语言的理解和语义的处理。弓状束（Arcuate Fasciculus）是连接这两个区域的神经纤维束。它起源于颞叶的背外侧区域，经过大脑半球的内侧，最终连接到对侧的颞叶背外侧区域。

随着脑电图、脑磁图和磁共振成像等新方法的出现，基于大脑的语言研究大幅增加。综合这些研究可以清楚地看出，语言相关皮层包括位于额下回（Inferior Frontal Gyrus, IFG）的 Broca 区、位于颞上回（Superior Temporal Gyrus, STG）的 Wernicke 区，以及颞中回（Middle Temporal Gyrus，MTG）、顶下回（Inferior Parietal Gyrus）和角回（Angular Gyrus）的部分区域（Friederici, 2002, 2012; Hickok & Poeppel, 2007; 解剖结构参见图 2-1）。颞叶和额下皮层中的大脑区域支持语言处理的不同方面，例如语音、句法、句子级语义和韵律过程。双流模型（Hickok & Poeppel, 2007; Hickok, 2009）指出，当一个语音刺激输入后，声学-语音加工过程首先发生，对听觉信号进行频谱时间分析，主要由位于颞平面（Planum Temporale, PT）的初级听觉皮层（Primary Auditory Cortex, PAC）参与。

由此过程提取的关于哪些声音频率受到何种调节的信息从这些区域传递到 STG 和颞上沟（Superior Temporal Sulcus, STS）的前部和后部。这条通路需要左右两个半球的参与，左半球负责加工快速变化的声学特征，擅长识别音位层面的细微差异；而右半球则负责加工持续时间较长的声学模式，能够追踪音节水平的言语信息。在声学-语音加工过程完成后，信息将沿着两条单独的通路进一步被加工。其一是腹侧通路，也被称为"What"通路，它支持了话语的概念意义理解。这条通路包含两个部分：STG 前部通过钩束（Uncinate Fasciculus）与左侧额叶岛盖连接，这可能负责初步的局部结构构建过程，将短语和句子的语义和句法进行整合；双侧半球的 MTG 和颞下回（Inferior Temporal Gyrus）中后部通过极端囊纤维系统（Extreme Capsule Fiber System）与额叶中的 BA 45（和 BA 47）相连，负责语义映射过程。其二是背侧通路，也被称为"How"通路，它支持听觉到运动映射。这条通路同样存在两个可以在功能和结构上分离的部分：颞叶皮层通过顶下皮层（Inferior Parietal Cortex）和部分上纵束（Superior Longitudinal Fasciculus）连接到前运动皮层（Premotor Cortex），将声音模式与运动表征对应；颞叶皮层又通过弓状束连接到作为 Broca 区一部分的 BA44，是话语产生的基础。

近年来，越来越多的神经成像研究旨在定位语义加工网络（Hagoort, 2017）。这些研究一致地发现了左侧额下皮层的激活，尤其是 BA 47 和 BA 45。此外，这些研究还经常发现左侧颞上、颞中和颞下皮层以及左侧顶下皮层在语义/语用违反或歧义加工中被激活，同时这些区域的右半球同源物也可能被激活。在由这些区域组成的语义网络中，左侧颞叶后部参与词汇语义信息的提取；而左侧额下皮层则是语义统合网络的关键节点，负责统合来自不同模态的语义信息（Willems et al., 2007）。当然，语义加工不仅仅是词汇意义的简单串联。句子外部的信息也会触发与句子内部语义信息类似的神经反应，比如世界知识、有关说话人的信息、同时发生的视觉输入和话语信息等。语义统合网络同样参与对这些信息的语义统合。语义统合操作自上而下地受到左侧（右侧）额下皮层的控制，它调节了左侧颞上和颞中皮层对记忆中词汇信息的激活，还可能为左侧顶下区域中的统合操作提供额外支持。

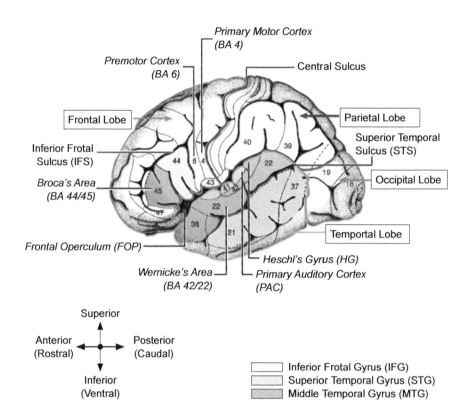

图 2-1　引用自 Friederici, 2011: 1359。左半球的解剖和细胞结构细节。主要语言相关的脑回（IFG、STG、MTG）采用颜色编码。数字表示与语言相关的 Brodmann 区（BA）。坐标标签上 / 下指示脑回在叶内（例如，颞上回）或 BA 内（例如上 BA 44；上 / 下尺寸也标记为背侧 / 腹侧）的位置。坐标标签前 / 后指示回内的位置（例如，前颞上回；前 / 后尺寸也标记为头侧 / 尾侧）。Broca 区由盖部（BA 44）和三角部（BA 45）组成。位于布罗卡区前方的是眶部（BA 47）。额叶盖部位于 BA 44、BA 45 的腹侧和更内侧。前运动皮层位于 BA 6。Wernicke 区定义为 BA 42 和 BA 22。初级听觉皮层和 Heschl 回位于外侧到内侧方向。

与明确被证明由双侧半球共同参与的语音和语义加工不同，句法加工似乎选择性地依赖左半球的大脑区域，包括 Broca 区在内的左侧额下回（BA 44/45）、左侧颞上回、颞上沟和颞中回的后部（Grodzinsky & Friederici, 2006; Hagoort & Indefrey, 2014）。研究发现，无论言语信息来自于何种模态，"合并"的基本操作均可被定位在一个小范围的脑区内——Broca区岛盖部（BA 44; Makuuchi et al., 2009）。在句子加工过程中，左侧 BA 44 与位于左侧额下沟（Inferior Frontal Sulcus）的句法相关的工作记忆系统协同，在复杂句法层次结构的加工过程中起作用。更大的句法加工网络还包括颞叶和顶叶的后部，这些大脑皮层区域在结构上通过弓状束和上纵束与额下回连接，并在句子加工过程中与额下回同步活动（Makuuchi & Friederici, 2013; Segaert et al., 2012）。

总而言之，通过研究脑损伤病人和分析脑影像数据，研究者们得以定位一个与语言任务相关的神经网络，包括左半球外侧裂周的脑区及其右半球同源物。然而，关于语言网络在功能上是否专门化这一问题一直存在争议。一些证据支持语言的大脑区域具有高度的功能特异性（Fedorenko et al., 2011）；而另一些则表明一些"语言"脑区在功能上可能是领域通用的（Novick et al., 2009）。一个折中的观点（Fedorenko & Thompson-Schill, 2014）是，语言网络似乎包括一个功能专门化的"核心"（在语言处理过程中相互协同激活的大脑区域，可能至少包括额下回的部分区域）和一个领域通用的"外围"（一组有时可能与语言核心区域共同激活、但其他时间与其他专用系统一起被调用的大脑区域）。

2.4.3　语言与语言外网络

语言的理解和产生不仅仅依赖上述核心的语言网络，也与其他认知功能有着密切关系。

在许多情况下，说话人会以不明确的方式来表达他们的真实意图。换句话说，人们往往需要从接收到的言语形式中推断出说话人未做直接表达的隐含意义（参见 Grice, 1989; Hagoort & Levinson, 2014; 冯望舒、周晓林，2024）。相比于仅表达字面意义的话语，理解具有隐含意义的话语需要核心语言网络之外的神经网络的参与。研究者使用功能性磁共振成像技术发现，相比于直接回答（-"做一个好的演讲难吗？"-"做一个好的演讲很难。"），理解间接回答（-"你喜欢我的演讲吗？"-"做一个好的演讲很难。"）引发了内侧前额叶皮层（Dorsal Medial Prefrontal Cortex, mPFC）、颞顶联合区（Temporo-Parietal Junction, TPJ）、楔前叶（Precuneus），以及双侧额下回和颞中回的激活（Bašnáková et al., 2014;

Feng et al., 2017, 2021）。mPFC、TPJ 和楔前叶的激活是涉及对他人的想法和信念进行推理的任务的典型激活模式（Amodio & Frith, 2006; Carrington & Bailey, 2009; Saxe et al., 2006），被称为心理理论网络（Theory-of-Mind Network）。心理理论是指推断其他个体代表性的心理状态，比如信念和意图。心理理论网络的激活反映了理解间接言语行为过程需要听话人对说话人在当前特定语境下心理状态的推测。

　　总之，许多神经网络参与到我们的语言加工过程中，一些网络可能会表现出一定程度上的语言领域特异性，而另一些网络，例如心理理论网络和认知控制网络，则与其他认知领域共享。目前，不同网络之间的信息以何种方式进行交互和整合尚待进一步研究来揭示。

2.5　处理自然语言的人工神经网络

　　人工智能领域也有一些术语使我们能轻而易举地联想到人脑的结构及其实现功能的方式，比如人工神经网络（Artificial Neural Network）。使用神经网络模型来处理和理解自然语言，已经在许多自然语言处理任务中取得了很好的效果，例如文本分类、情感分析、机器翻译、问答系统等。

　　然而，与我们的直观感受不同，人工神经网络仅仅在设计之初借鉴了生物神经元的组织方式，它与我们现阶段所了解的人脑中的语言系统并不相同。人工神经网络与人类神经网络的相似之处在于神经元：负责驱动神经系统的基本单位。人工神经网络由神经元层组成，其中包含输入层、一个或多个隐藏层以及输出层。每个人工神经元都连接到另一个神经元，并具有相关的权重和阈值。如果任何单个神经元的输出高于指定的阈值，则该神经元将被激活，将数据发送到网络的下一层。否则，不会有数据传递到网络的下一层。它部分吸取了神经元的层级结构以及单个神经元需要达到一定阈限的刺激才能激活的性质。相比之下，自然界中的神经元组织更加复杂，这不仅因为人类大脑皮层中巨大数量的神经元（约 300 亿个）和连接（约 1000 万亿个），也因为人脑神经元的信息传递可能是非线性的，并且其输出也远不止于二进制形式。

　　人工智能的先驱最初有感于人脑能够通过神经元连接产生复杂模式，希望复制人类大脑的功能。经过数十年发展，现今的人工神经网络及其变体已经取得了令人惊艳的非凡成就，以此为基础的深度学习模型在语言智能中逐步发挥主导作用。相信在未来计算科学和神经科学的相互参照和借鉴将会给彼此带来更多新的启示。

思考与讨论

1. 人类语言产生的生物基础是什么？
2. 如何从大脑的特征的角度解释人类所独有的语言能力？
3. 比较人类神经网络与人工神经网络的异同。

拓展阅读

1. Friederici, A. D. The brain basis of language processing: From structure to function. *Physiological Reviews, 91,* 2011, (4), 1357-1392.

2. Hauser, M. D., Chomsky, N., & Fitch, W. T. The faculty of language: What is it, who has it, and how did it evolve? *Science 298,* 2002, 1569-1579.

3. Hickok, G. & Poeppel, D. The cortical organization of speech perception. *Nat Rev Neurosci 8,* 2007, 393-402.

4. 凯默勒. 语言的认知神经科学 [M]. 王穗苹，周晓林等译. 杭州：浙江教育出版社，2017.

参考文献

[1] Amodio, D. M. & Frith, C. D. Meeting of minds: The medial frontal cortex and social cognition [J]. *Nature Reviews Neuroscience*, 2006, *7* (4), 268-277.

[2] Anderson, S. *Doctor Dolittle's Delusion* [M]. New Haven: Yale University Press, 2004.

[3] Bašnáková, J., et al. Beyond the language given: The neural correlates of inferring speaker meaning [J]. *Cerebral Cortex*, 2014, 24 (10), 2572-2578.

[4] Berwick, R. C., et al. Songs to syntax: The linguistics of birdsong [J]. *Trends in Cognitive Sciences*, 2011, 15 (3), 113-121.

[5] Bolhuis, J. J., et al. Twitter evolution: Converging mechanisms in bird song and human speech [J]. *Nature Rev. Neurosci*, 2010, 11, 747-759.

[6] Brauer, J. & Friederici, A. D. Functional neural networks of semantic and syntactic processes in the developing brain [J]. *J. Cogn. Neurosci*, 2007, 19, 1609-1623.

[7] Christophe A., Dupoux E., Bertoncini J., & Mehler J. Do infants perceive word boundaries? An empirical study of the bootstrapping of lexical acquisition [J]. *J. Acoust Soc Am*, 1994, *95*: 1570-1580.

[8] Dyer C. F. The biology of the dance language [J]. *Annual Review*, 2002, 47: 917-949.

[9] Eimas P. D., Siqueland E. R., Jusczyk P., Vigorito J. Speech perception in infants [J]. *Science,* 1971, *171*: 303-306.

[10] Feng, W., et al. Effects of contextual relevance on pragmatic inference during conversation: An fMRI study [J]. *Brain and Language,* 2017, *171*, 52-61.

[11] Feng, W., Yu, H., & Zhou, X. Understanding particularized and generalized conversational implicatures: Is theory-of-mind necessary? [J]. *Brain and Language*, 2021, 212, 104878.

[12] Fedorenko, E., et al. Functional specificity for high-level linguistic processing in the human brain [J]. *Proc. Natl. Acad. Sci. U. S. A.* 2011, 108, 16428-16433.

[13] Fedorenko, E. & Thompson-Schill, S. L. Reworking the language network [J]. *Trends in Cognitive Sciences*, 2014, 18 (3), 120-126.

[14] Fernald A., Perfors A., Marchman V. A. Picking up speed in understanding: Speech processing efficiency and vocabulary growth across the 2nd year [J]. *Dev. Psychol.* 2006, 42: 98-116.

[15] Fitch, W. T. Animal cognition and the evolution of human language: Why we cannot focus solely on communication [J]. *Philosophical Transactions of the Royal Society B*, 2019, 375 (1789), 20190046.

[16] Fitch, W. T., Hauser, M. D. & Chomsky, N. The evolution of the language faculty: Clarifications and implications [J]. *Cognition*, 2005, 97, 179-210.

[17] Friedrich M., Friederici A. D. Early N400 development and later language acquisition [J]. *Psychophysiology*, 2006, 43: 1-12.

[18] Friederici, A. D. Towards a neural basis of auditory sentence processing [J]. *Trends in Cognitive Sciences*, 2002, 6: 78-84.

[19] Friederici, A. D. The brain basis of language processing: From structure to function [J]. *Physiological Reviews*, 2011, 91 (4), 1357-1392.

[20] Friederici, A. D. The cortical language circuit: from auditory perception to sentence comprehension [J]. *Trends in Cognitive Sciences*, 2012, 16 (5), 262-268.

[21] Ganger J., Brent M. R. Reexamining the vocabulary spurt [J]. *Dev. Psychol*, 2004, 40: 621-32.

[22] Grice, H. P. *Studies in the Way of Words* [M]. Harvard: Harvard University Press, 1989.

[23] Grodzinsky, Y. & Friederici, A. D. Neuroimaging of syntax and syntactic processing [M]. *Current Opinion in Neurobiology*, 2006, 16, 240-246.

[24] Hagoort, P. The core and beyond in the language-ready brain [J]. *Neuroscience and Biobehavioral Reviews*, 2017, 81, 194-204.

[25] Hagoort, P. & Indefrey, P. The neurobiology of language beyond single words [J]. *Annual Review of Neuroscience*, 2014, 37, 347-362.

[26] Hagoort, P. & Levinson, S. C. Neuropragmatics. In M. S. Gazzaniga (Ed.), *The Cognitive Neurosciences*. Cambridge, MA: MIT Press, 2014, 667-674.

[27] Hauser, M. D., Chomsky, N., & Fitch, W. T. The faculty of language: What is it, who has it, and how did it evolve? [J]. *Science*, 2002, 298, 1569-1579.

[28] Hickok G., Poeppel D. The cortical organization of speech perception [J]. *Nat Rev Neurosci*, 2007, 8: 393-402.

[29] Hockett, E. C. The origin of speech [J]. *Scientific American*, 1960, 203, 88-96.

[30] Ioannides, A. A. Magnetoencephalography as a research tool in Neuroscience: State of the art [J]. *The Neuroscientist*, 2007, 12 (6), 524-544.

[31] Kuhl, P., & Rivera-Gaxiola, M. Neural substrates of language acquisition [J]. *Annu. Rev. Neurosci.*, 2008, 31, 511-534.

[32] Kuhl P. K., Conboy B. T., Padden D., Rivera-Gaxiola M., & Nelson T. Phonetic learning as a pathway to language: new data and native language magnet theory expanded (NLM-e) [J]. *Philos. Trans. R. Soc. B*, 2008, 363: 979-1000.

[33] Kuhl, P. K., et al. Infants show a facilitation effect for native language phonetic perception between 6 and 12 months [J]. *Developmental Science*, 2006, 9, F13-F21.

[34] Levelt, W. J. M. *A History of Psycholinguistics: The Pre-Chomskyan Era* [M]. Oxford: Oxford University Press, 2013.

[35] Makuuchi, M., et al. Segregating the core computational faculty of human language from working memory [J]. *Proc. Natl. Acad. Sci. U.S.A*, 2009, 106, 8362-8383.

[36] Makuuchi, M. & Friederici, A. D. Hierarchical functional connectivity between the core language system and the working memory system [J]. *Cortex*, 2013, 49, 2416-2423.

[37] Molfese D. L., Wetzel W. F., & Gill L. A. Known versus unknown word discriminations in 12-month-old human infants: Electrophysiological correlates [J]. *Dev. Neuropsychol*, 1993, 9: 241-258.

[38] Novick, J. M., et al. A case for conflict across multiple domains: Memory and language impairments following damage to ventrolateral prefrontal cortex [J]. *Cogn. Neuropsychol*, 2009, 26, 527-567.

[39] Nunez, S. C., et al. fMRI of syntactic processing in typically developing children: Structural correlates in the inferior frontal gyrus [J]. *Dev. Cogn. Neurosci*, 2011, 1, 313-323.

[40] Oberecker R., Friedrich M., Friederici A. D. Neural correlates of syntactic processing in two-year-olds [J]. *J. Cogn. Neurosci*, 2005, 17: 1667-1678.

[41] Rivera-Gaxiola M., et al. Neural patterns to speech and vocabulary growth in American infants [J]. *NeuroReport*, 2005, 16: 495-498.

[42] Sansavini A., Bertoncini J., Giovanelli G. Newborns discriminate the rhythm of multisyllabic stressed words [J]. *Dev Psychol*, 1997, 33: 3-11.

[43] Savage-Rumbaugh E. S., et al. Can a chimpanzee make a statement? [J] *J. Exp. Psychol. Gen*, 1983, 112, 457-492.

[44] Segaert K., et al. Shared syntax in language production and language comprehension—an FMRI study [J]. *Cereb Cortex*, 2012, 22 (7): 1662-1670.

[45] Seyfarth R. M., D. L. Cheney, P. Marler. Monkey responses to three different alarm calls: evidence of predator classification and semantic communication [J]. *Science*, 1980, 210, 801.

[46] Stivers, T., et al. Universals and cultural variation in turn-taking in conversation [J]. *Proceedings of the National Academy of Sciences*, 2009, 106 (26), 10587-10592.

[47] Turing A. M., I. Computing Machinery and Intelligence [J]. *Mind, Volume LIX, Issue*, 1950, 236, 433-460.

[48] von Frisch K. *The Dance Language and Orientation of Bees* [M]. Cambridge: Harvard University Press, 1967.

[49] Vouloumanos, A. & Werker, J. F. Tuned to the signal: The privileged status of speech for young infants [J]. *Developmental science*, 2004, 7 (3), 270-276.

[50] Watson, S. K., et al. Vocal learning in the functionally referential food grunts of chimpanzees [J]. *Current Biology*, 2015, 25 (4), 495-499.

[51] Zuidema, W. & De Boer, B. The evolution of combinatorial structure in language [J]. *Current Opinion in Behavioral Sciences*, 2018, 21, 138-144.

[52] 高佳佳，赵冬梅. 音乐作品分析应用教程（第 2 版）[M]. 北京：中国广播电视出版社，2009.

[53] 李爱军，祖漪清，李洋，孟昭鹏. 汉语普通话篇章语速变化模式初探 [J].《声学技术》编辑委员会 2007' 促进西部发展声学学术交流会论文集，252-257.

[54] 闫国利，张巧明，白学军. 中文阅读知觉广度的影响因素研究 [J]. 心理发展与教育，2013，29（2）：121-130.

[55] 冯望舒，周晓林. 神经科学视角下的会话含意理解 [J]. 当代语言学，2024，26（2）：259-273.

第三章　语言的认知与计算

本章提要

　　语言产生于人的大脑和神经系统，体现着人们对世界的感知和认识。对认知的探讨必然延伸到计算。"语言、认知、计算"是语言智能的核心要素。本章接续第二章的内容，继续探讨人类的语言和智能问题，重点讨论语言和认知的问题。首先在介绍两代认知科学的基础上，讨论了语言和认知问题上不同学派的哲学基础。第一代认知科学是基于形式系统概念的计算，而第二代认知科学主要基于身体经验，两代认知科学分别对应了生成语言学派和认知语言学派的哲学观。然后从语言的认知基础（范畴和范畴化、概念隐喻）、认知语义、认知语法层面介绍了基于第二代认知科学的认知语言学。最后介绍了当前语言、认知与计算的融合情况，包括认知心理学领域对语言加工的整体观点、具体的语言理解模型以及认知机理与计算模型的互鉴发展情况。

3.1　语言与认知研究

3.1.1　认知科学

　　语言是人类独有的一种能力，是人类认知活动的体现。认知科学的发展为语言研究提供了新的视角，同时语言研究也成为认知科学的一部分。20世纪四五十年代，在计算机技术的推动下，认知革命在"认知即计算"这一颇具影响力的信条下，开启了对心智的研究。这一革命导致了一个新领域的诞生——认知科学。虽然对认知科学的定义众说纷纭，但极具影响力的提议都建立在一个基本信念之上，即"思维最好从思维的表象结构和在这些结构上运行的计算程序来理解"（Thagard, 2005）。

有学者把认知科学定义为"对智能和智能系统的研究，尤其是对作为计算的智能行为的研究"（Simon & Kaplan, 1993）。一些学者指出"在该领域人工智能占据了重要的一极，因此心智的计算模型是整个领域的主导方面"（Varela et al., 1991）。还有一些学者认为认知科学假设"心智是（1）一个信息处理系统，（2）一个表征设备，（3）（在某种意义上）是一台计算机"。这种概括性的描述也出现在最近一些有影响力的著作中，如 Boden 在其认知科学史巨著（Boden, 2008）中指出："认知科学是作为机器的心智的研究。"

袁毓林（1998: 16）指出，认知科学从信息加工观点来研究认知结构和认知过程，智能是人类一种解决问题的能力，其基础是符号操作，通过符号的产生、排列和组合，智能系统就能将系统外部事件内化为内部符号并加以控制而表现出智能来。一切认知系统的本质是符号加工系统。符号操作的实质就是计算。

Rose（1985）指出，认知科学是连接哲学、心理学、人类学、语言学、脑神经科学与计算机科学的新学科，它试图建立人脑是如何工作的理论。大部分认知科学研究把人脑视为像计算机一样处理符号，也就是看做信息处理的系统（Rose, 1985）。类似地，Miller（2003）指出认知科学至少涉及六个学科：心理学、语言学、神经科学、计算机科学、人类学和哲学，并指出心理学、语言学和计算机科学是核心学科，其他三个学科是边缘学科。如图 3-1 所示，它描绘了一个规则的六边形，代表了构成认知科学领域的六个学科。图中的每一条线都代表一个跨学科研究领域。例如，计算机科学和语言学通过计算语言学联系在一起，语言学和心理学通过心理语言学联系起来，人类学和神经科学通过对大脑进化的研究联系在一起等等。

Lakoff（1999: 10）认为认知科学是研究概念系统的科学，主要对心智进行以经验为依据的研究，并指出认知包括感知体验、心智运算、心智结构、意义、概念系统、推理、语言等。Lakoff 和 Johnson 将认知科学划分为两代：第一代认知科学和第二代认知科学，并且认为真正的认知科学应该为第二代认知科学（Lakoff & Johnson, 1999）。

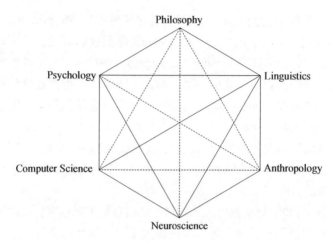

图 3-1　认知科学六边形（Miller, 2003）

3.1.2　第一代认知科学

　　20 世纪 70 年代以前的认知科学主要是基于理性主义的符号运算系统，被称为第一代认知科学。早期认知科学主要受到计算机兴起的影响。心智被隐喻性地视为一种抽象的计算程序。具体来说，计算机是信息处理器，它能执行各种信息处理任务。信息通过输入设备如键盘进入计算机，然后这些信息可以存储在计算机上，如硬盘驱动器或其他磁盘，接下来这些信息可以被文本编辑器之类的软件处理，最后输出到显示器或打印机。类似地，人类在执行任务时，信息通过感知，比如看到、听到，输入到我们的大脑。它被储存在我们的记忆中，并以思维的形式进行处理。然后我们的思想可以作为"输出"的基础，比如语言或身体行为。

　　这一代的认知科学接受了传统的英美分析哲学（形式主义学派和日常语言学派）的主要观点，这些观念的核心是所谓的"客观主义认知观"。据此，第一代认知科学对推理的态度与形式逻辑符号系统运作相同，认为人类的推理能力独立于感知能力和身体运动，将感知与概念分开，主张推理是一种自治的能力（同时还认为语言、句法也是自治的，它们都与身体经验无关，语言符号具有任意性也就顺理成章了），具有非隐喻性，并认为正是这种自治的推理能力才使我们成为人，区别于其他动物。大部分西方哲学基于这种观点（王寅，2002）。

文旭（2014）详细总结了第一代认知科学的基本观点：（1）思维是抽象符号的机械操作。（2）心智是一部抽象的机器，其操作符号的方式本质上如同计算机，即进行算法运作。（3）符号（如词汇和心理表征）通过与外界事物发生联系而获得意义，而且所有意义都具有这个特征。（4）与外界对应的符号是外在现实的内在表征。（5）抽象符号虽独立于任何机体的特定性质，但可与世界上的事物相对应。（6）既然人类心智使用外在现实的内部表征，那么心智就是自然的一面镜子，并且正确的理性如同镜像一样反映外界的逻辑。（7）因此，人类在其自身的环境中发挥作用，这与概念的特征和理性无多大关系。虽然认知主体可在选择概念及超验理性的方式中发挥作用，但在决定概念及理性的形成方面却不起根本作用。（8）思维是抽象的、非体验性的，因为它不受人体、感知系统以及神经系统的任何限制。（9）只有对外界事物相对应的符号进行机械操作的机器，才能进行有意义的思维和推理。（10）思维像原子结构一样，因为它可以完全分解成简单的"积木"，即思维所用的符号。这些简单积木根据规则组合成复杂的形式并进行操作处理。（11）思维是有逻辑的，即是说思维可以用数理逻辑中的系统精确地构建其模型。这些系统是抽象的符号系统，并由符号操作的一般原则以及根据"世界模型"对这样的符号进行解释的机制所定义。

总体来说，第一代认知科学是基于形式系统概念的计算，主张心智与身体的分离，可独立于身体和大脑知识研究心智。

3.1.3　第二代认知科学

第一代关于心智本质的观点都不是基于身体经验的，这与第二代认知科学的观点截然相反。20 世纪 70 年代以后，很多人认为理性并不是宇宙的先验经验，理性也不是与身体无关的人类心智的先验经验。人们开始对认知革命的初始信条感到不满，导致了新观点、新方法和新途径的出现。这些新观点、新方法和新途径挑战了第一代认知科学观点的基本特征。比如"情景认知"认为认知并非存在于真空中，而是从根本上与背景和环境联系在一起；"分布式认知"认为认知并非简单地存在于个人的头脑中，而是从根本上分布于不同的主体和环境中；"具身认知"提出了这样一种理论，即认知本质上是以身体特征为基础的，而不是以模态表征为基础的；而"能动认知"则完全否定了心理表征对于理解认知至关重要这一基本信条（Núñez et al., 2019）。

李恒威和黄华新（2006）详细概括了第二代认知科学的基本观点：（1）具身的（Embodied）：人的心智不是无形质的思维形式，心智本质上是具身的生物神经现象，是神经系统整体活动的显现（Appearence），机体的认知能力是在身体—脑活动的基础上实现的。（2）情境的（Situated）：认知是情境的，因为具身心智嵌入在自然和社会环境的约束中。认知不是具身心智对环境的单向投射（Projection），而是必须相应于环境的状况和变化。环境对于机体不是外在的、偶然的，而是内在的、本质的。（3）发展的（Developmental）：认知不是一开始就处于高级的认知水平。对人而言，认知不是一开始就处于言语思维的认知水平，而是经历了一个发展过程。（4）动力系统（Dynamic System）：认知不是一个孤立在头脑中的事件，而是一个系统事件。具身心智的认知活动和环境是耦合的，动力系统研究这种耦合情况下认知发展的动力机制。具身性、情境性、认知发展和动力系统四者一起构成了第二代认知科学的观念基础。

第二代认知科学的核心观点基于身体经验，主张人类通过身体世界的互动来与世界相连。第一代与第二代认知科学的区分，本质上是"体验性"与"非体验性"之间的区分。

3.2 基于第二代认知科学的认知语言学

3.2.1 历史背景

乔姆斯基语言学的哲学基础与第一代认知科学的观点基本吻合。而认知语言学则始于 20 世纪 70 年代，它是第二代认知科学的一个重要组成部分，主张以体验哲学为基础。该理论诞生的一个重要日期是 1987 年。在这一年，该理论的三本奠基性著作相继出版：Lakoff 的《女人、火与危险事物》（*Women, Fire and Dangerous Things*）、Langacker 的《认知语法基础》（*Foundations of Cognitive Grammar*）和 Johnson 的《心灵中的身体》（*The Body in the Mind*）。认知语言学成熟的标志是 1989 年在德国召开的第一次国际认知语言学会议、1990 年创刊的《认知语言学》(*Cognitive Linguistics*) 杂志以及当年成立的国际认知语言学学会。

认知语言学最初是对生成语法的一种反动。乔姆斯基的生成传统建立了一种语言观,生成语法对句法的首要地位做出了非常坚定的承诺,而忽视了语义学和语用学在语言理论中的作用。生成语法其他方面也具有争议,即假定语法和语言具有先天结构,特别是以"普遍语法"的形式,以及假定语言知识与认知能力的其他部分是孤立的,这导致了语法自主性和语言模块性的主张,即存在一个专门的大脑模块,专门以封装的方式处理语言。认知语言学家从一开始就直面这些问题,它从人类感知世界和概念化世界的方式来研究语言,包含许多不同的理论、研究方法和研究课题。代表性人物主要有 Lakoff、Langacker、Goldberg、Fillmore、Johnson、Fauconnier 等。

认知语言学认为自然语言是人类心智的产物,其组织原则与其他认知域中的组织原则没有差别。语言与其他认知域密切相关,并且本身也是心理、文化、社会、心态等因素相互作用的反应。语言结构既依赖于概念的形成过程,又反映了这一过程,而这一过程又是以我们自身经验为基础的,即是说,语言不是一个由任意符号组成的系统,其结构与人类的概念知识、身体经验以及话语的功能相关,并且以它们为理据(文旭,2014)。

3.2.2 语言的认知基础

3.2.2.1 范畴和范畴化

认知语言学主要研究语言和认知的关系,而认知又与概念、语义、知识和文化规约有关。而这一切都与范畴有密切的关系,概念对应于范畴,意义是概念化的过程和结果(刘润清,2013)。具体来说,人们在认识某一事物时首先会提问:"这是什么",即将其归为哪个范畴。这种将事物进行分类的心理过程就是我们通常所说的范畴化,范畴化的产物就是认知范畴或曰"概念范畴"。例如,颜色范畴如"红""黄""白""蓝"等,语法范畴如动词、名词、副词、形容词等。在社会中,我们也有社会范畴,如年龄、性别、职业、年龄、性格、生活方式等(文旭,2014)。

范畴化是所有高级认知能力的基础，在日常生活中发挥着非常重要的作用，"没有范畴化能力，我们根本不可能在外界或社会生活以及精神生活中发挥作用。理解我们是怎样范畴化的，对于理解我们是如何思维和怎样起作用具有重要意义，因此对理解是什么使我们成为人也具有重要的意义"（Lakoff, 1987）。"在用以前的经验来指导解释新经验时，范畴化能力是必不可少的：没有范畴化，记忆实际上是无用的"（Jackendoff, 1993）。对于认知语言学来说，范畴化的研究具有更重要的意义：认知语言学的理论基础就是对范畴化问题的重新思考，即该问题在很大程度上促进了认知语言学的诞生。Lakoff 曾声明认知科学家在范畴化问题上的新发现是促使他从生成学派转向认知学派的一个重要原因。

2500 年前亚里士多德在《范畴篇》论述了范畴问题，他的理论被称为经典范畴理论。他指出范畴由一组充分必要特征来定义；特征都是二分的，或有或无；范畴具有清晰的边界；范畴里的成员地位平等。经典范畴理论在 20 世纪的不少研究中起着主流作用，句法学、语义学、音位学的形式主义就是建立在经典范畴理论之上。比如结构主义语义学采用语用特征分析，其实就是二分法：男士 / 女士，已婚 / 未婚，人类 / 非人类，有生命 / 无生命等。

后来人们发现很多东西难以按照二分法归类，即难以把它归入相应的范畴。维特根斯坦是发现古典范畴理论缺陷的第一位哲学家。他发现"游戏"范畴不符合传统范畴模式。有的游戏只是为了娱乐，没有输赢；有的游戏需要有运气；有的需要更多的技巧；而有的两者兼有。他发现游戏范畴成员之间没有共同的特性，而只有多种方式的相似性，他称之为"家族相似性"。他认为范畴没有固定、明确的边界，随着新事物的出现范畴可以扩大。而且，范畴成员也不像传统理论认为的那样具有相等的地位，而是有中心成员和非中心成员之分。例如，在"鸟"范畴内，"麻雀""知更鸟"通常被认为是典型成员，而"鸵鸟""企鹅"则是非典型成员；在"水果"的范畴内，"苹果""香蕉"常被视为典型成员，而"西红柿""榴莲"则是非典型成员。

Rosch 在维氏家族相似性的基础上提出了原型理论。她认为词的意义是不能完全用一组语义特征来说明的，词或概念是以典型储存在人的头脑中的。人们在理解一个词或概念时，主要从典型开始。同属于一个范畴或一个概念的各个成员，其典型性有所不同：有的是典型，处于一个类的中心，我们用它来鉴别其他成员；其他成员则视其与典型的相似程度而处于从典型到最不典型的某个位置上。应该指出的是，在确定一个范畴的典型时，不同地区、时间、文化背景等方面的因素可能会造成一定的差异（Rosch, 1975）。

原型理论对认知科学的贡献主要在于它把注意力集中在范畴的内部结构上，集中在范畴具有"核心"和"边缘"这个事实上。该理论有助于解决语言学中的某些问题，例如语义模糊性。原型理论允许成员与典型之间没有明确的临界值，即概念的边界范围可以具有一定的弹性。这样概念所包含的成员不完全确定，因而概念具有一定的模糊性（文旭，2014）。

3.2.2.2　概念隐喻

认知语言学主张隐喻是人类的基本认知方式之一。Lakoff 和 Johnson 从认知的角度高度概括了隐喻的本质特征就是认知性。他们认为：隐喻不仅体现在我们使用的语言里，而且贯穿于我们的思维和行为之中，并且无处不在；隐喻并不是凭空产生的，而是基于我们自身的体验；隐喻又是一种映射关系，是将我们的抽象概念通过隐喻来具体化，以加深对抽象概念的理解。比如，"LIFE IS A JOURNEY""IDEAS ARE MONEY"这样的隐喻被称为概念隐喻。其中 LIFE 和 IDEAS 称为目标域，JOURNEY 和 MONEY 称为始发域，IS 和 ARE 被看做是经验基础，我们根据它理解隐喻。因此，隐喻能使我们用比较熟悉的或者比较具体的概念去理解抽象的概念，其方式就是把始发域的结构映射到目标域上，其基础就是经验。总体来说，一个概念隐喻会涉及四个基本要素：始发域、目标域、经验基础和映射。

对于概念隐喻重要性的解释，Lakoff 和 Johnson 首先指出隐喻不仅仅是一种修辞手段，而且是一种思维方式，即我们有个隐喻概念体系。这个隐喻概念系统是我们认知、思维、经历、语言表达乃至行为的基础，是人类生存的主要和基本方式。另外，基于隐喻他们还指出意义不独立于人的客观事实，人们的体验和认知能力在语义的形成和解释中起着重要作用。其次，作者还指出人类隐喻认知结构是语言和文化产生、发展的基础，语言反过来影响着思想文化，语言形式与意义是相关的。

当前隐喻研究不仅是认知语言学领域的重点研究内容，也受到了认知心理学、修辞学、哲学、语义学、语用学等领域的广泛关注。认知心理学领域对隐喻加工的时间进程如本义、隐喻义加工的时间顺序做了一系列探究。在心理语言学领域，关于隐喻加工主要有两种截然不同的观点。一种是间接加工模式，主张隐喻意义进行加工之前，需首先对字面意义进行加工，如果字面意义与语境不符再将其剔除。相比之下，直接加工模式认为，隐喻意义可以直接获取，而无需先处理和拒绝字面意义，因为在载体上存在着双重表征，即载体不仅代表了特定领域 / 字面意义，还代表了话题和载体共享的领域一般 / 更高概念，所以人们可以自动地对隐喻意义进行分类处理。隐喻的使用代表着人类在语言使用中的创造力，是机器语言很难实现的。

3.2.3 语义和认知

语言是表达意义的，意义是人类认知活动中最难精确化的东西，也是认知语言学关注的核心问题。认知语义学主张认知是联结语言和世界的媒介，语言形式是认知、语义、语用、体验等多种因素互动的结果，而意义是基于认知和体验的心理现象，它不能离开人的身体特征、生理机制和神经系统。具体来说，认知语义学认为意义的产生主要经过以下六个阶段（刘润清，2013）：

（1）人与环境（客观世界）的互动（这是体验阶段：包括"感觉""知觉"表象）

（2）意象图式（Image-schema）阶段（一方面横向上帮助形成范畴，另一方面纵向上形成范畴）

（3）范畴阶段（是对意象图式加以概括化逐渐形成的，才是真正的认知阶段，可以用多种理想认知模式描写）

（4）概念阶段（概念对应范畴，也就获得意义。概念往往是隐喻性的）

（5）意义（从概念到意义包含着使用命题、判断、推理）

（6）语言（用语言的形式把意义固定下来）。

以上这个简化的流程图说明意义始于人与外界的互动，中间经过意象图式的形成（例如"爱情是旅行""人生是旅行"这两个概念隐喻基于

"起点-路径-目标"图式,表示旅行有目的地,爱情、人生同样也有目的地),才开始范畴化和概念化,最后达到意义的产生。

概念化对于认知语言学非常重要,Langacker 把意义等同于概念化,"意义即概念化"成为认知语义学研究的重要原则。关于概念化的界定,当前还没有明确的答案。文旭(2022)详细总结了当前关于概念化的界定:Langacker 认为概念化从广义上理解指的是心理经历的各个方面,具体包括:(1)已有或新奇的概念;(2)"智力"概念和感觉、运动、情感经历;(3)对物质、语言、社会和文化语境的理解;(4)随加工时间展开和发展的、非即时性的概念等(Langacker, 2013)。Sharifian(2011)则从更广泛的角度进行界定,他认为概念化是包括图式化、范畴化等的基本认知过程。Evans 则以语言中意义的构建为核心,把概念化定义为:语言中意义的建构过程,即语言使用者是如何通过丰富的百科知识和复杂的概念整合实现语义建构的(2007)。总体来说,当前概念化的界定有广义和狭义之分。广义的概念化关注的是整个人类行为系统的概念表征,包括语言行为;而狭义的概念化重点聚焦与语言行为相关的概念系统。无论是广义的概念化还是狭义的概念化,其基本内涵是一致的,即概念化是意义构建的认知过程和神经活动(文旭,2022)。

关于概念化研究的主要内容,当前主要从认知心理维度展开。概念化的认知心理研究是认知语义学的研究焦点,主要借助心理语言学实验、临床研究、神经成像、计算机模拟等从功能、神经等不同层面开展(文旭,2022)。例如 Wang et al.(2023)通过事件相关电位(ERPs)技术考察了汉语复合词语义加工的时间进程。Huang et al.(2022)则详细揭示了通常表征语义信息加工的脑电信号 N400 和句法信息加工的 P600 更细致的定义。还有研究通过功能性磁共振成像(fMRI)实验发现隐喻会激活情绪加工的脑区,即隐喻与情绪显著性相关,表明(隐喻)语言概念化并不独立于其他认知,支持了认知语言学的"认知的承诺"。

3.2.4　认知语法

Langacker 的《认知语法导论》一书主张语法本质上是一种符号,由小的符号单位构成大的符号单位,单个的词和复杂的语法结构都是一种符号,词和语法结构之间没有截然的界限。语法结构是人们长期使用语

言而形成的 "格式"，相对独立地储存于语言使用者的大脑中（Langacker, 2008）。

大部分认知语言学研究者均认为构式是认知语法的核心。Goldberg（1995，2006）开始从理论上解释固定用法，提出构式（Construction）的概念：所谓构式，就是指这样的形式-意义对，它在形式或意义方面所具有的某些特征不能从其组成成分或已建立的其他构式中完全预测出来。Goldberg 认为，词汇、形态和句法构成了一个连续体，只是被任意划分为离散的组成部分。此外，它还声称词汇和语法完全可以被描述为符号结构的集合体，其中符号结构只是语义结构和语音结构（其语义和语音极点）之间的配对。这有几个后果：首先，语法与语义并非截然不同，而是将语义作为其两极之一。其次，语法描述并不依赖于特殊的、不可还原的语法单元，而只依赖于符号结构，每个符号结构都可还原为形式-意义配对。第三，语法描述中每一个有效的构式都有一个语义极点，因此都是有意义的（尽管其意义往往是相当模式化的）（Goldberg, 1995; Goldberg, 2006）。

施春宏（2021）指出凡以形式和意义/功能的配对体为语言单位而形成的语法系统，都叫构式语法；凡以构式为分析对象的研究路径，皆为构式语法研究。作者进一步指出理解构式语法的 "构式"，最关键之处在于这样一种认识：构式是一种知识，而且这种知识是基于言语实践而形成的认知结果，是经验概括和抽象的产物，是大脑中自主存在和独立运作的语言实体。从知识系统的建构过程来看，主要分为 "自然" 和 "使然" 两种基本知识观：自然观强调知识的天赋性，如生成语法；使然观强调知识的经验性，如认知语言学。这种 "使然" 观决定构式知识是在语言使用过程中形成的，并为特定使用群体所共享的认知成果。

总体来说，认知语言学重视语言在使用中的建构。认知语言学派的领军人物之一 Joan Bybee 认为 "语法即用法、用法即语法"，后来修正为 "用法影响语法"（Usage Impacts Grammar）（Bybee, 2010），提出了基于用法的语言体验学习论。语法是通过对语言的体验产生的认知组织，形式与功能的匹配（即 Construction）就是语法分析的基本单位。

3.3　语言、认知与计算的融合

前面我们介绍了两代认知科学的观点，基本对应了形式语言学派和认知语言学派的哲学观，然后具体介绍了基于第二代认知科学的认知语言学。但是基于哲学的思辨始终无法证实关于语言本质的假说，大家的论证武器纷纷从哲学转向了自然科学。自此，语言学与心理学、神经科学、认知科学等形成了紧密而深刻的交叉和融合。

3.3.1　认知心理学中的整体语言观

3.3.1.1　陈述 / 程序模型

人工智能的发展对研究人脑的神经认知机制提出了要求，而语言是观察人脑认知的最佳窗口（李佐文，梁国杰，2022）。关于语言本质的一种认知心理学观点认为，语言由记忆性的"心理词典"和计算性的"心理语法"构成。Ullman 提出的陈述 / 程序模型（Declarative/Procedural Model）提供了一种类似的语言处理架构的神经认知实现，该架构区分了词库知识和基于规则的知识（Ullman, 2001a; Ullman, 2001b）。该模型提出的基本前提是假设语言心理词库和心理语法之间的重要区别与陈述性记忆和程序性记忆之间的区别息息相关。

陈述性记忆系统与事实知识（"语义知识"）和事件知识（"情节知识"）的学习、表征和使用息息相关。它对于任意相关信息的快速学习（如基于单个刺激的呈现）——即信息的联想结合——非常重要。有观点认为，该系统学习到的信息并不是封装的，而是可以被多个心理系统获取的。此外，这些知识中至少有一部分可以被有意识地（"明确地"）重新忆起。相比之下，程序性记忆系统是学习新知识和控制已有的感官运动和认知"习惯""技能"及其他程序的工具，如骑自行车和熟练玩游戏。该系统通常被称为"内隐记忆系统"，因为无论是知识的学习还是知识本身，一般都无法有意识地获取。Ullman 假设基于规则的语言知识（即句法和规则形态知识以及音系和组合语义方面）是构成程序系统的一部分，而词汇存储信息（例如不规则形态、词汇语义）为陈述性信息类型（如图 3-2

所示）。也就是说，词汇记忆主要依赖于陈述性记忆系统，而语法方面则
依赖于程序性记忆系统（Ullman, 2004）。

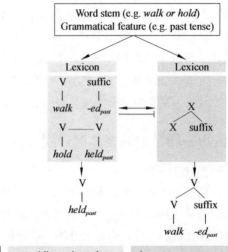

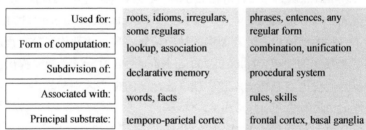

图 3-2　陈述 / 程序模型（Declarative/Procedural Model）模型（Pinker & Ullman,
2002）

3.3.1.2　联结主义模型

　　形式语言学观点建立在这样一个前提之上，即语言在心理上表现
为一种确定的符号语法。虽然这种方法捕捉到了世界语言的许多重要特
征，但也导致了一种倾向，即把理论问题集中在语法规则的正确形式
化上，而不强调学习和统计在语言发展和处理中的作用。Rumelhart 和
McClelland 提出的联结主义模型有以下两个基本特征：首先，在知识的
表征方面，它强调"分布表征"。分布表征与传统认知理论对知识的表
征有很大的不同。传统认知理论将人脑看作是符号处理系统，这种表征

的基本特点是一个信息加工的单位只表达一个概念（例如语素、字或词），而一个概念也只由一个单位来表达。这样，表达单位不能进一步分解为更小的单位，因为它与概念间有清楚的一对一的关系。分布表征与此不同：它强调一个概念由多个单元互相作用的关系来表达（Rumelhart & McClelland, 1986）。例如，英文大写字母 F 和 E 之间的不同在于后者多了一横。按照传统表征法，F 和 E 是分别由两个不同的单元来表达的。但按照分布表征法，F 和 E 可以由多个同样的单元来表达，不同的是某些单元在表达 E 时被激活，但在表达 F 时被抑制。我们如果仅看某些单元，它们可能既不表达 F，也不表达 E。因为，F 和 E 的激活由多个单元之间的关系决定。

联结主义区别传统认知理论的第二个基本特征在于它对知识学习的观点。一般心理语言学家主张学习语言就是学习规则的过程。由于联结主义主张分布表征，所以主张知识学习的过程其实就是分布表征学习的过程。换句话说，学习其实就是通过调节单元和单元之间的关系，即调节单元和单元之间的权值（联结强度）来实现。随着学习的深入，单元之间的权值越高，联结的强度越高，最终知识的学习过程完成。例如，如果学会了 F，则有利于 E 的学习。具体来说，对 E 的学习只需重点将 E 独特的某些单元激活，并与 F 和 E 两者共同的网络联结。

表示输入和输出之间的相关性是分布式联结主义模型的特征。在这样的模型中，通过激活的子模式捕获相关性，该子模式在介导输入和输出之间的隐藏层内发展。比如，针对形态，传统观点认为形态是语言结构的基本要素，而联结主义观点则认为形态来自词的形式和意义之间的系统映射规律，不具有单独的心理表征。当词形和语义信息的一致同时出现时，稳定的子模式发展，形态结构就会出现。例如，由于重复形式的"hunt"在某些词中都具有相似的含义，因此在该级别上捕获了"hunt""hunter""hunting"等之间的关系。类似地，尽管"venge"本身并不是一个词，但在"revenge""avenge""vengeance""vengeful"再次出现"venge"的相似含义将在此级别被捕获。需要注意的是，联结主义与传统观点均承认语言存在规律的事实，两方争议点主要在于语言规律是否由语言规则生成或者说规则是否被明确地表征（李佐文，王玉玲，2023）。

3.3.2 认知心理学中的语言理解模型

3.3.2.1 词语认知模型

词的认知研究是语言高阶理解模型的基础。首先关于形音义的激活顺序当前观点不一。前馈模型（Feedforward Models）假定结构模块化，如图 3-3（a）所示，根据时间模块化的前馈模型，视觉词形信息在一组不同的、分层组织的处理阶段中进行处理，这样每个阶段（例如，字母和词形表征的激活）都发生在严格的前馈方式中。关键是在词形访问完成之前系统不会访问额外的非视觉词形表征（例如，语音、语义），或是如果在此之前访问，更高级别的表征永远不会以反馈的方式影响词形计算。如图 3-3（b）所示，不同于前馈激活观点（a），交互激活模型（Interactive Models）主张处理过程中的所有低阶和高阶表征均充分交互。在这个模型中，来自低阶视觉特征的信息自下而上流动到整个词的词汇表征，同时更高级别的表征自上而下流动。"何时"和"何地"感知词形处理的结束和开始的分界线变得模糊。

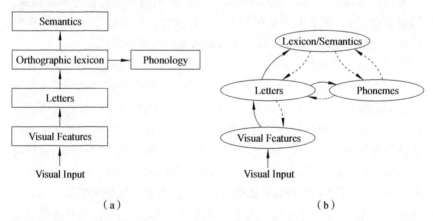

（a） （b）

图 3-3 单词识别的前馈激活（a）和交互激活模型（b）（Carreiras et al., 2014）

另外，关于词的内部形态表征机制仍然存在争议，即形态复杂词识别是否需经过语素分解重组过程（Leminen et al., 2019）。如下图 3-4 所示，联结主义观点认为形态并不存在单独的心理表征，形态是对词的表层形式（词形、语音）与其意义（语义）之间的学习映射的表征。针对汉语词的探究，有研究不光从复合词的整词层面探究了形音义的激活顺序，也从语素层面探究了其形态表征和加工机制，均有助于汉语复合词的认知运算和神经建模（Wang et al., 2021a; Wang et al., 2021b; Wang et al., 2023）。

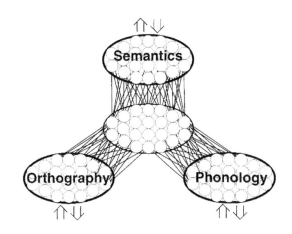

图 3-4　联结主义模型中词的心理表征机制（Plaut & Gonnerman, 2000）

3.3.2.2　句子认知模型

言语交流中，我们使用的最小信息传递单位是句子。句子是信息传递的基本载体，是语言理解的关键。然而针对句子加工主要存在两种语言加工理论流派：模块化理论和交互型理论。在句子理解过程中，模块化理论认为句法知识和语义知识分别在自己的专属模块中独立进行，句法在句子加工过程中是起支配作用的决定性因素，句法的加工在句子加工第一个阶段就启动。而且这个阶段的句法加工具有优先一切的特性和严格的排他性。当第一阶段句法加工完成后，句子加工转入第二阶段，这个阶段中，句法模块的信息传给语义加工模块，句法结构对语义加工产生制约，语义信息在句法结构信息的制约下解读出句子层面的含义。与此相对，交互型模型认为，在句子理解整个过程中，包括句法、词汇、语境和韵律等在内的所有相关层面的信息同时起作用，它们相互影响，相互作用，都对句子意义的最终解读产生影响。交互型模型否认句法结构唯一的和单向的决定作用，承认词汇、语境、韵律和世界知识等都对句法结构的选择具有影响。

许多句子理解的模型可以被归结到模块化、交互型与序列加工、并行加工的大框架之下，比如复杂性派生理论模型（Derivational Theory of Complexity）、花园路径模型（Garden Path Model）、限制满足模型（Constraint Satisfaction Model）。这些模型争论的核心均是句法、语义的地位问题及两者的相互作用问题。当前大多数研究主要通过对 N400、P600 的探究去推测句子加工过程中句法、语义的顺序及关系（Delogu et al., 2021; Huang et al., 2021; Pylkkänen, 2019）。

3.3.2.3 语篇认知模型

这里的语篇指的是话语，它是大于句子的语言单词，具有主题性、连贯性、层次性等特征。人们对语篇进行理解时，需要根据语篇中的命题或事件进行推理，形成一定的连贯关系，并把既有知识进行整合，形成一个整体、连贯的心理表征。Kintsch 提出了一个具有代表性的语篇理解模型，即建构–整合模型（Construction-Integration Model）（Kintsch, 1998）。在这个模型中，语篇首先被转换成表示语义的命题网格，附加一定信息之后，构成精致化命题网格，接下来，通过整合过程，产生了一个具有一致性的语篇表征（李佐文，2023）。

篇章语用学也是当前神经语言学的一个研究领域。语用学所关注的是在一定语境条件下说话人希望通过话语所传递出的信息或意图（Levinson, 1983）。神经语用研究领域的核心问题之一是语用信息的处理和句法语义信息的处理是否发生在同一平面上。按照序列加工模型的假设，无论是语言理解还是语言产生，二者均由不同的加工阶段构成，比如，第一阶段是语音、词类等短语结构的建构，然后是包括题元角色指派在内的语义加工以及形态句法加工，最后才是把句法、语义以及包括百科知识在内的语篇信息整合在一起的整合加工阶段，即系列处理模型（徐晓东，吴诗玉，2019）。另一种观点则认为大脑处理语义信息和百科知识信息的进程并非存在时间和空间上的分离，它们是同时进行的，而且负责处理两种信息的神经机制也是高度重叠的，即倾向于 Jackendoff 等人所提出的语言处理的平行构架模型（Jackendoff, 2007），或者 Hagoort 提出的整合加工模型（Hagoort et al., 2004）。

3.3.3　语言认知机理与计算模型的融合

　　过去十年来，人工智能领域的大部分突破都是通过深度神经网络实现的。这些系统在处理语言的精确性上越来越高，主要通过它们在分级、多层、基于连接的系统中隐含地利用上下文和经验的能力。这一能力被越来越多地用来探究大脑语言认知机制上。Rabovsky & McClelland（2019）主张基于深度学习的神经语言模型在捕捉语言如何传达意义方面具有长远前景。作者还指出对人类语言处理的成功理解应该既能解释理解过程的结果，又能解释所依据的连续的内部过程。基于这些观点，作者提出了句子理解的神经网络模型——句子格式塔模型，并且用该模型解释了事件相关电位（ERP）的 N400 振幅，它可以实时跟踪意义的处理过程。该模型与最近基于深度学习的语言模型有共同之处，它将 N400 振幅模拟为句子所描述的情境或事件的概率表征的自动更新，与意义层面的时差学习信号相对应。作者认为 N400 这一过程会相对自动地发生，而有时成功地理解需要一个更受注意力控制的过程，这可能反映在随后的 P600 成分中。总体来说，作者将这一解释与当前的深度学习模型以及语言学理论联系起来（Rabovsky et al., 2018; Rabovsky & McClelland, 2019）。

　　目前对大脑语言理解机理的研究远不如其他认知功能深入，因此认知启发的计算方法大多集中在视觉认知和机器学习领域，在语言领域的工作较少。主要表现在借鉴大脑表征、学习、注意力、记忆等认知机制，设计或改进计算模型，使得（部分）模型具有与大脑类似的结构，从而提升模型处理下游任务时的性能（王少楠等，2022）。例如，根据人在阅读句子时选择性地注视或跳读某些词汇的启发，Wang et al.（2018）提出一种人类注意力机制启发的句子表示模型。其次，还表现在借鉴或使用认知科学的研究方法来解析神经网络模型编码的信息。例如，受神经科学研究神经元编码机制方法的启发，Lakretz et al.（2019）研究了 LSTM模型中每个神经元在完成任务时的工作机制。Ivanva et al.（2021）借鉴神经科学探针任务的设计方式，提出在机器学习方法中设计探针任务时应遵循的准则。

思考与讨论

1. 两代认知科学的观点分别是什么？认知语言学的哲学基础是什么？
2. 认知心理学关于语言本质的观点有哪些？有哪些语言理解模型？
3. 当前语言认知机理与计算模型的融合体现在哪些方面？

参考文献

[1] Boden, M. A. *Mind as Machine: A History of Cognitive Science* [M]. Oxford: Oxford University Press, 2008.

[2] Bybee, Joan. *Language, Usage and Cognition* [M]. Cambridge: Cambridge University Press, 2010.

[3] Carreiras, M., et al. The what, when, where, and how of visual word recognition [J]. *Trends in Cognitive Science*, 2014, 18 (2): 90-98.

[4] Delogu, F., Brouwer, H., Crocker, M. W. When components collide: Spatiotemporal overlap of the N400 and P600 in language comprehension [J]. *Brain Research*, 2021, 1766: 147514.

[5] Evans, V. *A Glossary of Cognitive Linguistics* [M]. Edinburgh: Edinburgh University Press, 2007.

[6] Goldberg, A. E. *Constructions: A Construction Grammar Approach to Argument Structure* [M]. Chicago: University of Chicago Press, 1995

[7] Goldberg, A. E. *Constructions at Work: The Nature of Generalization in Language* [M]. Oxford: Oxford University Press, 2006.

[8] Hagoort, P., et al. Integration of word meaning and world knowledge in language comprehension [J]. *Science*, 2004, 304 (5669): 438-441.

[9] Huang, Y., et al. When one pseudo word elicits larger P600 than another: A study on the role of reprocessing in anomalous sentence comprehension [J]. *Language, Cognition and Neuroscience*, 2021, 36 (10): 1201-1214.

[10] Ivanova A. A., Hewitt J., Zaslavsky N. Probing artificial neural networks: insights from neuroscience [C]//*Proceedings of the International Conference on Learning Representations Workshop*, 2021.

[11] Jackendoff, R. *Patterns in the Mind: Language and Human Nature* [M]. New York: Basic Books, 1993.

[12] Jackendoff, R. A Parallel Architecture perspective on language processing [J]. *Brain Research*, 2007, 1146: 2-22.

[13] Kintsch, W. *Comprehension: A Paradigm for Cognition* [M]. New York: Cambridge University Press, 1998.

[14] Lakoff, G. *Women, Fire, and Dangerous Things: What Categories Reveal About the Mind* [M]. Chicago: University of Chicago Press, 1987.

[15] Lakoff, G., & Johnson, M. L. *Philosophy in the Flesh: The Embodied Mind and Its Challenge to Western Thought* [M]. New York: Basic Books, 1999.

[16] Lakretz Y., et al. The emergence of number and syntax units in LSTM language models [C] //*Proceedings of the Conference of the North American Chapter of the Association for Computational Linguistics*, 2019: 11-20.

[17] Langacker, R. *Cognitive Grammar: A Basic Introduction* [M]. Oxford: Oxford University Press, 2008.

[18] Langacker, R. W. *Essentials of Cognitive Grammar* [M]. Oxford: Oxford University Press, 2013.

[19] Leminen, A., et al. Morphological processing in the brain: The good (inflection), the bad (derivation) and the ugly (compounding) [J]. *Cortex*, 2019, 116: 4-44.

[20] Levinson, S. *Pragmatics (Cambridge Textbooks in Linguistics)* [M]. Cambridge: Cambridge University Press, 1983.

[21] Miller, G. A. The cognitive revolution: A historical perspective [J]. *Trends in Cognitive Science*, 2003, 7 (3): 141-144.

[22] Núñez, R., et al. What happened to cognitive science? [J]. *Nature Human Behaviour*, 2019, 3 (8): 782-791.

[23] Plaut, D. C., & Gonnerman, L. M. Are non-semantic morphological effects incompatible with a distributed connectionist approach to lexical processing? [J]. *Language and Cognitive Processes*, 2000, 15 (4-5): 445-485.

[24] Pylkkänen, L. The neural basis of combinatory syntax and semantics [J]. *Science*, 2019, 366: 62-66.

[25] Rabovsky, M., Hansen, S. S., & McClelland, J. L. Modelling the N400 brain potential as change in a probabilistic representation of meaning [J]. *Nature Human Behaviour*, 2018, 2: 693-705.

[26] Rabovsky, M., & McClelland, J. L. Quasi-compositional mapping from form to meaning: A neural network-based approach to capturing neural responses during human language comprehension [J]. *Philosophical Transactions of the Royal Society B: Biological Sciences*, 2019, 375(1791).

[27] Rosch, E. Cognitive representations of semantic categories [J]. *Journal of Experimental Psychology: General*, 1975, 104 (3): 192-233.

[28] Rose, F. Black knight of AI [J]. *Science*, 1985, 6 (2).

[29] Rumelhart, D. E. & McClelland, J. L. On learning the past tenses of English verbs [J] *Psycholinguistics: Critical Concepts in Psychology*, 1986, 4: 216-271.

[30] Sharifian, F. *Cultural Conceptualisations and Language: Theoretical framework and applications* [M]. Amsterdam/Philadelphia: John Benjamins Publishing Company, 2011.

[31] Simon, H. & Kaplan, C. A. *Foundations of Cognitive Science* [M]. The MIT Press, 1989.

[32] Thagard, P. *Mind: Introduction to Cognitive Science* [M]. Cambridge: MIT press, 2005.

[33] Ullman, M. T. The declarative/procedural model of lexicon and grammar [J]. *Journal of Psycholinguistic Research*, 2001 (a), 30 (1): 37-69.

[34] Ullman, M. T. A neurocognitive perspective on language: The declarative/procedural model [J]. *Nature Reviews Neuroscience*, 2001 (b), 2 (10): 717-726.

[35] Ullman, M. T. Contributions of memory circuits to language: the declarative/procedural model [J]. *Cognition*, 2004, 92 (1-2): 231-270.

[36] Varela, F. J., Thompson, E., & Rosch, E. *The Embodied Mind: Cognitive Science and Human Experience* [M]. Cambridge: The MIT Press, 1991.

[37] Wang S, Zhang J, Zong C. Learning sentence representation with guidance of human attention [C]//*Proceedings of the International Joint Conference on Artificial Intelligence*, 2018: 4137-4143.

[38] Wang, Y., et al. An ERP Study on the Role of Phonological Processing in Reading Two-Character Compound Chinese Words of High and Low Frequency [J]. *Frontiers in Psychology*, 2021, 12: 637238.

[39] Wang, Y., et al. Interaction between Phonological and Semantic Processes in Visual Word Recognition using Electrophysiology [J]. *Journal of Visualized Experiments*, 2021, (172).

[40] Wang, Y., et al. Time course of Chinese compound word recognition as revealed by ERP data [J]. *Language, Cognition and Neuroscience*, 2023, 1-21.

[41] 李恒威，黄华新. "第二代认知科学"的认知观 [J]. 哲学研究，2006，（6）：92-99.

[42] 李佐文. 话语计算的理论与应用 [M]. 北京：外语教学与研究出版社，2023.

[43] 李佐文，梁国杰. 语言智能学科的内涵与建设路径 [J]. 外语电化教学，2022，（5）：88-93+117.

[44] 李佐文，王玉玲. "基于规则"还是"基于网络"——形态复杂词的神经表征研究现状 [J]. 当代外语研究，2024，（1）：89-101.

[45] 刘润清. 西方语言学流派 [M]. 北京：外语教学与研究出版社，2013.

[46] 施春宏. 构式三观：构式语法的基本理念 [J]. 东北师大学报（哲学社会科学版），2021，（4）：1-15.

[47] 文旭. 语言的认知基础 [M]. 北京：科学出版社，2014.

[48] 文旭. 语言、意义与概念化 [J]. 深圳大学学报（人文社会科学版），2022，39（1）：32-39.

[49] 徐晓东，吴诗玉. 语用信息加工的神经机制 [J]. 当代外语研究，2019，（2）: 31-43+128.

[50] 袁毓林. 语言的认知研究与计算分析 [M]. 北京: 北京大学出版社，1998.

[51] 王少楠，丁鼐，林楠等. 语言认知与语言计算——人与机器的语言理解 [J]. 中国科学: 信息科学，2022，52（10）: 1748-1774.

[52] 王寅. 认知语言学与两代认知科学 [J]. 外语学刊，2002，（1）: 9-14+112.

第四章　语言数据和语言模型

本章提要

　　数据、模型、算法是人工智能的三要素。语言数据是语言智能建设的资源基础，是信息时代重要的生产要素（李宇明，2020）。语言模型是语言数据经过加工处理后，利用数学方法提炼出的用以表征语言规律的抽象形式系统，是语言智能的核心组成部分之一。语言智能的发展离不开优质语言数据和语言模型，正确认识语言数据和语言模型对理解语言智能及相关概念具有重要意义。当前，大语言模型（Large Language Models）的横空出世已充分展示出生成式人工智能强大的"语言能力"，使人们快速意识到语言数据和语言模型的重要性。语言智能界正掀起"从数据视角认识语言，以模型思维理解语言"的热潮。

　　本章介绍语言数据和语言模型的相关概念及发展历程，对语料的收集、清洗、加工、标注、建模等环节进行概述，旨在帮助读者了解语言数据的加工处理过程，了解到不同时期的主流语言模型及其应用与局限，以便学习后续章节的更多内容。

4.1　"语言数据"的概念

　　语言数据是在大数据时代背景下应运而生的新名词，李宇明和王春晖（2022）将"语言数据"定义为："以语言符号体系为基础构成的各种数据"，并划分出五个细类。1. 语言学科数据。是指包含语言符号系统本身的，如语音、词汇、语法、语篇，及文字、音标、标点符号等在内的多种数据。2. 话语数据。指在言语交际中产生的，负载各种知识与信息，用于多种领域、具有多模态特征的口语或书面语、双语或多语数据。3. 语言衍生数据。指语言在社会中长期演化而形成的属性和状态类数据，如语言文字的地域分布、各种语言的使用人口等。4. 人工语言数据。指利用语言文字设计的特殊符号系统，用于特殊人群、特殊场合的特殊交际，如盲文、手语、旗语等。5. 语言代码数据。指具有高度形式化、可机读的专业代码或科技语言，如编程语言、音乐曲谱，甚至网络表情包等。

本书中所指的语言数据在来源上覆盖了以上五个分类，但更侧重其作为语言研究和语言建模基础资源的作用和特征。因此，我们将语言数据定义为："可以被收集、整理、加工并用于数学计算和形式建模的口笔语言符号及其衍生符号资源"。语言作为数据后，其声音、形态和意义系统便可以通过数学方法被转换成可供计算机识解的信息符号。

4.2 语料库：语言数据的仓库

语料库，也称为"语言数据库"，是大规模口笔语真实语言材料构成的数据集合，研究者可以通过统计分析手段在语料库中挖掘语言形式和意义的典型规律（许家金，2019）。语料库构建一方面对各种领域、文体语言材料的存储保护具有重要价值，另一方面也可以应用于自然语言处理、语言模型建构等工程的初始阶段，是语言智能训练的质量基础和资源保障。

世界各地早有将语言材料收集、编纂、加工进而著录成册的漫长历史，如字典编纂、语法研究、方言调查等都涉及手工建立语料库的过程。此类工作耗时耗力，还常常因人力有限而出现难以避免的瑕疵和错误。计算机诞生后，电子语料库的快速发展成为大势所趋。1959 年，R. Quirk 收集了各式各样的英国口语、书面语材料，建立了 Survey of English Usage（英语用法语料库）。1961 年，美国布朗大学研发了世界上第一个机读语料库——Brown Corpus（布朗语料库），收集了一百零一万左右的美国现代英语词汇，涵盖不同语类和语体的自然语言文本。尽管以当今的技术和理论眼光来看，布朗语料库的语言数据不足为奇，平衡方式也略显粗糙，但其仍为欧洲地区乃至世界范围的语料库（如 LLC、LOB 等）建设创立了沿用几十年的语料平衡标准与范式。

20 世纪 80 年代后期，光电符号识别技术的发展与对各层次语言细节的关注将语料库带入了新阶段。由英国伯明翰大学 John Sinclair 教授领导开发的 COBUILD 语料库在语料规模和标注层次上都超越了前人成果，大幅提升了原始语料处理的精度和效率，COBUILD 标志着"第二代语料库"的诞生。进入 20 世纪 90 年代后，语料库开始进入商用场景。BNC（英国国家语料库）、ANC（美国国家语料库）、COCA（美国当代英语语料库）等均在词汇规模上突破千万级，在库的文本分类方面也更加广泛精细。至此，语料库的应用潜力已基本显现。

我国本土使用统计思想研究文本并建设语料库的相关工作可以追溯到 20 世纪 20 年代，著名教育家陈鹤琴在统计调查了儿童用书、通俗报刊、妇女杂志、小学生课外作品、古今小说及杂类作品共五十余万汉字的基础上，编写了《语体文应用字汇》，为当时的国民教育做出了重要贡献。

我国的电子语料库建设起步于 20 世纪 70 年代，早期语料库建设集中在个别领域，采用人工和计算机结合的方法对语料进行词切分、词频统计和数据分析等工作（冯志伟，2002）。20 世纪 90 年代，随着国家级语料库筹建立项，全国各大高校、研究所成立了语料库及语言计算研究机构，专攻中文信息处理的资源建设问题。该阶段催生了《人民日报》标注语料库、现代汉语语料库、国家语委语料库及各类专门用途语料库、学习者语料库、古汉语语料库等。在借鉴英美等国的成果和技术基础上，我国语言数据资源建设逐渐发展出了符合国情需要、具有中文特色的发展理念。除上述中文语料库外，还有一系列专门用于共建共享中文资源、促进语言信息处理技术进步的大型计划，如中国科学院自动化所等单位 2003 年建立的"中文语言资源联盟（Chinese Linguistic Data Consortium）"、国家语委 2015 年启动的"中国语言资源保护工程"等。

广泛兴起的语料库建设对语言数据资源的开发与应用起到了至关重要的作用，同时也推进了语言信息处理的快速发展。计算机能够模仿人类语言智能的关键因素就是依靠大量语言数据进行模型训练。当前语言模型建设主要集中在高资源通用语种上，如英语、汉语等；低资源语言数据及特殊语言数据的基础资源建设亟待推进，以免加剧智能时代由语言资源差异造成的不平衡发展。

4.3 语言数据的加工处理

建立一个用于训练机器学习人类语言的高质量语言数据库并非易事。通常而言，语料库（语言数据库）的建设主要有以下流程：语料库设计、语料采集、语料加工、语料生成和语料库维护管理等。

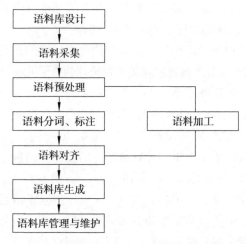

图 4-1　语料库创建流程图（《语料库通用技术规范》）

在语料库设计阶段，设计者就应提前规划好语料的规模、领域、体裁、语种、语料的加工程度以及语料的应用领域等相关参数。语料的采样应该兼顾代表性（Representative）和平衡性（Balanced）。代表性指语料库中样本的语言特征分布与实际语言使用的一致性；平衡性指语料的类别分布比例和时间分布比例应尽可能均匀分布，使语料库中能够充分反映和记录语言的实际使用情况（Barth and Schnell, 2021）。在确定设计方案后再采用人工输入、电子扫描或现有电子文本等途径进行对应的语料收集工作。

语料加工包括预处理（Pre-Processing）、标注（Annotation）和对齐（Alignment）等，其中对齐主要应用在面向机器翻译的双语或多语语料库建设中，目的是以源文为基准实现几种语言之间在词、句、段等单位上保持一致。预处理是清洗和初步加工生语料的过程，涉及分词、词性标注、去停用词、词对齐等步骤，使原始文本变成内容满满的"干货"。标注需要根据语料库的应用目的给清洗后的文本在不同语言层面"打上标签"，例如语音、词性、句法、语义、语篇信息等，目的是告知语料库的使用者文本中的各个语言实体具有何种属性，传递何种信息。经过清洗而未经标注的语料能够实现检索和数据提取的基本功能，称为"粗加工语料（Roughly Processed Texts）"，完成进一步标注的语料则能更好地辅助对应领域的研究及语言模型的预训练等任务，被称为"精加工语料（Fine Processed Texts）"。语料库的设计是否合理以及语言数据的处理是否精致在建模初期就已为语言模型的质量奠定了基础。

语料的加工主要包括预处理和标注两大环节，本节将依次进行介绍。

4.3.1 语料预处理

语料的预处理就是将收集到的生语料经过系列技术手段进行清洗和简单的、浅层的标注，使文本从自然语言状态进入到机器语言状态的预备过程，在实践中通常采用代码脚本或自编写的小程序来完成语料预处理，主要流程如图 4-2 所示。语料处理的具体步骤通常根据实际任务要求进行增减或调换顺序，总体以实现文本的规范化和适用性为原则。

图 4-2　语料预处理流程

4.3.1.1 文本清洗（Text Data Cleaning）

文本清洗，也称为文本"降噪"。留存语料中有用的信息，处理缺失数据（Incompleteness Error）、无效数据（Invalidity Error）、错误数据（Inaccuracy Error）、矛盾数据（Inconsistency Error）、重复数据（Duplication Error）等问题。例如：去除标点符号、HTML（Hypertext Markup Language, 超文本标记语言）标签信息、统一单词大小写、纠正拼写错误、处理缩写和语气词以及统一日期和时间格式等，最终目的是改善用于建模的语料质量，使语言数据保持统一标准且可被机器识别的格式。

由于文本清洗通常会用到"正则表达式（Regular Expression, RE）"，因此也称为"文本正则化（Text Normalization）"。正则表达式是一种逻辑公式，由预先定义好的固定字符串组成一系列逻辑规则，用来过滤筛选由普通字符（[A-Z] 拉丁字母或特殊符号［元符号］组成的字符串。当前大部分程序设计语言和文本编辑器都支持正则表达式。例如，在 Word 的查找功能中可以直接输入特定的正则表达式搜寻目标内容，也可在 Python 中调用"Re"包来唤醒正则表达式工具处理文本。读者可以通过互联网检索轻易获取正则表达式的使用教程和语法规则。正则表达式可以被理解为一种处理文本专用的简易指令，熟练掌握正则表达式有利于高效实现文本处理和检索分析。

4.3.1.2　词语切分（Word Segmentation）

词，一般被认为是自然语言中能够独立运用的最小单位，也是自然语言处理中的基本单位。由于不同的语言在词法形态上有所差异，因此分词具体步骤也不尽相同。如英语、德语、俄语等屈折语需要分析词干和附加成分，因此需要对词的基本形态进行处理，即词干提取（Stemming）和词形还原（Lemmatization）。对中文、越南语等孤立语而言，只需完成分词即可。虽然步骤上有所简化，但中文分词却具有更高的难度，首先是因为汉语中对词的界定包含单字词、词素、词、短语等概念，复杂的判定依据增加了根据语义确定基本单位的难度。其次就是汉语中广泛存在的交集型歧义、组合型歧义等现象也为中文分词带来许多障碍。此外，没有被分词词典收录的新词，即未登录词的大量涌现也是中文分词中的重要挑战。

传统的中文分词方法采用字符匹配法（正向最大匹配法、逆向最大匹配法、双向最大匹配法、复杂最大匹配法）和统计分词（基于隐马尔可夫模型、最大熵模型、条件随机场等）方法。这些分词方法的效果高度依赖词典及数据的丰富程度和标注质量，现有的分词工具利用以上方法已经能较好地完成大部分中英文分词任务，通过在 Python 中调取相应的工具包（如常用的英文分词工具包有 NLTK、Spacy、Stanfordcorenlp 等；中文工具有 Jieba、Thulac 等）即可实现分词及词性标注等任务。

4.3.1.3　词性标注（POS Tagging）

对切分完成的词在词性层面进行标记的过程就成为词性标注 (Part-Of-Speech Tagging, POS Tagging)，其结果将为句法分析、信息抽取、语义分析等任务打下基础。词性是词语的基本语法属性，中文词汇的词性具有形态缺失、种类繁多、一词多词性、划分标准不统一等特点，这些均为中文词性标注带来诸多挑战。词性标注通常采用和分词一样的方法，也可以利用字典查询每一个单位词的词性进行标记，或者通过统计模型进行概率预测从而标注词性。前文提到的 Python 工具包均可以实现分词并标注词性的功能。

4.3.1.4 去停用词（Remove Stop Words）

停用词（Stop Words）是文本中频繁出现的功能词或无实际意义的词汇，这些词可能对文本中的语义分析没有太大贡献，但占用了过多篇幅和存储空间，因此在语料的预处理阶段就要对这些词进行屏蔽或移除，这一过程称为"去停用词"。停用词具体包含哪些词汇要根据语言特点、文本领域和任务目标进行规范和筛选，大部分情况下，如介词、连词、冠词、代词一类的词都会被编制在停用词表中，而如果语料专门用于作语篇的连贯研究等，这些词就成为关键内容，反而不能再被当作停用词处理。

去停用词通常需要借助分词工具配合停用词表（Stop Words List）完成，可以使用匹配法、词频阈值法或权重阈值法等方法。前文提到的分词工具均可以配合停用词表完成去停用词任务。英文常见的停用词表在 Python NLTK 库中直接调用"Stopwords"工具包即可使用，中文常见停用词表可以在网上下载 TXT 版本，主流的中文停用词表有：哈工大停用词表、百度停用词表、四川大学停用词库及中国人民大学中文停用词表等。

经过清洗、分词、词性标注、去停用词等步骤的语料便已完成粗加工，接下来要对这一阶段的语料进行深层次标注方可继续建立完整的语言数据集。

4.3.2 语料标注

语料标注或文本标注是对语言数据的语言学特征或其他类型特征进行标记的过程，机器通过学习标注好的数据学习文本中的语法结构、情感倾向、交际意图等特征。因此，高质量的标注数据集是训练出优质语言模型的基本保证。语料标注分为手工标注、自动标注与人工自动相结合三种途径，标注者需要根据不同的研究目的确定标注层面和标注信息，包括语音标注（Phonetic Annotation）、词性标注（Part-of-Speech Tagging）、句法标注（Parsing）、语义标注（Semantic Annotation）、语篇标注（Discourse Annotation）和语用标注（Pragmatic Annotation）等。语料标注的精度在语料库语言学领域存在争议，有学者认为保持语料的原始状态有利于描写语言最真实的样貌，因此提出"干净文本原则（Clean Text Policy）"（Sinclair, 1991）；但也有更多研究者认为对语料的深度标注有利于大幅提升语言分析的质量和效率（梁茂成，2016）。对于有监督的预训练模型而言，语料或文本标注是必不可少的环节。

进入标注环节的语料要根据实际研究目的采取特定的标注方案，好的标注方案能够节省大量人力和时间成本，产生优质的数据资源以便后续训练语言模型。本章在此推荐 Pustejovsky 和 Stubbs（2006）提出的 MATTER 循环作为标注方案设计的参考指南。MATTER 代表 Model（概念建模）、Annotation（标注）、Training（训练）、Test（测试）、Evaluation（评价）和 Revision（修改）六个环节。

4.3.2.1 概念建模（Modelling）

Model 即建立语料标注的概念框架。这一阶段首先要明确标注对象和任务，对目标语料的属性和特征进行全面细致的描述，并对标注任务进行明确定义，给出用于标注任务的术语。实际操作中，可以使用已有的标注框架，也可以尝试自己创建新的框架，定义专属的标注规则和标准。例如，我们要标注文本中的时间范畴类数据，就需要先定义"时间"关涉的词汇类别和特征，并给出相应实例。时间总体上包含时间表达式（昨天、上午三点、下周等）、含有时间属性的事件（暑假、例会、春节等）以及时间关系（之前、未来、然后……期间等）。那么关于时间的概念框架就可以大致设计为：

- 时间表达式 ::= 时间点 | 日期 | 持续时间 | 频率……
  - ——时间点：早上 10 点、23：00……
  - ——日期：周一、1 月 10 日……
  - ——持续时间：一小时、40 分钟……
  - ——频率：每十天、每两周……
- 事件：例会、暑假、考试周……

- 时间关系 ::= 之前 | 之后 | 在此期间 | 过程中……
  ……

借助以上方式对文本中需要标注的对象进行概念框架的梳理和细致设计后，即可着手对文本进行标注。例如：

小王的学校 [1 月 8 号]_{日期}[之前]_{时间关系}就放 [寒假]_{事件}了。
我们公司 [每周一]_{频率}[早上 10：00]_{时间点}开 [例会]_{事件}。

4.3.2.2 文本标注（Annotation）

Annotation 即数据标注环节。实际任务中的标注人员应尽可能选择有专业知识或具备操作经验的人员，并对标注人员进行岗前培训，选择操作便利的标注工具，保证每一条数据由多人参与轮流标注与抽样检查。其次，确保标注手册中包含具体的标注标准，使标注人员明确工作内容，如命名实体标注、语义角色标注、实体关系标注、关键词标注、领域特定标注等。此外，标注标准中还应该明确标注方式，如采用以分类为目标的单标签标注或以定性为目标的多标签标注，采取内嵌式标注还是分离式标注等。

内嵌式标注是在目标内容周围进行标识，如词性标注（图 4-3）。内嵌式标注会改变原有文本的格式，容易造成理解困难且难以与其他标注建立关系。

语言/n 数据/n 标注/v 是/v 语言/n 模型/n 预/v 训练/vn 必不可少/l 的/uj 环节/n 之一/r 。

图 4-3　词性标注结果示例

分离式标注对文本原有格式不产生影响，但需要说明标识的管辖范围，例如句子间连贯关系标注（如图 4-4）就采用此方法（李佐文，2023）。

完成文本标注后要使用 Kappa 系数检验多名标注人员之间的标注一致性（Inter-Rater Agreement），通过一致性检验的标注数据集准备进入算法训练和测试阶段。

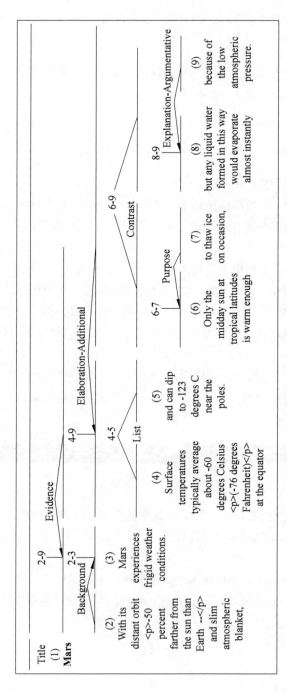

图 4-4 基于修辞结构理论标注的小句连贯关系示例（Marcu, 2000）

4.3.2.3　训练和测试（Training and Test）

利用标注完毕的数据集进行算法训练和测试，这两个环节紧密相关。训练阶段，计算机学习已标注的语言数据并抽取语料中的特征，目的是将训练好的算法投入大规模未经训练的数据集中，完成自动化标注。用于机器训练的数据集应该分为开发集（Development Corpus）和测试集（Test Corpus）两部分。开发集应进一步分成训练集（Training Set）和开发测试集（Development-Test Set）。语言数据将被随机分配到这些集合中待命（如图 4-5）。

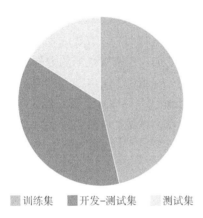

训练集　　开发-测试集　　测试集

图 4-5　用于机器学习的语言数据集分区

训练集用于训练执行任务的算法，可以从决策树、朴素贝叶斯、支持向量机、互信息法、K 最邻近等适用于标注任务学习的算法中选择一种来完成标注学习任务。训练完成后用以标注开发-测试集中的新数据，记录出现的问题和错误并及时调整算法并重新训练，直到算法在开发-测试集上取得满意的结果为止。完成训练后的算法需要再对一些未进入训练过程的全新语言数据进行标注以评估训练效果。训练和测试也是需要经历反复的过程，基本流程如图 4-6 所示：

训练集 → 开发-测试集 → 评估 → 终测 → 返修

图 4-6　算法训练-测试循环

4.3.2.4 评价与修改（Evaluational Revision）

在训练和测试阶段，算法已经经历了多次反复的评价，模型也经历了数次修改，否则无法进入最终的评价阶段。当算法通过最后的"相关性测试"，在新数据集上达到了理想的精度和召回率，MATTER 标注建模循环就完成了。

语言模型的前期标注和后期训练不是一蹴而就的。语言数据的收集筛选、标注方案设计、标注人员培训、算法训练与测评等每一个环节都保质保量，才能使模型和算法达到理想效果。

4.3.3 基准数据集和评测

语言模型的训练结果好坏与否，在很大程度上取决于数据集的质量，如何评价一个语言模型的能力也需要优质的数据集作为测试基准。目前，相较于英文数据集而言，公开可用的中文数据集相对较少，建立中文自然语言处理任务的基准测试，并向社会公开能够广泛使用和测评的数据集是推进中文语言模型发展势在必行的任务。

4.4 语言模型

语言模型是实现自然语言处理的媒介和工具，也是计算语言学研究的重要组成部分。它的目标是模拟语言的规则和语境，关注自然语言的建模和理解语言单位的概率和结构，以便计算机能够理解和生成自然语言文本。语言模型的研究和开发在自然语言处理任务中发挥着关键作用，影响着该领域的发展进程。过去几十年，语言模型经历了从规则时代到统计时代再到机器学习与神经网络时代的几个关键发展期，每个时期的过渡都受当时颠覆性的理论和技术所推动。可以说，一部语言模型的发展史也是一部分人工智能技术的发展史。如今的语言模型已经进入大参数、大规模时代，但了解其技术原理仍然对认识语言模型本质具有重要意义。

早期的语言模型有基于规则的语言模型和基于统计的语言模型。基于规则的模型采取符号主义方法，主张人的语言能力是一种天赋，能够用物理符号进行模拟，因此基于规则的语言模型将自然语言视为可以被公理化、形式化的符号体系，力求探索用有限的规则描述无限的语言现象，典型代表是乔姆斯基开创的一系列形式语法理论。而基于统计的模型则认为在人们社会经验中创造出的语言事实是建立语言模型的直接基础，因此主张采用统计方法建立语言的概率模型。

理性主义认为语言是规则，而经验主义则认为语言是数据，二者在自然语言处理的发展史上始终充满矛盾，但也在矛盾中相互交流和促进，为语言模型的设计发展奠定了深厚的理论基础（宗成庆，2013）。

4.4.1　语言学的理论模型

4.4.1.1　句法模型

句法层面中最具代表性的模型为乔姆斯基的形式语法体系。1956年乔姆斯基（Noam Chomsky）借助有限状态自动机的原理来刻画自然语言的语法，将语法视为在特定条件下可以发生转移的有限状态，建立了语言的有限状态模型。根据代数和集合论的思想，乔姆斯基把形式化的自然语言定义为符号的序列，先后提出有限状态语法（Finite State Grammar）、上下文无关语法（Context-Free Grammar, CFG）和短语结构语法（Phase Structure Grammar, PSG）等用以描述语言特征的数学模型。他将形式语法视为数目有限的规则集合，只需通过这些规则就可以生成语言中合法的句子，排除不合法句子。基于短语结构语法的语言模型原则上可以用有限的规则描述无限的句子，达到以简驭繁的目的（冯志伟，2021）。乔姆斯基的形式语法理论为自然语言的形式化探索出一套通用的数学模型，在其引领下兴起的"形式语言"研究也为计算机科学的发展提供了重要的理论支撑。北京大学计算语言学研究所利用上下文无关语法规则描述形成的现代汉语短语结构知识库（2018）、《现代汉语语法信息词典》（2017）及其他语言规则知识库为中文信息处理积累了宝贵资源。

4.4.1.2　语义模型

Tesniere（1959）提出的依存语法也是基于规则的语言分析模型代表，依存语法与短语结构语法都是用来描述句法结构的方法，二者的区别在于短语结构语法着重描述句子短语内部的层级关系，而依存语法则关注句子中词语之间的语法关联，是由语义驱动而非纯粹的形式驱动的功能句法理论（刘海涛，2007）。依存语法认为：句子中如果一个词 A 修饰另一个词 B，则用来修辞的 A 称为"从属词（Dependent）"，而被修饰的 B 称为"支配词（Head）"。A 和 B 之间的修饰关系被称为"依存关系（Dependent Relationship）"，可以使用有向带标记的弧来表示，弧的方向从支配词指向从属词。继依存语法后，语言学专家又继续研制了配价语法、树邻近文法（Tree Adjoining Grammar, TAG）、基于框架语义理论的语法规则库 Framenet、包含单词之间关系的语义网络 Wordnet 等需要手工编写和维护规则的模型。

4.4.1.3 话语模型

修辞结构理论（Rhetorical Structure Theory, RST）是由美国学者 W. C. Mann 和 S. A. Thompson（1987）在系统功能理论的框架下创立的，旨在描述自然语言语篇（话语）结构，刻画语篇基本单位如何按照一定的关系组织成具有连贯性的完整语篇。该理论为语言的分析和生成提供了语篇层面的形式框架，强调修辞结构在语篇中的重要作用。

RST 理论认为，语篇单位之间的关系多呈核心-卫星（Nucleus-Satellite）关系，相对于作者的交际意图而言，居于核心地位的语篇单位处于相对重要的位置，核心语篇单位和卫星语篇单位之间具有不同的语篇关系。修辞结构理论有助于我们更好地理解和分析语篇的宏观结构，揭示语篇中不同基本单元之间的逻辑关系和修辞目的，从而提高语篇理解和生成能力。前文图 4-4 就是用 RST 框架标注出的篇章小句连贯关系示意图。修辞结构理论可以用来分析语篇的结构和功能，帮助理解作者的表达意图。例如，用修辞结构理论分析新闻报道、学术论文等不同类型的语篇结构，帮助机器翻译系统理解不同语言之间的修辞关系，从而生成更自然、更符合语法的翻译结果，或分析文档之间的修辞关系，提高信息检索系统的准确性。

以上基于语言学理论建立的模型也可称为基于规则的模型，其最显著的优势在于其可控性和可理解性，这使得它能够针对各个领域的特定任务轻松地进行调整，通过简单地修改或增加规则来适应不同的应用场景。这种模型无需依赖大量数据进行训练，即使在数据较为匮乏的情况下也能保持稳定性能。然而，它的一个重要局限性在于，构建和维护一个规则库需要耗费大量的人力和时间资源。而且，即便进行了大规模的资源投入，这种模型也难以把握语言的持续演变和变化，特别是在处理依赖具体语境的口语、非正式文本以及多语言素材时，效果并不理想。此外，自然语言中普遍存在的歧义性问题也是规则模型需要面对的挑战之一。

随着计算机科学和统计学领域的进步，理性主义的规则方法受到经验主义方法的冲击，基于统计的语言模型逐渐成为机器学习领域的主流，并为自然语言处理中的歧义等复杂问题提供了更多有效的解决策略。

4.4.2 统计学的概率模型

4.4.2.1 隐马尔可夫模型

统计模型中最为经典的代表之一就是隐马尔可夫模型。1906 年，俄国数学家马尔可夫（Markov）提出了一个用数学方法解释自然变化的一般规律的模型，史称"马尔可夫链（Markov Chain）"。马尔可夫链认为：状态空间中，从一个状态转移到另一个状态的过程是随机且"无记忆"的，下一状态的概率分布只由当前状态决定，与时间序列中的前序事件没有关系。在马尔可夫链的基础上推进一步，如果只有能观测到的数据，而事件状态的变化是不可见或者不能观察到的，要通过数据来预测事件转移状态，采用这种工作原理的模型被称作"隐马尔可夫模型（Hidden Markov Model, HMM）"。这两种模型都基于"系统的未来状态只依赖于当前状态，而与过去的状态无关"这一假设，且都定义了一个状态空间作为所有可能状态的集合。在马尔可夫链中，这些状态是直接可见的；而在隐马尔可夫链中，这些状态是隐藏的，但可以通过可见状态来推断。两种模型广泛应用在金融、气象等领域，在自然语言处理的序列预测任务中也多有涉及，例如语音识别、词性标注、机器翻译、文本生成等。

然而，隐马尔可夫模型也有其局限性。由于模型仅考虑当前状态与未来状态之间的直接关系，而忽略了过去的历史状态对未来的影响，因此无法捕捉状态之间的长期依赖性。同时，当状态数量较多时，模型的复杂性会显著增加，需要维护一个大的状态空间和转移概率矩阵。此外，隐马尔可夫模型假设状态之间的转移概率是恒定的，而这在实际应用中并不总是成立。

4.4.2.2　N-Gram 模型

N-Gram 模型相较隐马尔可夫模型而言更多地考虑了上下文信息，能够在给定上下文的情况下估计每个可能词语出现的条件概率，其核心思想是根据 N 前面的 N-1 个词来预测第 N 个词出现的概率，N 表示使用的上下文窗口的大小。比如，Bigram（2-Gram）模型中 N=2，即模型会考虑前一个词来预测下一个词；Trigram（3-Gram）模型中 N=3，即模型根据前两个词预测下一个词。在词语顺序对语义影响不大的情况下，N-Gram 能够顺利应用在文本分类、拼写检查、信息检索或自动翻译等任务中。但由于 N-Gram 中的窗口一般仅在 1—5 个词之间，难以覆盖更广泛的上下文信息，因此面对语法结构复杂和长距离依赖的语篇结构时，N-Gram 就不再是最佳选择了。

4.4.2.3　向量空间模型

向量空间模型（Vector Space Model, VSM）是一种用于信息检索和文本处理的数学模型，它将文档和查询表示为向量，并在向量空间中进行运算。在 VSM 中，每个文档和查询都被视为一个向量，其中每个维度代表一个词或特征。VSM 的核心思想是通过计算文档向量和查询向量之间的余弦相似度来评估文档与查询的相似度。这种方法直观易懂，因为它假设文档中的词或特征之间的空间关系反映了它们之间的语义关系。文档中的每个词或特征都有一个权重，这个权重表示这个词或特征在文档中的重要程度。常用的权重计算方法包括 TF-IDF（词频-逆文档频率），它结合了两个因素：词频（TF），即一个词在特定文档中出现的次数；逆文档频率（IDF），即一个词在整个文档集合中的稀缺程度。TF-IDF 的计算公式是 TF 乘以 IDF，这个乘积值越高，说明这个词在整个文档集合中越重要，同时在特定文档中出现的次数也越多。这种方法常用于信息检索和文本分析任务中，如搜索引擎优化、文本分类和机器翻译等。尽管 VSM 在许多任务中都非常有效，但它也有一些局限性，比如无法处理语义歧义，以及对于大规模数据集计算复杂度较高等问题。

总的来说，基于数据和统计的模型本质都是利用概率信息和特征工程来计算文本词语的概率分布，从而判断或预测目标，这种建模思路在小规模数据集和数据稀缺的垂直领域任务中都有出色表现，但灵活性和泛化能力也相对较弱。进入 21 世纪，基于神经网络的机器学习模型逐渐在诸多任务中取代了统计语言模型曾经的统治地位。

4.5 走向大数据的语言模型

进入千禧年，基于机器学习的方法开始引领语言模型发展。机器学习是人工智能领域的一个分支，属于计算机科学和统计学的交叉领域，因此机器学习的技术和算法也有赖于统计模型的积淀和发展。在自然语言处理中，机器学习方法相比传统的统计模型最大的优势就是具备"自主学习"的能力。算法驱动机器观察和分析大量文本数据，并自动从语言数据中学习词语和文本的分布式表示，而不需要根据特征规则进行操作。

机器的学习过程和人类似，总是需要通过大量练习才能掌握某种技能。根据不同的训练方式，可以将机器学习分为监督学习（Supervised Learning）、无监督学习（Unsupervised Learning）和强化学习（Reinforcement Learning）几种主要类型。所谓"监督"，实质上是在说给机器多大的学习自由度。监督学习是给算法一个数据集，并确定数据标签，机器通过大量接触带有标签的数据来学习数据和标签之间的关系。这种有监督的学习方式依赖大量人工标注，成本虽高，但因为特征学习的效果突出所以广泛应用在个性化推荐、情感分析、图像语音识别、机器翻译等诸多领域和场景中。

无监督学习相对而言缩减了一些人力成本，因为给定数据集不需要提前标注好的标签，旨在训练机器能从原始数据中自己挖掘出潜在的结构特征，给数据做出分类。这样的学习方式能够训练机器给出正确率颇高的分类，但问题在于机器并不理解自己分类的对象有什么特征和属性。这种快速发现规律模式但不要求深入理解特征的无监督学习方式更适合应用在数据预处理、文本聚类、推荐系统、异常检测等需要做模式分析和分类的场景中。

强化学习相比前两者，是更接近生物学习本质的一种方式，它关注机器如何在环境中根据条件和反馈来调整行为。强化学习最常见的应用场景在游戏领域，最知名的战绩就是使用了强化学习的 Alphago Zero 用

40 天时间击败了曾经大胜李世石的 **Alphago Master**。在强化学习中，机器升级为"智能体"，通过与环境互动接受奖励信号来进一步提升自己的表现。这样的学习方式在自然语言处理中也大有可为，例如在对话系统、文本生成、机器翻译、情感分析等任务中加入人类互动和反馈，机器可以很好地吸取这些建议让自己往更受人类认可的方向发展。

机器学习方法处理语言数据需要选取适当的文本表示方法，本节介绍独热编码、词嵌入、词袋模型和 Skip-Gram 等方法。

4.5.1　独热编码和词嵌入

将离散的非结构化的语言符号转化成可计算彼此关系的数学符号，这个过程就称为"文本表示（Representation）"。文本表示有独热编码（One-Hot Encoding）和词嵌入（Word-Embedding）等常见方法，这些编码方式是目的都是用数字来表示词的特征。独热编码也称为"一位有效编码"，如果仅用数字 0 和 1 的排列组合来表示一个词的特征，那么区别这个词的方式就是确定 1 在其二进制编码序列中所占的位置。举例说明，现对"海淀区女大学生"作特征编码，首先要对地区特征、性别特征和学段特征作编码，如下：

> 假设只考察北京市的海淀区、西城区和朝阳区三个区，则 N=3，只需要用 3 个位次来编码：
>
> 地区特征 => [海淀区，西城区，朝阳区]
>
> 海淀区 => 100
>
> 西城区 => 010
>
> 朝阳区 => 001
>
> 假设考察研究生、大学生、中学生、小学生四个学段，则 N=4，需要 4 个位次进行编码：
>
> 学段特征 => [研究生、大学生，中学生，小学生]
>
> 研究生 => 1000
>
> 大学生 => 0100
>
> 中学生 => 0010
>
> 小学生 => 0001

接下来定义性别特征，默认女和男两种性别，则 N=2，仅需两个位次进行编码：

性别特征 => [女，男]

女 => 10

男 => 01

最终用独热编码表示出的 ["海淀区""女""大学生"] 的数字化特征就是 [1,0,0,1,0,0,1,0,0]。通过以上编码过程可以发现，独热编码可以很好地区分处理离散数据的属性和特征，但也存在致命缺点，当数据类别过多时，独热编码需要定义的特征空间就会过于庞大，占用和消耗大量存储与计算资源。另一方面，独热编码定义特征的方式只能对此做区分，却无法表达词与词之间的相似性等关系。使用词嵌入方式表示文本就可以在一定程度上相似词义的表示问题。

词嵌入在二进制的基础上，进一步用向量的方式表示文本，每一个词语在向量空间中都变成一个点，相似的点之间距离更近，反之则距离更远。使用词嵌入方式既能显示词语的属性特征，又能很好地反映词汇之间语义关系的亲疏程度或词的分布式表示（Distributed Representation）特征，且相对于独热编码而言占用的存储空间更少。在大模型成熟之前，词嵌入主要通过 Word2vec 等技术来实现。

4.5.2 词袋模型和 Skip-Gram

Word2vec，即把词转换成向量（From Word To Vector）的理念，通常使用词袋模型 CBOW（Continuous Bag-of-Words Model）和 Skip-Gram（Continuous Skip-Gram Model）模型。以上两个模型旨在训练机器在文本中预测词的能力，CBOW 的思路类似于英语阅读题中的完形填空，给出上下文词汇训练让机器预测中间空缺的词汇；Skip-Gram 则更相反，给定一个词汇让机器预测上下文可能出现的词汇。总之，Word2vec 能够很好地捕捉词汇之间的语义关系，进而通过概率计算实现文本分类、情感分析等涉及特征抓取的任务，但由于其"词-向量"之间一对一的表示关系使得该技术难以处理多义词区分等问题。尽管如此，深度学习技术成熟之前，以 Word2vec 为代表的词嵌入文本表示方法仍然是文本理解与生成相关技术中的中流砥柱。

4.5.3 神经语言模型

机器学习发展的过程中，一直伴随神经网络的参与。早在 1943 年，Warrenmcculloch 和 Walter Pitts 就在论文 "A Logical Calculus Of The Ideas Immanent In Nervous Activity" 中提出了一种模拟大脑神经元结构的数学模型，即莫科罗-彼特氏神经模型。起初这个模型采用简单的线性加权方式模拟输入输出过程，需要手动分配权重。后来 Frank Rosenblatt 为了让计算机自动设置权重，在 1958 年提出了感知机（也称感知器）模型，以二元分类为基础使用特征向量来表示最简单的单层神经网络。20 世纪 80 年代末期，随着分布式表达和反向传播算法的提出，人工神经网络相关研究突飞猛进，循环神经网络（Recurrent Neural Network，RNN）、长短期记忆网络（Long Short-Term Memory，LSTM）等架构应运而生。

2017 年，Google 的研究人员在论文 "Attention Is All You Need" 中提出了 Transformer 框架，这是将深度学习架构在语言模型中的应用一举带入大模型时代的突破性成果，在自然语言处理史上具有里程碑和划时代意义。Transformer 框架引入了自注意力机制，摒弃了卷积和循环神经网络结构逐步传播信息的模式，允许模型在序列中不同的位置之间建立依赖关系，每个位置的输出依赖于序列中所有其他位置的输入，这样就能够更好地捕捉序列中的信息。自注意力机制使得基于 Transformer 框架的语言模型在自然语言处理领域的各个任务中表现大大提升。基于 Transformer 框架，Google 又在 2018 年趁热打铁发布了名为 BERT（Bidirectional Encoder Representation From Transformers）的大规模预训练模型，可以在各种自然语言处理任务中实现微调。BERT 开启了 "预训练-微调" 的模型范式，此后的 GPT 系列、Xlnet、T5 等模型都在此范式基础上更新迭代。

大语言模型的时代就此到来。

思考与讨论

1. 什么是语料库? 语料库对语言建模有何帮助?
2. 不经过预处理的语料能否实现建模?
3. 语言建模和标注可能包括哪些环节? 每个环节的任务是什么?
4. "文本表示方法"的作用是什么? 请列举一二。

参考文献

[1] Barth D., Schnell S. *Understanding Corpus Linguistics* [M]. New York: Routledge, 2021.

[2] Chomsky N. Three Models for the Description of Language [J]. *IEEE Trans. On Information Theory*, 1956, 2 (3): 113-124.

[3] Mann, W. C. & Thompson, S. A. Rhetorical structure theory: A theory of text organization [J]. *Tech. rep.* 1987, 190, Information Sciences Institute.

[4] Marcu, D. The rhetorical parsing of unrestricted texts: A surface-based approach [J]. *Computational Linguistics*, 2000, 26 (3), 395-448.

[5] Pustejovsky J., Stubbs A. *Natural Language Annotation For Machine Learning: A Guide To Corpus-Building For Applications* [M]. "O'Reilly Media, Inc.", 2012.

[6] Shannon C. A mathematical theory of communication [J]. *The Bell System Technical Journal*, 1948, 27 (7): 379-423.

[7] Vaswani A., et al. Attention is all you need [J]. *Advances in Neural Information Processing Systems*, 2017, 30.

[8] 北京大学. 汉语短语结构知识库 [OL]. 2012-01-01.

[9] 冯志伟. 自然语言处理中的形式模型 [M]. 北京: 中国科学技术大学出版社. 2010.

[10] 冯志伟, 丁晓梅. 计算语言学中的语言模型 [J]. 外语电化教学, 2021(06): 17-24+3.

[11] 李佐文. 话语计算的理论与应用 [M]. 北京: 外语教学与研究出版社. 2023.

[12] 李宇明. 语言数据是信息时代的生产要素 [N/OL]. 光明日报，2020-07-04（12）[2024-01-21].

[13] 李宇明，王春辉. 主持人语 从数据到语言数据 [J]. 语言战略研究，2022，7（04）: 13-14.

[14] 梁茂成. 什么是语料库语言学 [M]. 上海：上海外语教育出版社. 2016.

[15] 刘海涛. 泰尼埃的结构句法理论 [J]. 北华大学学报（社会科学版），2007（05）: 68-77.

[16] 许家金. 语料库与话语研究 [M]. 北京：外语教学与研究出版社. 2019.

[17] 俞士汶. "现代汉语短语结构知识库" [OL]. https://Doi.Org/10.18170/DVN/NPDNSO" \T "Https://Opendata.Pku.Edu.Cn/Dataverse/_Blank"，北京大学开放研究数据平台，V1，2017.

[18] 俞士汶，朱学锋，"现代汉语语法信息词典" [OL]. https://Doi.Org/10.18170/DVN/EDQWIL" \T "https://Opendata.Pku.Edu.Cn/Dataverse/_Blank"，北京大学开放研究数据平台，V3，2018.

[19] 宗成庆. 统计自然语言处理（第二版）[M]. 北京：清华大学出版社，2013.

[20] 中国语言服务行业规范. 语料库通用技术规范 ZYF001-2018 [S]. 北京：中国翻译协会，2018.

第五章　知识表示与知识图谱

本章提要

　　智能是以知识为基础的自主行为，包括知识获取、知识推理和知识应用等。知识图谱是人工智能和语义知识结合最为紧密的一个领域，也是语言资源的重要组成部分。本章主要介绍知识表示和知识图谱，具体包括知识表示的概念和主要方法、知识图谱的相关概念和定义、知识图谱的发展历史、知识图谱的主要技术、知识图谱的应用以及相关资源等。通过阅读本章内容，读者可以初步了解知识表示工程的发展面貌，掌握知识图谱相关的基本理论和基础技术，并通过对相关资源和书目的进一步学习全面深入地把握以知识图谱为代表的语言智能资源的收集、建设和存储问题。

5.1　知识表示

　　人类知识纷繁复杂，在语言互动交际（既包括实时言谈交际也包括书面交流）中不仅需要随时调用"在线"的场景信息，也需要调用相关的世界知识（World Knowledge），并在交际过程中随时更新感知到的信息和知识链接，以便顺利完成互动交际，完成特定的交际任务。其实不仅在交际活动中如此，人类在感知世界和认识世界的过程中无时无刻不在调用复杂的知识系统，并伴随着获取知识、存储知识、更新知识等环节。很多时候这些过程是无意识的，在目的导向的具体场景中，人类通常以达成目的、解决问题为最终目标，而其过程中的诸多细节往往被忽视。对于语言智能研究而言，如果计算机需要仿拟人类智能来完成复杂交流任务或特定操作动作的话，无论是实时感知"在线"的场景信息，还是先前积累并存储的世界知识，都需要以一种计算机能够识别和调用的方式得以存在，否则，计算机是无法通过对知识的调用来完成特定任务目标的。所以，在传统人工智能领域中有经典的研究方向——知识工程（Knowledge Engineering）和专家系统（Expert System）。其基本的思想就是对从领域专家那里获取的知识进行系统化、形式化和工程化，再基于推理引擎（Inference Engine）等技术为相关领域内非专家用户提供服务。可见，这是一种所谓的 GOFAI（Good Old Fashioned AI），即在领域内表现优越但是泛化和建设成本等方面缺陷十分显著的方法（陈华钧，2021）。随着深度学习技术的发展，基于大语言模型的人工智能表现优越，为人工智能发展提供了新的思路，但在可解释性和产生幻觉等方面仍然存在诸多问题，知识增强技术在很多模型中得到探索和应用。

5.1.1　知识表示

知识表示是让计算机能够识别和调用知识的关键。世界知识的表现是复杂多样的，有的有明显的"一致"结构，比如列表知识，其信息分布是有规律的；有的则呈现出"无秩序"的自然状态，比如文本知识等，自然语言文本形式的存在，其信息分布分散且不规律。对人类而言，不构成内容识解的困难，而对于计算机来说，识别和调用结构性知识较为轻松，对非结构性知识的识别和调用则存在较大困难。由此可以看出，知识这个概念和语言、信息等概念密切相关。

从概念上来说，语言是人类特有的符号系统，人类通过语言传情达意、记录生活、传承文明，语言是人类交换信息的一种媒介。信息实际上就蕴藏在自然语言等符号之中，是符号表示中所分布的不同要点。信息在自然语言中的分布是不均匀的，因此理解语言通常需要获取信息的分布状态。信息对于交际者而言具有个体差异性，表达信息和接受信息并不总是相同的，信息可以进一步凝练和总结成为知识。知识是人类在客观实践中发现和积累的对世界的认识成果，是人类从不同的感知渠道获得的经过抽象和归纳的信息，是对信息分布的规律性把握。获取、表示和传递知识的能力是人类智能最突出的特征之一。知识和语言的关系十分密切。自然语言作为人类特有的系统性符号，在表示人类知识的过程中扮演重要角色，人类历史上绝大多数的知识都是通过自然语言进行描写、记录和传承的。语言不仅是知识最直接的表达，而且对其的理解和生成也需要知识。人类在实践中认识世界，并通过自然语言记录认识结果，即知识，然后通过累积和传承使得知识"富集化"，又通过学习到的知识来解决问题。比如，人类在交际中对语言的理解就需要知识的帮助，这些知识一方面来源于学习到的信息，另一方面也来源于个体的生活经验和情感体验。当然，并不是所有的知识都一定是通过语言表达的，其他的符号系统同样可以表示知识，比如数学公式、图形、表格，都蕴藏着知识。

　　既然人类可以通过阅读、交流或者其他不同的感知渠道获取和学习知识，那么仿拟人类智能的人工智能也应该具备相应的知识获取和表示能力。本书主要关注的是语言智能，所以关注的是计算机从文本中获取知识和表示知识的能力。这就是知识表示问题。知识表示指的是用易于计算机处理的方式来描述复杂的人类知识的过程。1993 年，麻省理工学院人工智能实验室（MIT AI Lab）的 Randall Davis 教授在人工智能杂志（*AI Magazine*）发表名为"What is Knowledge Representation?"的文章，当时提出的知识表示问题目前人工智能发展技术仍未能完全解决。文章中提出知识表示的五种特征，分别是：

　　一、知识表示是标示客观世界事物的一种代理。有了通过知识表示的客观世界事物，机器相当于获得了一个客观世界事物的命名体系。

　　二、知识表示是本体论约定的集合和概念模型。通过对客观世界具体事物的进一步抽象，可以建立起系统的概念模型，也就是被称之为本体。在这个过程中，机器相当于获得了一个概念标识体系。

　　三、知识表示是支持推理的基础。推理必须有知识表示，而知识表示并不是推理的全部，而是推理的重要基础。

　　四、知识表示是支持高效计算的数据结构。知识表示需要用简单高效的方法组织知识，同时很重要的一点是要易于被计算机处理。

　　五、知识表示是人类可理解的机器表达。知识表示不仅需要易于计算机处理，同时具备可解释性，即一种通用的表示框架。

可以看出，一方面，知识表示连接了世界知识和计算机，使得计算机能够识别、调用和存储复杂的世界知识。另一方面，知识表示也连接了计算机和人类，使得计算机能够以人类可理解的方式调用知识进行计算。因此，可以说，无论基于深度学习的大语言模型等技术发展到如何程度，追求对计算机知识表示的高效化和可解释性都是人工智能发展的一个重要方面。对效率的追求、对安全的维护，未来的人工智能发展将会集中在对这两者的平衡之上，即一方面需要人工智能以高效的方式利用世界知识，另一方面需要人工智能以安全的方式被人类理解。从这个层面上讲，即便是大语言模型强势发展，各种增强模型涌现，知识表示的困难仍未有效解决，人类世界和计算模型之间仍然存在巨大的鸿沟。

5.1.2 知识表示的方法

知识表示是一个传统领域，知识表示的方法丰富多样、各有优势，同时不同的方法也存在某些弊端，如早期的语义网络（Semantic Network）表示方法主要研究如何通过概念网络的形式模仿人类语义记忆问题，这种表示方法因为符合人类认知习惯而十分容易被人接受，但又恰恰是其复杂性直接影响了实用性。总体上说，知识表示的方法就是在追求可理解性和高效性两者之间达到平衡的不同状态，一方面，人类知识的复杂性难以穷尽式地进行符号化的表达，计算机需要简洁而高效的机器语言表示方法；另一方面，抽象的高维运算又难以被人类理解，人类社会需要安全稳定的机器系统。所以，如果只是简单追求问题求解，那么局部的知识表示就可以实现平衡，而在面向通用人工智能时，这个问题就极大复杂化了。面对这个问题，知识表示尚没有完美的答案。尽管如此，研究者也不断对知识表示系统进行探索，发明了不同的表示方法，本书主要分为三个部分介绍知识表示方法：知识表示的传统方法、知识表示的符号方法、知识表示的数值方法。

一、知识表示的传统方法

经典的知识表示理论主要有描述逻辑、产生式规则、框架、脚本、语义网络等。这里简单介绍逻辑、语义网络和框架三种知识表示方法。

（一）逻辑

逻辑包括命题逻辑、一阶谓词逻辑和高阶逻辑等，其复杂性逐渐增大。命题逻辑（Propositional Logic）是最简单的逻辑表示语法，首先需要定义具有真假值的原子命题，然后可以通过与（∧）、或（∨）、非（¬）、蕴含（→）、当且仅当（↔）等逻辑连接符号将多个原子命题进行组合，形成复合命题，这个组合过程就是命题的逻辑推理过程，推理过程中的逻辑关系就通过逻辑连接符表示，对逻辑连接符连接的原子命题的真值判断就是推理结果。一阶谓词逻辑（First-Order Predicate Logic）在命题逻辑的基础上增加了全称量词和存在量词，使得一阶逻辑可以对实体概念进行量化运算。但一阶逻辑不能量化谓词本身，也不能量化集合，对这些单位的量化需要在高阶逻辑（Higher-Order Logic）中实现，即二阶逻辑可以量化集合，三阶逻辑可以量化集合的集合。命题逻辑把每一个命题看成是二值的逻辑变量，具有真（True）和假（False）两种值。逻辑推理就是根据原子命题的逻辑连接符计算目标命题的真假值，命题逻辑关系真值表如下所示。

表 5-1　命题逻辑关系真值表

X	Y	¬X	X ∧ Y	X ∨ Y	X→Y	X↔Y
true	true	false	true	true	true	true
false	true	true	false	true	true	false
true	false	false	false	true	false	false
false	false	true	false	false	true	true

命题逻辑和一阶逻辑是人工智能领域使用最早的和最广泛的知识表示方法之一。逻辑表示是陈述性的，通过简单统一的方法描述知识，还可以进一步通过量词引入抽象知识，使得推理方法可以完全不依赖于具体领域，便于知识推理。可以说逻辑表示是一种强大的知识表示方法，可以保证知识表示的一致性和推理结果的正确性，但这种方法难以表示过程性知识和不确定知识，而且当表示知识中的属性、谓词和命题数量增大时，其推理过程因为符号的组合爆炸问题，计算复杂性呈指数级增长。所以，基于谓词逻辑的推理过程耗时费力，效率低下（赵军等，2018）。

可以看出，逻辑表示方法在效率性方面有所损耗，一旦逻辑项目量级增大，计算会极其复杂，但在可理解性上几乎没有其他知识表示方法可以超越逻辑表示，其对单个逻辑命题的描述是严谨和完备的，也具备相应的逻辑推理算法，可以直接应用于知识推理。

（二）语义网络

语义网络是 Quillan 在 20 世纪 60 年代研究人类联想记忆时提出的显式心理学模型，其核心思想是认为人类的记忆是由概念间的关系实现的，人脑记忆中不同信息片断之间的强连接会影响人类联想记忆，高度联系的概念会比不太相关的概念更快地回忆起来。该模型在知识表示中，指的是通过语义关系互相连接的概念网络，知识在概念网络中被表示为相互连接的节点和连接节点的边。节点表示实体、时间、值等，而边则表示节点之间的语义关系。需要注意的是，这个概念网络是一种有向图，即语义网络中的边是有方向指向的，表示从一个节点到另一个节点的关系。语义网络中最基本的语义单元是语义基元，通常以三元组形式表示：<节点 1、关系、节点 2>。比如，在 <E1、R、E2> 这个三元组里，E1 和 E2 指的是两个节点，而 R 代表了 E1 和 E2 之间的某种语义关系，具体来说是 E1 指向 E2 的语义关系。可以表示为如下有向图：

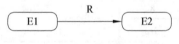

图 5-1　语义网络有向图示例

语义网络中较为重要的其实是语义关系，语义关系有很多类型，如：

一、实例关系（ISA，表示 is a），体现具体和抽象的关系，代表的是"是一个"的意义，表示一个事物是另一个概念的实例，比如《钢铁是怎样炼成的》是一本书"，其中"书"是概念，而《钢铁是怎样炼成的》是"书"的一个实例。

二、分类关系（AKO，表示 a kind of），也叫泛化关系，体现类属关系，代表的是"是一种"的意义，表示一个事物是另一个事物的一种类型，比如"拉布拉多是一种狗"。分类关系和实例关系有些类似，分类关系也表示具体和抽象的关系，但是更侧重于强调类属性，即前者是后者的众多类型中的一种，而实例关系仅强调其实例性，即前者是后者的一个实例。

三、成员关系（a-member-of），体现个体和整体的关系，代表的是"是一员"的意义，表示一个事物是另一个事物的成员，比如"科比是一位篮球运动员"。

四、属性关系，体现事物与其某种特征之间的关系，如 Have，代表一个事物拥有某种属性，如"人有眼睛"。又如 Can，代表一个事物能或会做某种动作，如"马会奔跑"。

五、聚合关系，也称包含关系，体现整体与部分的关系，代表的是"是一部分"的意义，表示一个事物是另一个事物的组成部分，比如"轮胎是汽车的一部分"。

六、时间关系，体现事件发生的先后次序关系，如"2024 年巴黎奥运会在 2022 年北京冬奥会之后"。

七、位置关系，体现不同事物在位置空间上的关系，如"垃圾桶在桌子下"。

语义网络中可以根据关系涉及的对象（也叫论元）的个数将关系分为一元关系、二元关系和多元关系。一元关系用一元谓词 P（x）表示，P 可以表示实体或概念的性质或属性，如有翅膀（鸟），表示的是"鸟"这一实体具有"有翅膀"这一属性。二元关系用二元谓词 P（x,y）表示，x 和 y 是实体或概念，P 则表示二者之间的关系，如首都（中国，北京），表示的是中国的首都是北京。多元关系则可以通过组合二元关系的方式合取表示，如"2022 年，冬奥会在北京举办"，其中包含了两个二元关系，一个是奥运会事件的举办时间，一个是奥运会事件的举办地点，这样的合取操作可以把一个多元关系表示出来，但这种合取通常不存在逻辑顺序，因此多是平行操作，即两个命题之间地位是平等的。

语义网络作为一种结构化的知识表示方法，其表达能力同样较强，用简单的统一形式描述知识，有利于计算机的存储和检索。因为其理论本质是人类联想记忆模型，因此十分易于被人类理解。同时，自然语言与语义网络的转换也较容易实现，因此在自然语言理解系统中应用较为广泛。但是，语义网络的缺点也较为明显。语义网络没有公认的形式标识体系，因而处理复杂度高，对知识融合造成一定障碍，知识表示的通用性受到损伤。而且，因为网络形式特征的影响，语义网络只能以节点和节点间关系描述知识，其推理过程需要针对不同语义关系进行不同处理，推理方法不如逻辑推理完备和系统。但是，仅从形式角度来看，语义网络表示方法对知识图谱产生重要影响。

（三）框架

框架作为一种知识表示方法由美国学者 Minsky 在 1974 年提出。从认知科学的角度而言，框架是一种人类认识世界的理论模型，人类通过框架对世界知识进行有效建模。框架系统认为人类在现实世界中通过不同框架的结构存储对世界形成抽象认识：一方面，人类在认识世界时会形成各种不同的框架体系；另一方面，由于有了不同的框架体系，使得人类在认识世界时会从记忆中调用合适的框架体系，并根据实际情况对框架的细节进行修改和调整，将新得到的认识归纳填充进已有框架中，从而形成对当前事物的认识。

框架系统的基本表示结构就是框架，一个框架大体由若干"槽"（Slot）构成，每个槽又可以分成若干个"侧面"（Facet）。槽用于描述对象某一个方面的属性，而侧面用于描述相应属性的一个方面，槽和侧面所具有的具体特征值是槽值和侧面值。

框架体系实际上吸纳了人类对事物认识的层级特征，事物的层级表示是促进人类对世界的认识不断加深和细化的重要原因。同时，框架中的属性集合存在着继承的性质（赵军等，2018）。例如，地震在真实世界中是灾难的一种，因为所有的框架的所有槽，在地震中都是存在的，而为了避免框架结构的重复定义，就有了框架之间的继承关系。灾难的公共属性可以被地震框架继承，也可以被台风框架继承，也还有其他的灾难可以继承这些公共属性。但是除了灾难的公共属性以外，地震还有震级、震源深度等特有属性，这些属性需要在继承灾难框架公共属性的地震框架下单独定义。灾难框架和地震框架示例如图 5-2 所示。

框架系统对知识可以做出较为全面和完整的表示，而且贴近人类的认知思维过程，所以在专家系统的构建和通用知识的表达等方面有不俗表现。但是现实世界的多样性和复杂性使得框架原型并不能处理很多实际情况，在框架设计中往往会出现冲突和错误的情况。框架结构本身具

灾难框架
槽1：　时间
槽2：　地点
槽3：　类型
槽4：　伤亡
　　　　侧面4.1：　死亡人数
　　　　侧面4.2：　受伤人数
　　　　侧面4.3：　失踪人数
槽5：　损失
　　　　侧面5.1：　直接经济损失
　　　　侧面5.2：　间接经济损失
槽6：　救援
　　　　侧面6.1：　救援部门
　　　　侧面6.2：　救援时间
　　　　侧面6.3：　捐赠情况
……

地震框架：　继承灾难框架
槽1：　时间
槽2：　地点
槽3：　类型
槽4：　伤亡
槽5：　损失
槽6：　救援
槽7：　震级
槽8：　震源深度
槽9：　地震带
……

图 5-2　灾难框架和地震框架示例

有兼容性和继承性，但是其表达形式并不灵活，不同表示系统之间较难融合。

二、知识表示的符号方法

其实，上文所述的经典知识表示方法都属于知识表示的符号方法，这些方法都尝试用计算符号表示人类的知识逻辑。也许这些方法伴随着大语言模型等机器学习技术的发展很少再得到直接应用，但实际上这些表示方法对今天很多信息系统的建设都或多或少产生过影响。用符号表示知识的主要缺点是不易于刻画隐式的知识，同时因为推理依赖于知识描述的精确性，比如一个字符串表示稍有错误就无法完成推理，因而传统的符号人工智能研究的很多推理机都没有得到大规模的实用（陈华钧，2021）。而随着深度学习技术和表示学习的兴起，知识表示的数值方法，即用参数化的向量表示实体和实体间的关系，并通过神经网络来实现更加鲁棒性的推理成为一个重要的发展趋势。

知识表示的符号表示方法还有一种语义网（Semantic Web）表示方法。语义网不同于上文所述的语义网络概念，它起源于万维网（World Wide Web），最初的目的是为了对万维网的功能进行扩展以提高其智能程度，因此人们也将语义网称为 Web3.0。语义网基于万维网联盟（W3C）指定的标准，利用统一形式对知识进行描述和关联，这种表示方法更利于知识的共享和利用。万维网的创始人 Tim Berners Lee 认为语义网可以更加有效地组织和检索信息，从而使计算机能够利用互联网丰富的资源完成智能化应用任务（赵军等，2018）。语义网知识表示体系主要有三个层次：XML（eXtensible Markup Language，可扩展标记语言）、RDF（Resource Description Framework，资源描述框架）和 OWL（Web Ontology Language，网络本体语言）。

（一）XML

可扩展标记语言（XML）作为最早的语义网表示语言，标志着网页标签式语言向语义表达语言的进步。XML 设计之初不是用作语义网表示的，而是用来解决动态信息显示问题以及统一网页数据表示规范而提出的技术标准，不同于超文本标记语言（Hyper Text Markup Language，HTML）用于网页信息显示，XML 主要用于信息传输。在网页内容传输过程中，超文本标记语言（HTML）只能利用预定义的标记集合，而 XML 作为标记语言，可以由开发人员自由决定标记集合，这样极大地提高了标记语言的可扩展性。

XML 的内容通过元素（如人物、组织、事件等）来记录，元素都带有标签，每个元素包括开始标签、结束标签和元素内容。元素的标签必须是字母、下划线和冒号，标签含有的内容可以是文本、数值、时间甚至为空。元素可以包含属性，属性提供有关元素的附加信息，但属性必须有双引号标记。元素可以有嵌套结构，嵌套的深度不受限制，但是嵌套层次必须正确。图 5-3 为一个 XML 早餐菜单示例。[1]

其中，第 1 行是 XML 声明，定义了所使用的 XML 的版本和字符编码。第 2 行的标签中的 breakfast_menu 是该 XML 文档的根元素，第 2 行 <breakfast_menu> 是根元素的开始标签，第 15 行 </breakfast_menu> 是根元素的结束标签，二者之间的部分是根元素的内容。根元素的内容嵌套了两个子元素，开始标签分别在第 3 行和第 9 行，同名为 food，二者互为兄弟元素。而 food 元素又继续嵌套了四个子元素，分别是 name（第 4 行和第 10 行）、price（第 5 行和第 11 行）、description（第 6 行和第 12 行）和 calories（第 7 行和第 13 行）；四个子元素又各有文本内容，如第一个

1　代码转引自 https://www.runoob.com。

food 元素的 name 标签的文本内容为 Belgian Waffles（第 4 行）。XML 具有树状结构，如果从根元素出发，一定可以找到一条路径到达某一元素或属性，这是 XML 路径语言（XML path language, XPath），主要用于辅助 XML 解析器解析或方便开发者处理。

```
1  <?xml version="1.0"encoding="UTF-8"?>
2  <breakfast_menu>
3  <food>
4  <name>Belgian  Waffles</name>
5  <price>$5.95</price>
6  <description>Two of our famous Belgian Waffles with plenty of real maple syrup</description>
7  <calories>650</calories>
8  </food>
9  <food>
10  <name>Strawberry Belgian Waffles</name>
11  <price>$7.95</price>
12  <description>Light Belgian waffles covered with strawberries and whipped cream</description>
13  <calories>900</calories>
14  </food>
15  </breakfast_menu>
```

图 5-3　XML 早餐菜单示例

XML 表示方法的优点是其可扩展性，这种可扩展性极大地促进了动态描述信息的可能，提高了系统的灵活性。在一个系统中，开发者可以自由定义所需要的元素和属性的标签，通过分享各个标签的含义，系统使用者可以高效地管理和使用这些标签系统。但同时，这种灵活性的确也会带来一些弊端，系统的通用性会受到一定损害。因为如果系统的开发团队没有提供足够充实的 XML 解析文档，那么系统中的自定义标签的语义就难以知晓，这对系统的管理使用和更新都带来一定困难。

（二）RDF

资源描述框架（RDF）是 XML 的扩展模式，以 XML 形式编写，但克服了 XML 通用性损失问题，提供了统一且无歧义的语义定义方式，促进语义网不同知识的相互链接。目前大部分知识图谱都是使用 RDF 保存知识的。

RDF 提出了一个简单的二元关系模型来表示事物之间复杂的语义关系，即使用若干三元组集合的方式来描述事物和关系。从内容上看，三元组的结构为"资源–属性–属性值"或"主语–谓词–宾语"。其中，公开或通用的资源实体由一个可识别的通用资源表示符（Uniform Resource Identifier, URI）表示。属性是资源的某个方面特征的名称，属性值可以是另一个资源实体的 URI（即另一个资源），也可以是某种数据类型的值，如文本、数值等。此外，资源也可以由第三种结点类型空节点（blank nodes）表示，空节点简单来说就是没有 URI 和具体值的资源，这样的资源是匿名资源。由于 RDF 规定资源的命名必须使用 URI，所以也直接解决了命名空间的问题。下图为一个音乐唱片列表和该列表的 RDF 示例。[1]

标题	艺术家	国家	公司	价格	年份
Empire Burlesque	Bob Dylan	USA	Columbia	10.90	1985
Hide your heart	Bonnie Tyler	UK	CBS Records	9.90	1988

图 5-4　音乐唱片列表

```
1   <?xml version="1.0"?>
2   <rdf:RDF
3   xmlns:rdf="http://www.w3.org/1999/02/22-rdf-syntax-ns#"
4   xmlns:cd="http://www.recshop.fake/cd#">
5   <rdf:Description
6   rdf:about="http://www.recshop.fake/cd/Empire Burlesque">
7   <cd:artist>Bob Dylan</cd:artist>
8   <cd:country>USA</cd:country>
9   <cd:company>Columbia</cd:company>
10  <cd:price>10.90</cd:price>
11  <cd:year>1985</cd:year>
12  </rdf:Description>
13  ...
14  </rdf:RDF>
```

图 5-5　RDF 音乐唱片列表示例

其中，第 1 行是此 RDF 文档的 XML 声明，如上文所述，RDF 通过 XML 编辑，因此同样需要声明 XML 版本。第 2 行是 RDF 文档的根元素 rdf:RDF，<rdf:RDF> 是该根元素的开始标签，第 14 行的 </rdf:RDF> 是该根元素的结束标签，二者之间是该根元素的内容。第 3 行的 xmlns:rdf 和第 4 行的 xmlns:cd 表示该根元素对 RDF 命名空间的引用，可以看做根元素 rdf:RDF 的命名空间属性和属性值。xmlns:rdf 命名空间规定带有前

---

[1]　代码转引自 https://www.runoob.com。

缀 rdf 的元素来自命名空间 http://www.w3.org/1999/02/22-rdf-syntax-ns#，而 xmlns:cd 命名空间规定了带有前缀 cd 的元素来自命名空间 http://www.recshop.fake/cd#。实际上可以看出，第 2—4 行共同构成根元素的开始标签。从第 5—6 行嵌入的 <rdf:Description> 元素起，对 rdf:about 属性标识的资源描述开始。元素 <cd:artist>、<cd:country>、<cd:company> 等是此资源的属性。artist、country、company、price 以及 year 这些元素被定义在命名空间 http://www.recshop.fake/cd# 中。此命名空间在 RDF 之外（并非 RDF 的组成部分）。RDF 仅仅定义了这个框架。而 artist、country、company、price 以及 year 这些元素必须被其他人（公司、组织或个人等）进行定义。

RDF 被认为是 XML 的拓展或者精简，因而具备 XML 的优势。但相比于 XML 而言，RDF 采用更简单明了的三元组形式，以及互联形成的图结构，具备足够的灵活性来描述网络上许多主观的、分布式的、不同形式表达的资源对象。RDF 最初是作为元数据语言设计的，其表达形式天然具备保存数据对象的描述型元数据的能力，意味着 RDF 自带语义解释。RDF 通过 URI 引用资源，这些 URI 是独立于 RDF 文档而独立存在的，唯一标识世界上存在的某个资源，通过 URI 构建了文本和客观世界的关系，这构成了通过 RDF 表达的可以被计算机理解的知识。同样，RDF 也不完美。因为 RDF 局限于二元谓词，虽然表达一致性上做出了改进，但像"每个人都只有一个精确的年龄"这样的命题，难以通过 RDF 进行合理表示。

（三）OWL

网络本体语言（OWL）作为语义网的领域本体表示语言，在 RDF 的基础上增加了自己独有的语法，主要包括头部和主体两个部分。OWL 可以直接用于知识的本体推理。OWL 描述一个本体时，需要定义一系列命名空间，下图是 OWL 语言学本体头部表示示例。

```
1  <owl:Ontology rdf:about=" ">
2      <rdfs:comment>一个本体的例子</rdf:comment>
3      <rdfs:label>语言学本体<rdfs:label>
4  </owl:Ontology>
```

图 5-6　OWL 语言学本体头部示例

　　其中,第1行的 <owl:Ontology rdf:about=""> 表示该文档描述的本体,owl:Ontology 元素是用来收集关于当前文档的 OWL 元数据的, rdf:about 属性为该文档本体提供一个名称或引用。根据 w3c 标准,当 rdf:about 属性值为" "时, 本体的名称是 owl:Ontology 元素的基准 URI, 需要开发者创建或引自外部。第2行的 rdfs:comment 元素表示对本体添加的必要注释。第3行的 rdfs:label 元素表示对本体进行自然语言标注。

　　OWL 主体是用来描述本体的类别 (Class)、属性 (Property) 和类的实例 (Instance) 之间相互关联的部分, 是 OWL 的核心。OWL 对不同元素的功能标签丰富,充分体现了 OWL 强劲的表达能力。这里再引用一例,展示 OWL 本体主体部分可能的表示, 下图是 OWL 语言学本体主体表示示例。[1]

```
1 <owl:Class rdf:ID="物理学家">
2      <rdfs:subClassOf rdf:resource="科学家"/>
3      <rdfs:label xml:lang="en">physicist</rdf:label>
4      <rdfs:label xml:lang="zh">物理学家<rdf:label>
5 ...
6 </owl:Class>
7 <owl:ObjectProperty rdf:ID="国籍">
8      <rdfs:domain rdf:resource="人物"/>
9      <rdfs:range rdf:resource="xsd:string"/>
10 ...
11 <owl:ObjectProperty>
```

图 5-7　OWL 物理学家本体主体示例

　　其中, OWL 的主体部分包括了类别关系 (第1行) 和属性关系 (第7行), 类别关系表示本体的类别, 为了方便记录, OWL 只需记录直接父类, 第2行的标签 rdf:subClassOf 表示"物理学家"是"科学家"的直接子类, 通过后续查找或本体推理可以追溯到根类别。第7行的标签 owl:ObjectProperty 表示对象属性, 这里定义的是"物理学家"的"国籍"属性, 第8行和第9行的标签 rdf:domain 和 rdf:range 分别表示该属性的定义域和值域。除此之外, 像 subClass 标签, 属性同样可以通过 subProperty 标签来记录属性之间的从属关系。不仅如此, OWL 还有更多的属性特征描述标签, 可以提供一种强有力的机制来增强对一个属性的推

1　代码转引自赵军等 (2018)。

理，如，owl:TransitiveProperty 定义传递属性特征，owl:SymmetricProperty 定义对称属性特征，owl:FunctionalProperty 定义函数属性特征，owl: inverseOf 定义逆反属性特征，owl:InverseFunctionalProperty 定义反函数属性特征，等等。除了能够指定属性特征，OWL 还可以通过属性限制进一步在一个明确的上下文中限制属性的值域，这需要在 owl:Restrction 属性特征标签中使用。OWL 拥有众多表达构建，因此 OWL 实际上有很多语言家族，不同的语言家族代表不同的表达构件组合，不同的组合对应不同的推理计算复杂度以及它们所适用的场景（陈华钧，2021）。

三、知识表示的数值方法

知识表示的数值表示方法其实就是将知识进行向量化表示。向量化的表示在人工智能的其他领域都非常常见，在自然语言处理任务中，可以将每一个句子中的词表示为一个向量（Vector）；在图像处理任务中，也可以将每个视觉对象（通常是像素）表示为一个向量。而对于知识表示而言，同样可以对每一个实体和关系学习一个向量表示，并通过向量、矩阵和张量的计算，实现高效的推理计算。

自然语言处理研究认为，自然语言文本中的词义可以通过其上下文语境确定，换句话说，就是目标词和上下文中的哪些词共现频率高，这时对目标词的语义可以通过上下文词汇分布情况进行精确定义，这就是分布式语义思维。传统的独热编码模型（One-Hot Encoding Model）用一个和词典等长的词向量表示，这个向量中目标词的对应位置为 1，其余位置均为 0。虽然可以完成向量化表示任务，但是显而易见，其中有大量的空间是浪费的，除了目标词位置外，其余部分都平白无故地消耗着空间。同时，这种简单粗暴的词向量模型更无法表示语义内容。所以，在分布式语义思维的启发下，可以通过统计词在大量语料中的上下文规律，并通过词的上下文来计算词的分布式向量表示。通过词嵌入（Word Embedding）的技术，可以将自然语言中的信息分布转换向量空间中的向量，从而更加方便地在向量空间中对相关实体对象进行操作。和独热编码模型不同的是，词嵌入模型的每一个向量维度要远低于词典大小，是一种低维稠密的向量表示。如 Word2Vec 模型通过连续词袋（Continuous Bag of Words, CBoW）的方法将一个词的前后几个词作为目标词的观察窗口，训练模型预测目标词作为监督训练信号来学习每个词的表示。具体的词嵌入模型很多，技术也已经十分成熟，此处不再具体展开。

比起符号知识表示，基于数值方法的知识表示更容易捕获隐式知识。例如，可以将张三和李四两个实体都投影到向量空间，如果他们都有一个共同的属性，比如"就读于北京大学"，尽管知识库并没有描述张三和李四是校友关系，但是可以通过两个实体在向量空间的位置再叠加"校友关系"的向量表示，近似地推断出他们之间可能存在校友关系、同学关系，甚至是同班关系。这种在向量空间处理隐含知识的能力是十分重要的，因为世界知识十分复杂且随时增加，根本无法显示描述所有的知识。而且，人脑也并不会记忆所有的知识，而是经常性地基于记忆中的知识来推断新的知识。知识表示的数值方法的另一个优势在于将推理过程转化为向量、矩阵等之间的计算，这摆脱了传统基于符号搜索的推理计算方法，效率更高。但是，数值表示也并非无懈可击，在将知识向量化的过程中，会产生大量的信息损耗，也就丢失了符号表示方法的可解释性，这一点也是预训练大预言模型的"致命缺点"之一。实际上，知识表示的符号方法和数值方法并不是互相对立的，而实际上恰恰相反，符号表示和神经网络方法的相互结合是知识表示的重要发展方向。

其实从人工智能发展的历史同样可以看出相似的逻辑，不论是传统专家系统时期的符号表示，还是互联网时期的本体和语义链接表示，再到深度学习时期的数值化表示，核心的命题都是如何客观高效地表示世界知识，让计算机能够读取和调用需要的知识来完成特定的任务。因此，从符号表示到本体和语义链接表示，再到数值化的向量表示，知识表示方法逐渐走向抽象，但更容易捕捉隐藏的、不易于明确表示的隐性内容，从而更易于被机器处理。知识图谱技术实际上可以同时兼顾符号表示和数值表示的方法，将二者有机地结合起来，将优势最大化。

5.2　知识图谱的基本内涵

本节主要回答"什么是知识图谱"这一核心问题。主要包括对知识图谱的基本认识和知识图谱的基本类型两个方面。

5.2.1　知识图谱的定义

上一节对语言、信息和知识进行了概念梳理，了解了知识表示的问题。概括来说，在对各种知识进行收集和整理的基础上，进行形式化表示，并按照特定的结构进行存储，同时提供相应的知识查询手段，从而使知识有序化，这是知识共享和应用的基础。知识的编码化和数字化形成了知识库，而图是一种能有效表示数据之间结构的表达形式，所以用图的结构来形式化地表示知识成为一种手段。人们将知识进行结构化并和已有的结构化数据进行关联，这就构成了知识图谱。知识图谱是知识表示方法之一，是语言智能研究中的技术基础设施和语言智能资源。知识图谱对于知识服务十分重要，尤其是在深度学习技术快速发展的当下，知识图谱作为重要的信息资源，对机器学习算法能力的提升有着重要的作用，是实现真正的认知智能必不可少的支柱之一。

就知识图谱的定义而言，狭义上说，知识图谱（Knowledge Graph）是指 2012 年由谷歌公司发布的新一代知识搜索引擎功能的知识库，其主要是结合了 Freebase 数据库和从维基百科抽取的、大规模数据的知识网络。知识图谱丰富的语义表达能力和开放互联能力，为计算机理解万维网的内容以及万维网知识互联打下了坚实的基础。而广义上讲，知识图谱表示的是这样一种通过图形式对数据进行结构化表示，并与已有结构化数据进行关联、融合的知识表示方法。可以说，知识是内容，图是表现，数据库是实现，知识图谱就是在数据库系统上利用图谱这种抽象载体表示知识这种认知内容。

国内的一些知名学者也给出了关于知识图谱的定义，下面简单列举几个。

电子科技大学的刘峤教授给出的定义是：知识图谱是结构化的语义知识库，用于以符号形式描述物理世界中的概念及其相互关系，其基本组成单位是"实体–关系–实体"三元组以及实体及其相关属性–值对，实体之间通过关系相互联结，构成网状的知识结构（刘峤等，2016）。

清华大学的李涓子教授等给出的定义是：知识图谱以结构化的方式描述客观世界中概念、实体及其关系，将互联网的信息表示成更接近人类认知世界的形式，提供了一种更好地组织、管理和理解互联网海量信息的能力（李娟子等，2017）。

浙江大学的陈华钧教授对知识图谱的理解是：知识图谱旨在建模、识别、发现和推断事物、概念之间的复杂关系，是事物关系的可计算模型，已经被广泛应用于搜索引擎、智能问答、语言理解、视觉场景理解、决策分析等领域（陈华钧，2021）。

东南大学的漆桂林教授给出的定义是：知识图谱本质上是一种叫做语义网络的知识库，即一个具有有向图结构的知识库，其中图的结点代表实体或者概念，而图的边代表实体 / 概念之间的各种语义关系（漆桂林等，2017）。

其实，当前无论是学术界还是工业界，对知识图谱还没有一个公认的定义，本文的重点也不在于给出理论上的精确定义，而是通过对知识图谱的概念性总结让读者对知识图谱作为当前一种流行的知识表示方法有一个基本的认知，进而掌握和使用知识图谱工具来进行相关研究，解决客观问题。

具体而言，知识图谱以结构化的三元组形式存储现实世界中的实体和实体之间的关系，表示为 $X=(E, R, S)$，其中 $E=\{e1, e2, ..., en\}$ 表示实体或概念集合，$R=\{r1, r2, ..., rn\}$ 表示关系集合，$S \subseteq R \cdot E \cdot E$ 表示知识图谱中三元组的集合。三元组通常描述一个特定领域中的事实，由头实体、尾实体和关系组成。例如被谷歌公司收购的知识图谱系统 Freebase 中的三元组 "/people/person/nationality (Jorge Amado, Brazil)"，表示的是 "Jorge Amado" 的国籍是 "Brazil"，其中 "Jorge Amado" 是头实体，"Brazil" 是尾实体，"/people/person/nationality" 是关系名称。有的 "关系" 也称为 "属性"，相应地，尾实体被称为属性值（属性值可以是实体对象，也可以是数字、日期、字符串等文字型对象，甚至可以是音频或视频等对象）。目前，已知且公开的大规模知识图谱主要包括 Freebase、Wikidata、DBpedia、YAGO、NELL 和 Knowledge Vault 等。尽管目前大部分知识图谱都以三元组的形式表示各种类型的知识，但是实际上，知识图谱的知识表示绝不仅仅体现在以二元语义关系为基础的三元组上，还体现在实体、类别、属性、关系等多颗粒度、多层次语义单元的关联之中，它以一种统一的方式体现由知识框架（Schema）和知识实例（Instance）共同构成的知识系统（赵军等，2018）。

知识图谱是一个系统工程，是和万维网、自然语言处理、知识表示、数据库（Database）、人工智能等多个领域相关技术的系统性综合运用密切相关的，需要综合利用各方面技术来发展知识图谱。所以，我们可以从以下几个角度去了解知识图谱。

从万维网的角度来看，像建立文本之间的超链接一样，构建知识图谱需要建立数据之间的语义链接，并支持语义搜索，这样就改变了以前的信息检索方式，可以以更适合人类理解的语言来进行检索，并以图形化的形式呈现。从自然语言处理的角度来看，构建知识图谱需要了解如何从非结构化的文本中抽取语义和结构化数据。从知识表示的角度来看，构建知识图谱需要了解如何利用计算机符号来表示和处理知识。从人工智能的角度来看，构建知识图谱需要了解如何利用知识库来辅助理解人类语言。从数据库的角度来看，构建知识图谱需要了解使用何种方式来存储知识。

正如赵军等（2018）所总结的，知识图谱以丰富的语义表示能力和灵活的结构构建了在计算机世界中表示认知世界和物理世界中信息和知识的有效载体，成为人工智能应用的重要基础设施。

5.2.2 知识图谱的类型

知识图谱是以图表示知识的形式，因而知识图谱的类型主要是由知识的类型决定的，在介绍知识图谱的类型之前需要先了解知识的类型。

一、知识的分类

上一节在介绍知识的概念等问题时提到，人类知识纷繁复杂，难以清楚界定。但总的来说，可以认为知识是人类在社会生产实践过程中对世界（包括物质世界和精神世界）探索的结果，是对海量信息的抽象归纳和规律总结，因而如柏拉图所言，知识一定是被验证过的、正确的，而且被人们所相信的。知识从宏观上可以大致分为陈述性知识（或称描述性知识）以及程序性知识（或称过程性知识）两大类。陈述性知识描述客观事物的状态、特征等静态信息，主要包括事物、概念和命题三个层次。事物是特定的实例，比如《钢铁是怎样炼成的》这一本书特指具体的一个事物。概念是对一类事物本质特征抽象的概括，比如"书"指的是一个抽象的概念。而命题是对事物之间关系进行的描写。命题可以分为概括性命题和非概括性命题，概括性命题表示的是概念之间的普遍关系，而非概括性命题表示的是特定事物之间的关系。程序性知识描述问题求解等动态信息，包括规则和控制结构两种类型，规则主要描述事物的因果关系，控制结构描述问题求解的步骤。从知识图谱的角度来说，程序性知识要比陈述性知识难以描述和控制，程序性知识的时序动态性无法通过一般知识图谱进行体现，因此，目前语言智能研究中的知识图谱问题大部分关注的都是陈述性知识。

此外，从客观性角度看，知识可以分为客观知识和主观知识。客观知识是事实性知识，指的是确定的、不随时间和状态的变化而改变的知识，比如"太阳东升西落"。而主观性知识主要指的是某个人或某个群体的情感信息，具有较大的随意性和个体差异，比如"蓝色是忧郁的"。对于语言研究而言，客观知识和主观知识同样重要，主观知识往往影响语言使用的具体选择，而客观知识则会影响表达内容的真实性。但是对于语言智能研究来说，首先，主观知识是否存在是一个哲学或伦理学的问题，其次，客观知识的获取和操控调用难度要远小于主观知识，因此，目前语言智能研究主要考虑的是客观知识问题。

从使用场景的角度看，知识也存在通用性和领域性的区别，因而可以将知识分为领域知识、百科知识、场景知识、语言知识、常识知识等。领域知识指的是某个领域内特有的知识，如法律知识、金融知识等。百科知识指的是涵盖各个行业、领域的通用知识，如人物、机构等。场景知识指的是在某个特定的场景下或者需要完成某项特定任务时所需要的知识，如制作面包、预订机票等。语言知识指的是语言层面的知识，如同义词、一词多义等。常识知识指的是全体人类或部分社团普遍认可的知识，如鱼会游泳、中国人使用筷子吃饭等。但是常识知识是目前人工智能研究领域中争议较大的内容，包括常识的范围、常识的表示等问题都没有定论，一方面因为常识本身就界定模糊，另一方面也是因为其无所不包，难以实例化。

二、知识图谱的分类

根据上文对知识的分类介绍，参考赵军等学者（2018）的介绍，将知识图谱大致划分为语言知识图谱、常识知识图谱、领域知识图谱以及百科知识图谱几类。下面对知识图谱的主要类型进行简单介绍。

1. **语言知识图谱**：存储人类语言方面的知识，如英文词汇知识图谱WordNet，由同义词集和描述同义词集之间的关系构成，基本上可以理解为是规范化的词典知识库。中文知网 HowNet 是一个语言认知知识图谱，基于词语的义元，知网描述概念与概念之间以及概念所具有的属性之间的关系，构建了一个多语言的知识系统。值得注意的是语言知识图谱和语言学科知识图谱是不同的，语言知识图谱关注的信息是人类语言的基本知识，主要指的是语义关系，因为知识通常以自然语言为载体出现，语言知识实际上就是知识的一部分。而语言学科知识图谱关注的是语言学科专业知识，是一种元知识的存在，是关于语言的知识。随着学科体系建设成熟和教育信息化发展需要，学科知识图谱建设逐渐被学界接受，语言学科知识图谱是学科知识图谱的有机组成部分，同其他学科知识图谱一起构建数字化教育资源，促进教育信息化发展。

2. **常识知识图谱**：存储常识知识和规则，如 Cyc 和 ConceptNet，Cyc由大量实体和关系以及支持推理的常识规则构成，ConceptNet 由大量概念以及描述它们之间关系的常识构成。常识知识图谱对知识推理意义重大，同时，也是通用人工智能发展可能需要的重要托底资源。常识没有明确的边界和内容，万事万物的特征和关系都构成常识，人类也无时无刻不在通过学习和实践丰富自己的常识。

3. **领域知识图谱**：针对特定领域构建的知识图谱，也被称为行业知识图谱。如医学知识图谱 SIDER（Side Effect Resource），电影知识图谱IMDB（Internet Movie Database）等。领域知识图谱在行业发展中价值突出，无论是在推动行业数字化发展，还是在促进行业信息融合共享的方面都发挥着重要作用。如今，许多私有部署的行业知识图谱具有十分昂贵的商业价值，也逐渐成为知识产业的重要商业产品。

4. **百科知识图谱**：主要以 LOD（Linked Open Data）项目支持的开放知识图谱为核心，如 Freebase、DBpedia、YAGO、Wikipedia 等，在信息检索、问答系统等任务中有着重要作用。

5. **学科知识图谱**：学科知识图谱不同于百科知识图谱和行业知识图谱，学科知识图谱作为领域知识的一种结构化语义网络，能够比一般性知识图谱更好地体现学科知识的完整性，也能保障学科范围内的知识深度，具有一般性知识图谱不可比拟的优势，是构建个性化自适应学习系统、提升教学智能化水平的关键。目前已有不少学者从人才教育和学科发展的角度提出学科知识图谱或教育知识图谱的概念（李艳燕等，2019；李振，周东岱，2019；范佳荣，钟绍春，2022）。eduKB 是清华大学构建的中国第一个基础教育知识图谱。北京外国语大学人工智能与人类语言重点实验室研发的 LingNet 是外语学科知识图谱，分为本体知识和数据资源两个层次，参考国家颁布的高等学校教学质量国家标准中的知识体系，建立外语学科知识体系中概念与概念之间的关系。在此基础上，通过对本体知识的细化，建立学科体系中实体与实体之间的关系以及它们的属性值（李佐文，2023）。

5.3　知识图谱的发展历史

知识图谱作为一种前沿的知识表示方法，是通过很多相关领域技术不断发展融合而逐渐形成的。

一方面，知识图谱和人工智能的出现及发展关系密切。人工智能技术的核心目标就是使计算机可以类似人一样地完成任务，其中一直有一个重要的命题就是寻找合适的万物机器表示方法，即用机器语言来表示世界知识，使计算机可以存储和调用相关知识。这可以追溯到 20 世纪 60 年代，人工智能领域学者提出的知识表示方法——语义网络。本质就是一种知识图谱的表示方式，前文中已经简单介绍了语义网络的含义。它是一种基于图的数据结构，是一种知识表示的手段，可以很方便地将自然语言转化为图来表示和存储，并应用在自然语言处理问题上，例如机器翻译、问答等。随后人工智能研究领域陆续提出了许多知识表示方法，如产生式规则、框架系统等。到了 20 世纪 80 年代，研究人员将哲学概念本体（Ontology）引入计算机领域，作为"概念和关系的形式化描述"，后来，本体也被用于为知识图谱定义知识体系（Schema），大大提高了知识表示技术的"表达能力"，知识图谱技术进一步得以发展。可以说，人工智能的发展对知识表示技术的进步不断提出要求，为了更好地满足人工智能发展，创新的知识表示方法不断涌现，图谱技术是目前流行的知识表示技术，正向着多模态、动态、跨领域融合方向发展，以满足通用人工智能的发展需要。

另外一方面，知识图谱还具有鲜明的互联网基因。可以说，真正对知识图谱产生深远影响的是万维网的诞生。根据陈华钧（2021）的总结，其实早在 1945 年，Vannevar Bush 就提出过 MEMEX 的"记忆机器"设想，他认为人类记忆主要依靠关联，而不是通过层次分明的目录组织大脑中的信息。因此，他提出设计一种 Mesh 关联网络来存储电子化的百科全书。记忆机器的概念启发了超文本链接技术（Hypertext Link）的实现，紧随其后就出现了万维网。Tim Berners Lee 在 1989 年发表的"Information Management: A Proposal"中提出了一种基于超文本技术的信息管理系统，描绘了构建万维网的愿景。起初，他只是希望为高能物理研究中心的科学家设计一种新型的科技文献管理系统，所以利用超文本链接技术实现科技文献之间的相互关联，并实现了世界上第一个能处理这种超文本链接的 Web 服务器和浏览器。他提出互联网应该是一个以"链接"为中心的信息系统（Linked Information System），以图的方式相互关联。他认为"以链接为中心"和"基于图的方式"，相比基于树的固定层次化组织方式更加有用，从而促成了万维网的诞生。简单地理解就是，在万维网中，每一个网页就是一个结点，网页中的超链接就是边，这样可以大幅提升信息检索的效率和能力。但其局限性是显而易见的，比如，超链接只能说明两个网页是相互关联的，而无法表达更多信息。1994 年，在第一届国际万维网大会上，Tim 又指出，人们搜索的并不是页面，而是数据或事物本身，由于机器无法有效地从网页中识别语义信息，因此仅仅建立网络页面之间的链接是不够的，还应该构建对象、概念、事物或数据之间的链接。他设想的终极的 Web 是"Web of Everything"。随后在 1998 年，Tim 正式提出语义网的概念。语义网是一种数据互连的语义网络，它仍然基于图和链接的组织方式构建信息管理系统，但图中的结点不再是网页，而是颗粒度更细致的实体，如书名、个人、机构等，图中的链接也标明了实体之间的语义关系，如作者、师生、员工等。通过为全球信息网上的文档添加"元数据"（Meta Data），让计算机能够轻松理解网页中的语义信息，从而使整个互联网成为一个通用的信息交换媒介。我们可以将语义网理解为知识的互联网（Web of Knowledge）或者事物的互联网（Web of Thing），这就是知识图谱的早期理念。实际上这是一种十分进步的思维方式，通过规范化的语义表达框架，将碎片化的数据关联和融合形成高度关联的大数据，形成一种集约化的规范数据关联网络，在网络中的数据之间形成强而有力的逻辑关联，从而帮助使用者发现和释放数据的内在价值。在语义网提出后的数年里，众多语义网数据项目如雨后春笋般涌现，其中比较著名的有谷歌知识图谱的核心数据来源 Freebase、欧洲的 LinkingOpenData、维基基金会的 WikiData 等。国内科研机构和企业开发的 OpenKG 收录了许多中文领域的语义网开放数据集。2010 年，谷歌公司收购了 Freebase 语义网项目的开发公司 Mate Web，随后在 2012 年，基于语义网中的一些理念对知识图谱进行了商业化实现，提出了基于知识图谱技术的搜索引擎。该搜索引擎抛弃了字符串（Strings）级别的搜索，转而提供了事物（Things）级别的搜索，实现了对象级精准搜索效果。同时其提出的知识图谱概念也沿用至今。

可以看出，互联网的发展特别是万维网的发展促进了人类知识的共享和开放领域数据如 Wikipedia 的众包积累，没有万维网数十年的开放数据，也不会有谷歌的知识图谱。所以，知识图谱在人工智能和互联网领域的发展可以大致总结为知识的数据化，即让计算机表示、组织和存储人类知识，以及数据的知识化，即让数据支持推理、预测等智能任务。

5.4 知识图谱的主要技术

知识图谱的主要技术总体来说有两个方面，一个是知识，主要是传统的知识表示和知识推理问题，这个方面关心的是如何表示实体或概念以及不同实体或概念之间的关系，如何利用向量数值化嵌入知识，如何通过神经网络实现逻辑推理；还有一个是图，主要是图结构的问题，这个方面关心的是如何利用图更好地表示复杂的网络关系，如何存储大规模的图数据，如何利用图的结构对图数据进行推理、挖掘和分析等。知识图谱研究者认为知识图谱一方面比纯图的表达能力更强，能建模和解决更加复杂的问题，另一方面又比传统专家系统时代的知识表示方法采用的形式逻辑更简单，同时容忍知识中存在噪声，在构建过程更加容易扩展，因此得到了更为广泛的认可和应用（陈华钧，2021）。

从建构知识图谱的角度来说，知识图谱的主要技术可以细分为知识表示、知识获取、知识融合、知识存储和知识检索，还有知识推理以及知识图谱在具体场景中的不同应用几个方面。知识图谱中的知识表示主要涉及的是知识建模问题，也称为知识体系构建问题，是指采用何种方式表达知识，其核心是构建一个本体对目标知识进行描述。知识获取主要涉及怎样从文本中抽取概念、识别实体以及怎样抽取三元组和事件等更为复杂的结构化知识。知识融合主要涉及知识体系的融合问题、本体映射和概念匹配问题、实例层的实体对齐等。知识存储和知识检索主要涉及如何将知识图谱数据进行存储以及如何调用知识图谱数据的问题。知识推理主要涉及如何通过推理技术实现对知识图谱的知识缺失问题进行补齐问题。至于知识图谱在具体场景中的不同应用，有代表性的场景包括智能搜索、自动问答、智能推荐、智能决策等方面，此外在人工智能的不同具体技术场景中，知识图谱也逐渐作为基础资源得到越来越多的重视。

5.4.1　知识建模

知识建模或者知识体系建构主要是通过构建一个本体对目标知识进行描述，相当于给知识表示提供一个可选择的框架，也可以理解为是给如何描述万物知识设定一个标准。本体实际上定义了知识的类别体系、每个类别下所属的概念和实体、某类概念或实体所具有的属性以及概念之间、实体之间的语义关系，与此同时，也包括了本体上的基础推理规则。例如，Freebase 定义了 2000 多个概念类型和近 4 万个属性，对每个类型定义了若干关系，并制定关系的值域以约束其取值。

知识图谱采用图的方式描述和表达知识，相比于简单图，能建模更加复杂的事物关系，但比起形式化逻辑，又免于复杂的逻辑约束，使得知识的获取过程变得更加容易。知识图谱常用的表示方法是有向标记图（Directed Labelled Graph），主要指属性图和资源描述框架（RDF）。而除了有向标记图以外，如果要表达更为复杂的关系语义，需要用到 OWL 等本体描述语言。

属性图表示非常灵活，但不支持符号逻辑推理，因此无法表达深层语义特征。属性图主要有顶点（Vertex）、边（Edge）、标签（Label）、关系类型和属性（Property）组成有向图，其中节点和关系边是核心，节点上包含属性，属性可以以任何键值形式存在。关系边连接节点，每条关系边都拥有一个方向、一个标签、一个开始节点和一个结束节点，有向图的指向使得属性图的关系边有了语义特征，关系边同样可以具有属性，为关系增加元信息、增加权重或者提供特殊语义信息等。

RDF 是国际万维网联盟 W3C 推动的面向 Web 的语义数据标准，其定位是数据交换标准规范，而不是存储模型。RDF 的基本数据模型包括三个对象类型：资源（Resourse）、谓词（Predicate）和陈述（Statement）。资源是指 RDF 表示的对象，包括互联网上的实体、事实和概念等。谓词是指资源本身的特征以及资源间的关系。陈述主要是指 RDF 三元组（主体 <subject>，谓词 <predicate>，宾语 <object>），其中主体是被描述的资源，谓词可以表示主体的属性，也可以表示主体和宾语间的关系。如果宾语是资源，则谓词表示资源间的关系；如果宾语是属性值，则谓词表示主体的某种属性。（RDF 的具体内容可见 5.1.2）

在三元组无法满足语义表示需要时，OWL 作为一种完备的本体语言，提供了更多可供选择的语义表达构件，如等价性声明表达来表示等价关系、传递声明表达来表示可传递关系等。RDF 可以兼容 OWL。（OWL 的具体内容可见 5.1.2）

现实的知识图谱项目由于考虑经济性和规模化的因素，常常会降低逻辑严格性，转而追求知识图谱的全面性等特点。尽管很多知识图谱没有建构复杂的知识体系，但知识建模对于知识图谱的构建而言仍然是基础性和必要性的工作，高质量的知识图谱构建必须从知识建模开始。

5.4.2 知识获取

知识获取主要指从海量的文本数据中通过信息抽取的方式获取知识，为构建知识图谱提供基础数据。根据处理数据的不同通常采用不同的处理方法，知识图谱中的数据来源主要有各种形式的结构化数据、半结构化数据、非结构化数据（纯文本）等。从结构化和半结构化的数据源中抽取知识是工业界常用的技术手段，这类数据源的信息抽取方法相对简单，而且噪声数据少，经过人工过滤后能够得到高质量的结构化三元组。而学术界主要在研究非结构化的文本数据中识别和抽取实体以及实体间的关系。实际上，知识图谱的构建一般多依赖于已有的结构化数据，通过映射到预先定义的本体来快速地冷启动。然后通过多种自动化抽取技术，从半结构化和非结构化的文本数据中提取结构化信息来补全知识图谱。但是，目前业界仍然无法完全自动化地抽取高质量的知识，"机器抽取＋人工众包"仍然是当前知识图谱构建的主流技术路径。

一、**结构化数据及半结构化数据**

结构化数据普遍质量较高，而且长期存在，不易随时间变化而改变，主要来源是私有数据库中的私有数据或互联网表格数据。但结构化数据也存在较明显弊端，一是数据规模通常较小，二是获取难度一般较大。典型的结构化数据是网络百科中的信息框，其数据结构化程度很高，可以直接提取使用。

半结构化数据通常不能通过特定模板直接获取，相对结构化数据而言数据结构松散，内部一般具有不同的多样的数据特征。半结构化的数据通过提取转换技术可以以信息抽取的方法进行提取使用，但处理效率远低于结构化数据。

二、**非结构化数据**

非结构化数据指纯文本，即自然语言文本数据，是世界知识的主要自然呈现方式。文本信息抽取一直是知识获取的难题之一，得到工业界和学术界一致关注。目前知识图谱知识建模通常使用实体关系三元组形式，因此信息抽取过程包括一些基本的任务：实体识别、实体消歧、关系抽取、事件抽取等。

（一）实体识别

实体识别任务指从文本中识别实体信息，如，对"北京外国语大学位于中国北京"一句进行实体识别，需要正确识别出"北京外国语大学""中国""北京"三个实体。对于计算机而言，在实体识别时需要正确地识别前后边界，同时也要确定实体类型，像本例的"北京外国语大学"是机构专有名词，"中国"和"北京"都是地理专有名词。早期实体识别主要是命名实体（Named Entity）识别任务，指的是像本例所示的文本中具有特定意义的实体，一般包含实体、时间和数字三大类，具体指人名、地名、机构名、时间、日期、货币和百分比七小类。

但随着深度学习技术的发展，当前的大语言模型已经可以通过具体任务场景中的提示工程较好地完成实体识别任务。

（二）实体消歧

实体消歧任务指消除指定实体歧义，如"孙越多次登上央视春晚舞台"中的实体"孙越"需要通过实体消歧来确定其具体意义，本例中的"孙越"指相声演员孙越，而非歌手孙越。实体消歧对于知识图谱构建和应用有着重要的作用，也是建立语言表达和知识图谱联系的关键环节。

实体消歧任务可以具体分为实体链接和实体聚类两种路线。

实体链接是将给定文本中的某一实体指称项（Entity Mention）链接到已有知识图谱中的某一个实体上，因为在知识图谱中，每个实体具有唯一的编号，链接的结果就是消除了文本指称项的歧义。

实体聚类是在已有知识图谱中没有已经确定的实体，通过聚类的方法消除语料中所有同一实体指称项的歧义，具有相同所指的实体指称项应该被聚为一类。

由于歧义消除需要调用复杂语义信息，处理难度比实体识别高，尽管当前的大语言模型技术已经可以实现实体消歧任务，但准确率低于实体识别任务，尤其是在涉及复杂语义和长距离语义的实体消歧等方面表现不够优秀。

（三）关系抽取

关系抽取任务指获取两个实体之间的语义关系。语义关系可以是一元语义关系（如实体的类型），也可以是二元语义关系（如实体的属性），还可以是更多维的复杂语义关系。现有的知识图谱中，所处理的语义关系通常指的是一元关系和二元关系。

根据抽取目标的不同，已有关系抽取任务可以细分为关系分类、属性抽取、关系实例抽取等。

关系分类任务关注的是判定命题中两个指定实体之间的语义关系。如"北京外国语大学位于北京"中，关系分类的目标是将"北京外国语大学"和"北京"这两个实体之间的语义关系判定为地理位置关系。

属性抽取任务关注的是在给定一个实体以及一个预定义关系的条件

下，抽取另一个实体。如"北京外国语大学位于北京"中，给定"北京外国语大学"这个实体以及位置关系这个语义条件，属性抽取的目标是从文本中将表达给定实体"北京外国语大学"位置关系的属性值"北京"抽取出来。

关系实例抽取任务关注判断实体间的关系以及抽取满足该关系的知识实例数据。如给定"北京外国语达大学"和"北京"两个实体，基于现有知识图谱和文本数据抽取和判断它们之间的关系，同时抽取具有同样的地理位置语义关系的知识实例。

要知道，在知识图谱中包含多种类型的语义关系，高质量的知识图谱中可能存在较为复杂的语义联系，因此关系抽取对于构建知识图谱非常重要，是图谱中确定两个节点之间语义信息的关键环节。在关系抽取任务上，大语言模型表现较好，不论是关系识别还是关系实例抽取，都可以在相应提示操作下成功完成。

（四）事件抽取

事件抽取任务指从描述事件的文本中抽取特定事件信息，通常会以结构化形式返回抽取结果。事件是发生在特定的时间、特定的地点，由一个或多个角色参与的，一个或多个动作组成的场景。例如"12 月 18 日积石山发生 6.2 级地震"中，事件抽取任务需要识别并抽取的是"地震"事件，地震时间是 12 月 18 日，地震发生地为积石山，地震震级为 6.2 级。这些构成事件的要素不一定全面和细致，但都是构成事件的有效成分，共同构成一个"地震"事件。此处可以联系知识表示方法一节中介绍的框架表示，在特定框架中可以设定若干槽，这些槽相当于事件的组成信息，不一定每一个槽都会必然对应属性值，但这些槽共同构成特定框架的信息维度，也可以理解为共同构成了一个具体的事件。

目前，知识图谱多以实体和实体间关系为基础要素构建，事件知识匮乏。而实际上事件知识可以在很大程度上弥补单纯的实体和实体关系为核心的知识图谱知识表达能力不足的问题，所以以事件为单位构建语义单元成为知识图谱技术的一个动向。但是，事件结构本身的复杂性和语义的多样性和灵活性给事件抽取任务提出不小挑战。在事件抽取任务上，大语言模型同样面临压力，随着事件结构复杂程度提高，任务完成质量降低。

5.4.3 知识融合

知识融合对知识图谱建构而言，是一种"冷启动"方法，即通过对接已有知识图谱的知识体系或已经高度结构化的知识实例来进行融合，对知识图谱进行补充、更新或者去重，提高知识图谱知识覆盖率，提升知识图谱质量，拓展知识图谱关联。例如，YAGO 是对专家构建的高质量语言知识图谱 WordNet 和众包形式协同构建的实体知识图谱 Wikipedia 进行融合形成的，实现知识图谱的互补；BabelNet 是对不同语言的知识图谱的融合，实现跨语言知识关联。可以说，知识融合技术是一种事半功倍的高效知识图谱技术。

知识融合主要涉及的是知识体系融合和实例融合两个层面，前者是本体层的融合，后者是具体化的移用和吸纳。知识体系的融合是将两个甚至多个异构知识体系进行融合，相同的类别、属性、关系进行映射。实例级别的融合是对不同知识图谱中的实体和实体关系进行融合，包括不同知识体系下的实例，也包括不同语言的实例。知识融合的核心是计算两个知识图谱中两个节点或边之间的语义映射关系。从融合的知识图谱类型上看，知识融合可以分为垂直知识融合和水平知识融合。垂直知识融合是指融合高层通用本体和底层领域本体或实例数据，如 YAGO，就是融合了专家构建的高层语言知识图谱本体和网民协同构建的实体知识图谱。水平知识融合是指融合相同层次的知识图谱，实现具体数据的互补和共享。

如果从知识图谱构建的维度上看，知识融合一方面可以作为知识建模的"冷启动"模式，另一方面也可以看作是知识图谱搭建完成后的维护工程。无论从哪个角度出发，知识融合通过对多个相关知识图谱的对齐、关联和合并，使相关内容形成知识整体，能够使知识图谱发挥最大效用。

5.4.4 知识存储与知识检索

一、知识存储

知识图谱的存储主要依靠数据库方法完成，存储形式主要有表格和图两种数据结构，分别以三元组结构为基础的 RDF 格式存储和图数据库

（graph database）存储。当前，大部分已有知识图谱的知识实例数据都是以三元组结构为基础进行存储的，像 YAGO 有超过 1.2 亿三元组结构，Wikipedia 有超过 4.1 亿三元组结构，Freebase 有超过 30 亿三元组结构。因此，如何高效地存储和管理知识图谱大规模的数据集也是一个重要的研究问题。

（一）基于表结构的知识存储

基于表结构的知识存储是指利用二维数据表对知识图谱中的数据进行存储，最简单的是三元组表，这种方式简单直接，易于理解，但缺陷明显。一是单表数据规模巨大，存储和管理成本高，实用性被削弱；二是受限于简单二维表格形式不支持复杂查询，如果需要进行复杂语义查询必须拆分成若干简单查询再进行复合操作，效率降低，难度增大。

此外，还可以根据数据特征，通过类型表或者属性表等进行知识存储。这种存储结构虽然可以适当避免简单二维表格的弊端，但也存在新的问题，如会产生大量冗余内容，像"北京"这个实体既可以存储在"城市"类型中，也可以存储在"首都"类型中，这样一来同样会产生超量的规模冗余。同时，类型表还会产生大量的空值数据，对数据处理产生不良影响。类型表的这些弊端可以通过属性继承的方法来进行修正，即每个类型的数据表只记录属于该类型的特有属性，不同类别的公共属性保存在上一级类型对应的数据表中，下级表继承上级表的所有属性。这种继承属性也可以参考上文在知识表示方法中介绍的框架系统来对照理解。

表格结构的数据存储主要通过关系数据库来实现，常见的关系数据库存储系统有 DB2、Microsoft SQL Server、MySQL 等，这些数据库都是成熟的系统，有大量公开的技术文档，可以用于知识图谱的存储。关系数据库通过 SQL（Structured Query Language）为用户提供一系列的操作接口，核心功能包括插入、修改、删除和查询四项操作。其中插入操作在 SQL 语句中对应的关键词是 INSERT，用户通过该语句向数据库中插入新的记录。修改操作的关键词是 UPDATE，为用户提供修改数据库中指定记录的接口。删除操作的关键词是 DELETE，用户通过删减语句从数据库中删除已有记录。查询功能是数据库中最重要也是最繁琐的操作，为用户提供多种获取数据库中满足给定条件的数据以及统计信息的功能，主要通过 SELECT 关键词执行查询操作。需要注意的是，如果选择关系数据库作为知识图谱的搜索引擎，那么对知识图谱的所有操作需要转换成 SQL 语句才能执行。

（二）基于图的知识存储

基于图的知识存储是将实体看作节点，将关系看作带有标签的边，直接准确地反映知识图谱的内部结构，有利于对知识的查询。同时，以图的形式存储知识还可以利用图论相关算法，有利于实现对知识的深度挖掘和推理。和表格知识存储方式不同，基于图的知识存储不按类型来组织实体，而是从实体出发，不同实体对应的节点可以定义不同的属性。同时，不仅可以对节点定义属性，也能够为边定义属性，所以能够更加细致地刻画实体之间的关系属性。

基于图的知识存储通过图数据库实现，图数据库充分利用图结构建立微索引，比关系数据库的全局索引在处理图遍历查询时更加高效，在很多涉及复杂关联和多跳场景中得到应用。常见的图数据库有 Neoj4、OrientDB、HyperGraphDB 等。图数据库是未来知识图谱知识存储的重要发展趋势。

二、知识检索

知识检索和知识存储密切相关，都是知识图谱构建的核心环节，这两个技术环节关系到知识图谱的功能性作用，知识存储是为了知识图谱的应用，而知识检索则进入了知识图谱的应用环节。

上文提到知识图谱是通过知识库方法进行知识存储的，所以不只是存储和管理知识图谱需要使用形式化查询语言，知识检索同样需要使用对应的查询语言。关系数据库和图数据库分别支持不同的查询语言，关系数据库使用 SQL，而图数据库使用 SPARQL。上文简单介绍过 SQL 基本情况，主要是插入、修改、删除和查询四种操作。这里再介绍一下 SPARQL。

SPARQL 是由 W3C 为 RDF 数据开发的一种查询语言和数据获取协议，在图数据库中广泛应用。和 SQL 一样，SPAEQL 也是结构化的查询语言，包括插入、修改、删除和查询等操作。SPARQL 通过 INSERT DATA 来执行数据插入功能，通过 DELETE DATA 来执行数据删除功能。和 SQL 不同的是，SPARQL 没有独立的更新语句命令，而是需要通过 INSERT DATA 和 DELETE DATA 来完成的。SPARQL 提供了丰富的数据查询功能，包括四种形式：SELECT、ASK、DESCRIBE、CONSTRUCT。SELECT 语句从知识图谱中获取满足条件的数据，这个命令语句和 SQL 类似。ASK 语句用于测试知识图谱中是否存在满足给定条件的数据，如果存在返回"yes"，否则返回"no"，该查询不会返回具体的匹配数据。DESCRIBE 语句查询和指定资源相关的 RDF 数据，这些数据形成了对给定资源的详细描述。CONSTRUCT 语句会根据查询图的结果生成 RDF。

5.4.5　知识推理

通过知识建模、知识获取、知识融合、知识存储等，已经可以初步构建一个可用知识图谱。但在数据维度和容量巨大的实际情况下，数据一定会存在不完备性，知识图谱会有知识缺失问题，如实体缺失、关系缺失等。一方面，通过知识融合和知识抽取可以在某种程度上改善数据缺失问题；另一方面，还需要知识推理技术来发现已有知识中隐含的知识，对缺失部分进行知识补齐。知识推理是知识图谱的核心技术和任务，知识图谱推理是利用图谱中已经存在的知识关联来推断未知的知识关联，可以用来实现链接预测、补全缺失、检测错误、识别语义冲突等，在构建高质量图谱和各项应用任务上发挥重要作用。比如，在查询和问答中，知识推理可以用来拓展查询语句语义，提高查询召回。在智能推荐场景中，知识推理可以提升推荐的准确性。当前知识推理主要关注的是知识图谱中缺失关系的补齐问题，即挖掘不同实体之间隐含的语义关系，主要有两种方法：基于传统符号逻辑的方法和基于表示学习的方法。随着深度学习技术的发展，大语言模型成为当下的技术热点，在知识推理上基于表示学习的方法越来越得到重视，但在可解释性上仍然没有很好的解决途径，有待于研究者进一步探索。

5.5　知识图谱的应用

伴随着人工智能的发展，知识图谱技术在许多方面得到应用，一方面促进相关领域的发展，有的甚至改变了这些应用场景的发展面貌；另一方面也为知识图谱技术的更新提供了不同的启发，使知识图谱仍能不断出现新的技术课题。

一、知识图谱应用于智能搜索

如上文所述，知识图谱有着深厚的互联网背景，甚至可以说互联网的诞生和发展直接影响了知识图谱技术的发展路径。知识图谱应用于智能搜索，典型的代表是谷歌推出的基于知识图谱技术的新搜索引擎，其支持事物级搜索，实现了精确对象的搜索问题解决，大幅提升用户搜索体验。传统搜索引擎在用户输入相关内容后，只能返回很多相关页面，用户需要从海量相关文本中寻找正确答案。而基于知识图谱技术的搜索引擎以结构化而非纯文本的方式描述事物的属性以及事物之间的关联关系，可以实现对用户问题的精准返回，完成对象级的精准搜索。例如，用户在搜索"北京外国语大学在哪里"这个问题时，传统搜索引擎通过对问题内容的语义分析匹配许多词条，进而会返回很多相关页面，涉及相关词条的具体信息，如北京外国语大学的简介、北京外国语大学的论坛等页面内容。而基于知识图谱技术的智能搜索可以直接返回答案"北京"，其底层技术逻辑就是在知识图谱中通过对"北京外国语大学"和"北京"两个概念及其位置属性关系的调用返回给用户需要的答案。当前，以知识图谱技术支撑的搜索引擎在应用性和商业价值上都优势突出，几乎所有的搜索引擎公司都在布局知识图谱板块，建设知识图谱基础数据库。

二、知识图谱应用于自动问答

人工智能技术中涉及人机对话，人机对话实际上就是对话式的智能搜索问题，但对比于搜索引擎，人机对话需要更加精准的回答和场景应用。目前人机对话较为成熟的技术是自动问答，即问答型人机对话。自动问答在人工智能场景落地方面具有先天优势和场景特点，如智能驾驶、智能家居、智能办公等。当前，在应用市场已有许多成熟自动问答智能产品落地使用，如淘宝的天猫精灵、微软的小冰、小米的小爱等。根据陈华钧（2021）的总结，当前实现自动问答功能主要有三种技术，第一种是问答对，这种实现简单的建立问句和答句之间的匹配关系，优点是易于管理，缺点是无法支持精确回答。第二种是给定问句在大段文本中精确定位答案，这种实现难度较大，依赖于文本理解，难于完全实用。第三种是知识图谱，相对于纯文本，从结构化的知识图谱中定位答案要更容易，同时比起问答对，因为答案是以关联图的形式组织的，所以不仅能提供精准答案，还能通过答案关联，非常便利地扩展相关答案。

三、知识图谱应用于智能推荐

推荐系统是知识图谱技术的典型应用场景之一。知识图谱可以在推荐系统中引入丰富的语义属性和语义关系等信息，增强相关项目的特征表示，从而有利于挖掘更深层次的用户兴趣，推荐更符合用户期待的内容。同时，知识图谱技术使得项目之间以及特征之间的关系维度增加，关系的多样性也有利于实现更加个性化的推荐，丰富的语义描述可以增强推荐结果的可解释性，让推荐结果更加可靠和可信，这是知识图谱技术的最大优势。例如，用户在电商平台标记了"语言学"主题的图书，并且多次浏览"计算语言学"类目中有关"大语言模型"主题的书籍，通过知识图谱技术中相关实体概念及其关系链接，电商平台可能会更加优先向该用户推荐相同作者、相同主题等方面的同类型书籍，实现对用户的智能推荐和个性化推荐定制。在很多应用场景下，这种效果可以大大提升服务效率，优化用户体验，产生良好的商业效益。

此外，知识图谱技术在语义理解，如指代消解、歧义消解等方面，在大数据分析，在多模态信息处理等方面都有着重要的应用场景，发挥重要作用。知识图谱作为交叉技术领域，在人工智能和机器学习、自然语言处理、数据库、互联网信息处理等方面未来将大有可为（陈华钧，2021）。

5.6　知识图谱资源

这里简单介绍一下具有代表性的知识图谱资源。主要包括 Wikidata、WordNet、HowNet、FrameNet。

Wikidata 是基于 Freebase 构建的知识数据库。谷歌在 2010 年收购的 MetaWeb 公司开发的 Freebase 语义网项目基础上通过开放社区众包协作构建了免费知识库，其主要面向搜索，采用 CC0 完全自由的开放许可协议。Wikidata 是个自由开放的知识库，作为一种结构化存储集合，Wikidata 为其他 Wikimedia（维基媒体）项目提供支撑，像 Wikipedia（维基百科）、Wiktionary（维基词典）等。像维基百科一样，用户可以通过词条编辑的方式，在互联网网页中嵌套超文本链接，对主词条的相关概念进行知识链接。在搜索主词条时，可以通过知识链接的方式获取知识空间内更多的内容。用户可以通过直接访问 Wikipedia 搜索引擎使用知识搜索功能，通过访问 Wikidata 主页（https://www.wikidata.org/）了解更多知识数据库建设情况，同时免费访问或下载完整维基数据库。

WordNet 是英文电子词典知识库，由普林斯顿大学认知科学实验室从 1985 年开始开发，与一般的知识图谱以实体关系为主不同的是，词典知识库主要定义的是词以及词之间的语义关系。WordNet 采用人工标注的方法，将英文单词按照单词的语义组成一个大的概念网络，其中词语被聚类成同义词集（Synset），每个同义词集表示一个基本的词汇语义概念，词集之间的语义关系包括同义关系、反义关系、上位关系、下位关系、整体关系、部分关系、蕴含关系、因果关系、近似关系等。目前 WordNet 包括了 155287 个单词，117659 个同义词集。在线使用或调用 WordNet 数据集可以通过访问 WordNet 主页（https://wordnet.princeton.edu/）查找具体信息。

HowNet 是 1988 年由董振东教授主持开发的中文的认知语义知识库，中文名字是知网。它秉承还原论思想，即所有词语的含义可以由更小的语义单位构成，而这种语义单位被称为"义原"（Sememe），即最基本的、不宜再分割的最小语义单位。知网以概念为中心，基于义原描述概念与概念之间以及概念所具有的属性之间的关系，每个概念可以有多种语言（主要是英语和汉语）的词汇进行描述。知网构建了包含 2540 多个义原的精细的语义描述体系，并为十几万个汉语和英语词所代表的概念标注了义原。2019 年初，清华大学人工智能研究院开源 HowNet 知识库核心数据，研制了知识库的访问与计算工具包 OpenHowNet，并持续维护更新和扩展。OpenHowNet 提供了丰富的调用接口，方便开发者和研究人员调用 HowNet 数据库来实现义原查询、基于义原的相似度计算等功能。用户可以通过访问 OpenHowNet 主页（https://openhownet.thunlp.org/）进一步了解 OpenHowNet 的基本情况，以及获取调用接口下载。

FrameNet 是基于框架表示的知识库，针对词汇级的概念进行框架建模，主要包括框架（Frames）、框架元素（Frame Element, FE）和词法单元（Lexical Unit, LU）。框架主要是抽象概念，框架之间通过有向或无向边连接，表示框架间的语义关系。框架元素是构成框架的基本单位。词法单元是指最能指示该框架发生的词，通常由带词性限制的词元（Lemma）组成。FrameNet 为每个词法单元标注了一组样例（Exemplars），每个样例中详细标注了当前框架的词法单元和框架元素的信息。FrameNet 定义了 1000 多个不同的框架、10000 多个词法单元，总计标注了超过 150000 个例句。FrameNet 主页提供了在线使用功能，同时也支持数据库调用，用户可以通过访问 FrameNet 官方主页（https://framenet.icsi.berkeley.edu/）进一步检索信息，下载官方数据包。

思考与讨论

1. 什么是知识表示？知识表示主要有哪些方法？
2. 什么是知识图谱？知识图谱主要有哪些技术要素？
3. 简单总结知识图谱的发展历史，谈一谈知识图谱和人工智能以及互联网的关系。
4. 知识图谱的应用场景有哪些？想一想日常生活中有没有用到过知识图谱。

参考文献

[1] J., R., Quillan. *Semantic Memory. Technical Report* [R]. Cambridge: Bolt Beranek and Newmaning, 1996.

[2] M., Minsky. A framework for representing knowledge [J]. *MIT-AI Laboratory Memo*, 1974.

[3] R., Davis, H., Shrobe & P., Szolovits. What is a knowledge representation? [J]. *AI Magazine*, 1993, 14 (1): 17.

[4] 陈华钧. 知识图谱导论 [M]. 北京：电子工业出版社，2021.

[5] 范佳荣，钟绍春. 学科知识图谱研究：由知识学习走向思维发展 [J]. 电化教育研究，2022（1）：32-38.

[6] 李娟子，侯磊. 知识图谱研究综述 [J]. 山西大学学报（自然科学版），2017，3：454-459.

[7] 李艳燕等. 面向智慧教育的学科知识图谱构建与创新应用 [J]. 电化教育研究，2019（8）: 60-69.

[8] 李振，周东岱. 教育知识图谱的概念模型与构建方法研究 [J]. 电化教育研究，2019（8）: 78-86；113.

[9] 李佐文. 外语学科知识图谱的特征、建构与应用 [J]. 中国外语，2023，20（2）: 70-76.

[10] 刘峤等. 知识图谱构建技术综述 [J]. 计算机研究与发展，2016，53（3）: 582-600.

[11] 漆桂林等. 知识图谱研究进展 [J]. 情报工程，2017，3（1）: 4-25.

[12] 赵军等. 知识图谱 [M]. 北京: 高等教育出版社，2018.

第六章　让机器识别和生成语音

本章提要

　　语音是语言的主要媒介和载体。通过语音与计算机进行沟通交流是人机交互的重要形式之一。语音信号处理是以语音学、语言学和数字信号处理技术为基础而形成的语言智能领域，与计算机科学、通信与信息科学、模式识别、人工智能、认知科学、心理学、语言学、生理学等学科都有着非常密切的关系。语音信号处理技术的发展依赖这些学科的发展，而语音信号处理技术的进步也会促进这些学科的进步。本章主要介绍语音识别和语音合成技术的国内外发展现状、语音信号处理的基础知识、传统的语音识别技术和基于深度学习的语音识别技术、语音合成技术以及这些技术未来的发展前景。

6.1　语音信号的声学基础及模型

6.1.1　语音信号的产生

　　语言是人类独有的交流方式，语言通过语音表达出来，是人类最有效的沟通方式之一。人的发音器官包括：肺气管、喉（包括声带）、咽、鼻和口。这些器官共同形成一条形状复杂的管道。喉的部分称为声门。从声门到嘴唇的呼气通道叫做声道（Vocal Tract）。声道的形状主要由嘴唇、颚和舌头的位置来决定，由声道形状的不断改变，从而发出不同的语音（赵力，2017）。

　　语音是从肺部呼出的气流通过在喉头至嘴唇的各种发音器官的共同作用而发出的。作用的方式有三种：第一是把从肺部呼出的直气流变为音源，即变为交流的断续流或者乱流。第二是对音源起共振和反共振的作用，使它带有音色。第三是从嘴唇或鼻孔向空间辐射的作用。与发出语音有关的各器官叫做发音器官。图 6-1 所示为发音器官的部位和名称。

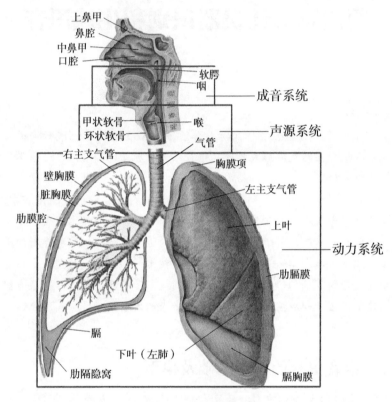

图 6-1　人体发音器官

从喉结至杓状软骨之间的长度约 10—14mm 的韧带褶，称为声带。呼吸时左右两声带打开，发音时合拢起来。而声带之间的部位称为声门。声门的开启和关闭是由两个杓状软骨控制的，它使声门呈 ∧ 状开启或关闭。讲话时声带合拢，但又受声门下气流的冲击而张开；而后由于声带韧性迅速地闭合，随后又张开与闭合，不断重复，使声门向上送出一连串喷流而形成一系列脉冲。声带每开启和闭合一次的时间即声带的振动周期就是音调周期或基音周期。其倒数称为基音频率。通常，基音频率取决于声带的大小、厚薄、松紧程度以及声门上下之间的气压差等，其范围约为 60—450Hz 左右。且基音频率范围随发音人的性别、年龄而有所不同，老年男性偏低，小孩和青年女性偏高。基音频率决定了声音频率的高低，频率大则音调高，频率小则音调低。

从声门到嘴唇的呼气通道叫做声道。在说话的时候，声门处气流冲击声带产生振动，然后通过声道响应变成语音。由于发不同音时，声道的形状不同，对基音的作用不同，所以能够发出不同的语音。声道的形状主要由嘴唇、颚和舌头的位置来决定。声道中各器官对语音的作用称为调音，起调音作用的器官叫做调音器官。

6.1.2 语音听觉系统

人耳是听觉系统的主要器官，人耳由内耳、中耳和外耳三部分组成，如图 6-2 所示。

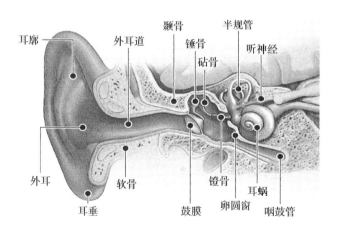

图 6-2 人耳系统

外耳由耳翼、外耳道和鼓膜构成。外耳道长约 2.7cm，直径约 0.7cm（成年人）。外耳道封闭时最低共振频率约为 3050Hz，处于语音的频率范围内。由于外耳道的共振效应，会使声音得到 10dB 左右的放大。鼓膜在声压的作用下会产生位移。一般认为，外耳起着声源定位和声音放大的作用。

中耳包括由锤骨、砧骨和镫骨这三块听小骨构成的听骨链以及咽鼓管等组成。其中锤骨与鼓膜相接触，镫骨则与内耳的前庭窗相接触。中耳作用是进行声阻抗的变换，即匹配中耳两端的声阻抗。在一定声强范围内，听小骨对声音进行线性传递，而在特强声时，听小骨进行非线性传递，这样对内耳起着保护作用。

内耳的主要构成器官是耳蜗（Cochlea）。它是听觉的受纳器，其作用是将机械振动的声音通过变换产生神经发放信号。耳蜗是一根密闭的管子，内部充满淋巴液，长约3.5cm，呈螺旋状盘旋2.5—2.75圈。耳蜗由三个分隔的部分组成：鼓阶、中阶和前庭阶，其中中阶的底膜称为基底膜（Basilar Membrane），基底膜之上是柯蒂氏器官（Organ of Corti），柯蒂氏器官可以看作是一个传感装置。最终，大脑可以感知的语音信号中的音高、音强、音长、音色和语调等复杂信息，从而听话者能准确地判断声音中包含的信息。

人的听觉系统有两个重要特性，一个是耳蜗对于声音信号的时频分析特性，另一个是人耳的听觉掩蔽效应。

6.1.3 语音信号的数学模型

通过以上对发音器官和语音产生机理的分析，可以将语音生成系统分成三部分，在声门（声带）以下，称为"声门子系统"，它负责产生激励振动，是"激励系统"；从声门到嘴唇的呼气通道是声道，是"声道系统"，语音从嘴唇辐射出去，嘴唇以外是"辐射系统"（赵力，2009），如图6-3所示。

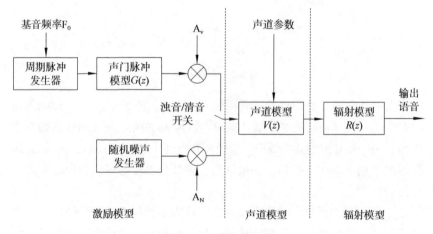

图6-3　语音生成系统

传输函数 $H(z)$ 可表示为：

$$H(z) = A \cdot U(z)V(z)R(z)$$

其中，$U(z)$ 是激励信号，浊音时，$U(z)$ 是声门脉冲即斜三角形脉冲序列的 z 变换；在清音的情况下，$U(z)$ 是一个随机噪声的 z 变换。$V(z)$ 是声道传输函数，既可用声管模型，也可用共振峰模型等来描述：

$$V(z) = \frac{1}{1 - \sum_{k-1}^{N} a_k z^{-k}}$$

$R(z)$ 经过一系列的变换，最终为

$$R(z) = R_0 \frac{(1 - z^{-1})}{(1 - R_1 z^{-1})}$$

若略去上式的极点，得到一阶高通的形式：

$$R(z) = R_0 (1 - z^{-1})$$

6.1.4　语音信号的时域、频域特性及语谱图

语言是从人类的话语中概括总结出来的规律性的符号系统。包括构成语言的语素、词、短语和句子等的不同层次的单位，以及词法、句法、文脉等语法和语义内容等。不同的语言有不同的语言规则。语言学是语音信号处理的基础，例如，可以利用句法和语义信息减少语音识别中搜索匹配范围，提高识别率。随着现代科学和计算机技术的发展，除了人与人之间使用自然语言进行交流沟通之外，人机对话及智能机器人等领域也开始使用语言了。这些人工语言同样有词汇、语法、句法结构和语义内容等。

语音学（Phonetics）是研究言语过程的一门科学。它考虑的是语音产生、语音感知等的过程以及语音中各个音的特征和分类等问题。语音学与语音信号处理学科联系紧密。人类的说话交流是通过联结说话人和听话人的一连串心理、生理和物理的转换过程实现的，这个过程分为"发音-传递-感知"三个阶段。因此现代语音学发展成为与此相应的三个主要分支：发音语音学、声学语音学、听觉语音学。

语音是人的发声器官发出的一种声波，它具有一定的音色、音调、音强和音长。其中，音色也叫音质，是一种声音区别于另一种声音的基本特征。音调是指声音的高低，它取决于声波的频率。音强指声音的强弱，它由声波的振动幅度决定。音长指声音的长短，它取决于发音时间的长短。

说话时发出的具有一个响亮的中心，并被明显感觉到的语音片段叫音节（Syllable）。音素（Phoneme）是指发出各种不同音的最小单位。一个音节可以由一个音素构成，也可以由几个音素构成。任何语言都有语音的元音（Vowel）和辅音（Consonant）两种音素。元音是当声带振动发出的声音气流从喉腔、咽腔进入口腔从唇腔出去时，这些声腔完全开放，气流顺利通过。辅音是呼出的声流，由于通路的某一部分封闭起来或受到阻碍，气流被阻不能畅通，而克服发音器官的阻碍而产生的音素。发辅音时由声带是否振动引起浊音和清音的区别，声带振动的是浊音，声带不振动的是清音。还有些音素，虽然声道基本畅通，但某处声道比较狭窄，引起轻微的摩擦声，称为半元音。元音无论从长度还是从能量看，元音在音节中都占主要部分，辅音则只出现在音节的前端或后端或前后两端，它们的时长和能量与元音相比都很小。

当元音激励进入声道时会引起共振特性，产生一组共振频率，称为共振峰频率或简称共振峰（Formant）。共振峰参数是区别不同元音的重要参数，它一般包括共振峰频率（Formant Frequency）的位置和频带宽度（Formant Bandwidth）。

语音信号最直观的是它的时域波形。在时间域里，语音信号可以直接用它的时间波形表示出来，通过观察时间波形可以看出语音信号的一些重要特性。图 6-4 是汉语拼音"sou ke"的时间波形。这段语音波形的采样频率是 8kHz，可以根据语音波形的振幅和周期性来观察不同性质的音素的差别。

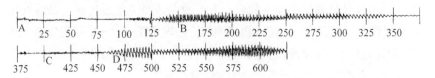

图 6-4　时间域波形（张子枫，2023）

从图 6-4 可以看出，从 A 点开始的音节 [s]，以及从 C 点开始的 [k] 都是清辅音，它们的波形类似于白噪声，振幅很小，没有明显的周期性。而从 B 点开始的元音 [ou] 以及从 D 点开始的 [e] 都具有明显的周期性，且振幅较大。它们的周期对应的就是声带振动的频率，即基音频率。语音信号属于短时平稳信号，一般认为在 10~30ms 内语音信号特性基本上是不变的，或者变化很缓慢。于是，可以从中截取一小段进行频谱分析，图 6-5 给出"sou"中音素"ou"的傅里叶变换，大约在图 6-4 中 180ms 处开始。取时间波形宽度 256 个样本，采样率为 8kHz，语音段的持续时间为 32ms。从音素"ou"的频谱图上能直接看出元音的基音频率及谐波频率，在 0~1.83kHz 之间几乎有 6 个峰点，因此基音频率约为 301Hz。在图 6-4 中，225~250ms 之间大约有 7.5 个周期，由此可以估计周期约为 300Hz，两种结果得到良好的对应。另外，从图 6-5 中可以看出频谱中具有明显的几个凸起点，它们出现的频率就是共振峰频率，表明元音频谱具有明显的共振峰特性。

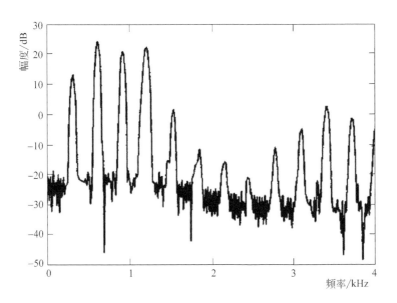

图 6-5 频域波形（张子枫，2023）

前面的频谱分析只能反映出信号的频率变化，而不能表示信号的时间变化特性。由于语音信号是一种短时平稳信号，可以在每个时刻用其附近的短时段语音信号分析得到一种频谱。将语音信号连续地进行这种频谱分析，可以得到一种二维图谱，它的横坐标表示时间，纵坐标表示频率，每个像素的灰度值大小反映相应时刻和相应频率的能量。这种时频图称为语谱图（Spectrogram）。其中能量功率谱具体可以表示如下：

$$P_x(n, w) = \frac{1}{2N+1} |X(n, w)|$$

其中，$X(n, w) = \sum_{k=-\infty}^{\infty} x[k]w[n-k]e^{-jwk}$，$w[n]$ 是一个长度为 $2N+1$ 的窗函数。$X(n, w)$ 表示在时域以 n 点为中心的一帧信号的傅里叶变换在 w 处的大小。

语谱图可以根据带通滤波器的宽窄分为宽带语谱图和窄带语谱图。宽带语谱图的频率分辨率通常取 300~400Hz，时间分辨率长度为 2~5ms，窄带语谱图的频率分辨率为 50~100Hz，时间分辨率长度 5~10ms。图 6-6 是"开始"的宽带语谱图和窄带语谱图，其中横轴表示时间 (n)，纵轴表示频率 (w)，颜色的深浅表示在 (n, w) 处能量大小，一般用能量的对数表示，即 $\log(P_x(n, w))$。

图 6-6 分析的是一种基本的语谱图。类似地，还有一种 Mel 语谱图，它可以表示出 Mel 滤波器的能量随时间的变化情况。在 Mel 语谱图中，横轴为帧号，纵轴表示 Mel 频带滤波器号，每一个像素点的深浅表示该帧信号在滤波器上输出能量大小，Mel 功率谱表示为：

$$P_x(n, k) = \sum_{j=0}^{2N} m_k(j) |X(n, j)|^2$$

其中，$P_x(n, k)$ 表示第 n 个分析窗的 Mel 频谱的第 k 个分量；$m_k(j)$ 表示第 k 个 Mel 滤波器冲激响应 DFT 变换的第 j 个系数；$X(n, j)$ 表示语音信号的第 n 个分析窗的 DFT 变换的第 j 个点。

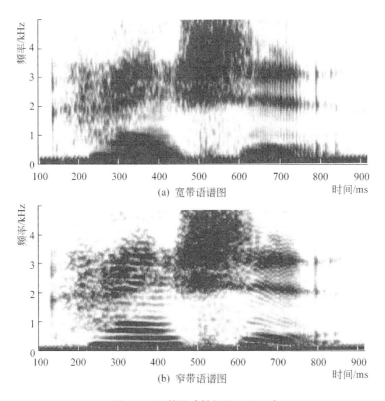

(a) 宽带语谱图

(b) 窄带语谱图

图 6-6　语谱图（韩纪庆，2019）

6.1.5　汉语中语音的分类

在汉语中，音素可以构成声母和韵母，有时将含有声调的韵母称为调母，由单个调母或由声母与调母拼成的单位称为音节。汉语中音节就是一个字的音，音节构成词，词构成句子。汉语中共包括 22 个声母（包括零声母）和 38 个韵母。

音素可以分为辅音、单元音、复元音和复鼻尾音。

1. 辅音

发辅音时声道有一定的阻碍，这种阻碍是声道中活动部分与固定部分接触所形成的，接触点不同发出的辅音也不同。根据这触点位置的不同将辅音分为六类：唇音、舌尖前阻、舌尖阻、舌尖后阻、舌面阻、舌根阻。

根据辅音发音过程中的具体阻碍方式，又可分为塞音、擦音、塞擦音、鼻音、边音等。

辅音共有 22 个，包括除了零声母以外的全部声母以及韵母中的鼻韵尾音 ng/ŋ/。其中大部分辅音都是清辅音，只有 m, n, l, r 四个辅音在发音时声带产生振动，是浊辅音。辅音根据发音部位和发音方法的不同，可进行相应的分类。

2. 单元音

一般单元音有 13 个，此外还包括 7 个从国际音标的单元音音素借用而来的单元音。元音、辅音是按音素的发音特征来分类的；而声母和韵母则是按照音节的结构来分类的，尽管它们之间有一定的联系，但是两种不同的概念。单元音的音色由声道的形状决定，主要由舌头的形状及其在口腔中的位置、嘴唇的形状决定。根据舌头的高、中、低，舌位的前、中、后以及嘴唇的开放程度，可以发出 10 多种不同的单元音。

全部元音都是浊音，声带振动。其中舌尖前元音，舌尖后元音，以及卷舌元音是汉语语音所特有的元音音素。

3. 复元音

元音中还有 13 个复合元音，它们都是韵母表中的韵母。复合元音是由两个以上的元音连接而成的。其发音方法是：按复元音中单元音的顺序连续地移动舌位、唇形而发出的声音。连接时，舌位、唇形顺序连续移动，相互影响，并且结合得很紧，成为一种固定的音组，在发音的感觉和听音的感觉上等同于单元音，可以视为独立的语音单位。

4. 复鼻尾音

复鼻尾音共 16 个，它们也都是韵母表中的韵母。在汉语中，鼻韵尾只有两个：-n, -ng。

音节是语流中最小的发音单位，它不仅是听觉上的最小语音单位，也是音义结合的语言单位。从发音机制的角度看，一个音节对应着喉部肌肉的一次紧张，即肌肉紧张一次，就形成一个音节，紧张两次就形成两个音节。每个音节发音时肌肉的紧张可以包含渐强、强峰和渐弱三个阶段，如果把这三个阶段的对应音分别称为起音、领音和收音的话，音节的构成模式有以下四种：①领音；②起音＋领音；③领音＋收音；④起

音 + 领音 + 收音。一个音节不能没有领音，领音必须有相当的响度才能在听觉上觉察出音节的出现。

汉语语音中，充当领音的经常是元音（V），起音一般由辅音（C）充当，收音可以是元音，也可以是辅音。这样汉语音节结构的基本形式有 V、VC、CV、CVC 等。汉语连续语音识别中可以根据音节的特性进行切分，领音处，在喉头肌肉紧张度的强峰阶段形成音峰，对应于音节的中心。而渐弱阶段的尾端与另一次肌肉紧张渐强阶段开端之间的地方是喉头肌肉紧张度的最低点，形成音谷，对应于音节的边界，可以在音谷处进行音节切分。

6.2　语音识别技术基础理论

语音识别的目的是根据给定的波形序列解码出相应的单词或字符序列，因此语音识别可以被看成信道解码或模式分类问题。统计模式识别是目前主流的语音识别方法。基于统计框架，对于给定的观察序列 $O = \{O_1, O_2, O_3, ..., O_T\}$，可以用贝叶斯决策的最大后验概率（MAP）判决得到最可能的输出序列 W^*（张仕良，2017）：

$$W^* = \arg\max_w p(W \mid O)$$

进一步根据贝叶斯公式，得到：

$$W^* = \arg\max_w \frac{p(O|W)\,p(W)}{p(O)} = \arg\max_w p(O|W)\,p(W)$$

其中观察序列 O 表示从输入的语音信号波形中所提取的信息，$p(O)$ 表示观察样本的先验概率，可以用均匀分布替代，故可以从公式中移除。条件概率表示模型生成观察序列的概率，对应语音识别系统的声学模型（Acoustic Model, AM）。而似然值 $p(W)$ 则表示观察到的序列 W 的一个先验概率，称为语言模型（Language Model, LM）。将声学模型和语言模型相结合，搜索得到最佳的输出序列的过程则称为解码过程，如图 6-7 所示。

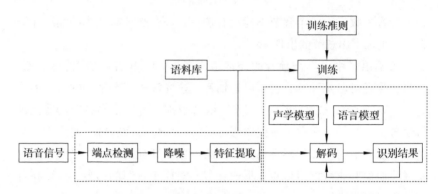

图 6-7 语音识别模型

发出的声音首先经过多媒体工具录制得到语音数据，第一步是对数据进行预处理：包含信号预加重、分帧加窗和端点检测。第二步是提取语音数据的特征：即提取出能代表语音信号本质的特征参数，滤除无关的噪音信号、信道失真等，得到用来识别的输入参数，常用的特征参数包括：线性预测参数（Linear Prediction Coefficients, LPC）、线性预测倒谱系数（Linear Prediction Cepstral Coefficient, LPCC）、梅尔频率倒谱系数（Mel Frequency Cepstral Coefficient, MFCC）。第三步是训练声学模型，使用训练数据库中的数据对声学模型进行训练，识别过程即将待识别语音的特征参数与完成训练的声学模型进行匹配，从而得到结果。

6.2.1 语音信号的预处理

深度神经网络无法直接接收原始语音信号，需要将其转化为特征向量表示，然后将其输入模型进行训练，如图 6-8 所示。由于语音是由多种成分构成，不同的声音之间存在着很大差异，这就导致提取出来的特征值与实际情况不符，从而降低了分类性能，因此在进行语音特征提取之前，通常需要对其进行预处理来确保其准确性，包括预加重、分帧和加窗等操作。采用预加重的目的是弥补录音设备所采集到的语音数据丢失掉的部分高频能量。分帧操作是为了让语音信号保持短时平稳的特性，通常将语音数据的帧长划分为 10ms 或 25ms，为了保持声学特征的平滑性，帧之间会有 10ms 的重叠（张子枫，2023）。特征提取是传统语音识别系统不可或缺的一部分，旨在对输入信号进行幅度压缩，同时确保不会对语音信号的功率造成任何不良影响，包括多种常见方法，如采用梅尔频率倒谱系数（Mel Frequency Cepstrum Coefficient, MFCC）（Pfeiffer et al., 1996）、感知线性预测系数（Perceptual Linear Predictive, PLP）（Hermansky, 1991）以及梅尔滤波器组（Filter Bank Feature, Fbank）（Ding et al., 2014）。在端到端语音识别模型中，常使用 Fbank 特征；而在传统的语音识别模型中，常采用 MFCC。为提高普通话识别的准确率，可以加入音调（Pitch）特征。在特征提取完成后，通常还需要进行降维和归一化操作。

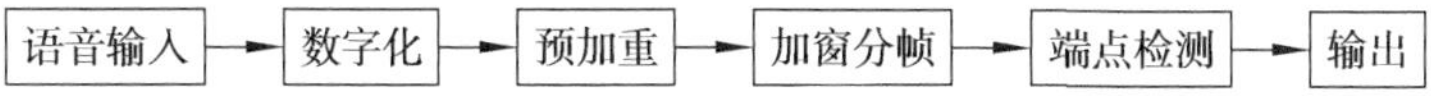

语音输入 → 数字化 → 预加重 → 加窗分帧 → 端点检测 → 输出

图 6-8　语音信号预处理

（1）信号的预加重

根据语音特征，信号从嘴唇辐射以后，高频段会出现衰减，语音的能量主要集中在低频。在信息传输过程中，高频信号也容易出现能量丢失。所以在信号分析之前，要对语音信号进行预加重，目的是为了减少低频的干扰，提升语音的高频部分。用于预加重阶段的语音信号的传递函数为：

$$H(z) = 1 - az^{-1}$$

其中 a 为预加重系数，取值范围从 0.9 到 1.0。

（2）信号的加窗分帧

将语音信号分解成若干短段，每个短时的语音信号段就是一个分析帧，每个分析帧是从一个固定特性的语音信号中截取出来的，对分析帧进行处理，即等同于对持续语音进行处理。一般每秒的帧数为 33—100 帧，分帧方法为重叠分段的方法，帧移是前一帧与后一帧重叠的部分，帧移与帧长的比值一般取 1/3 到 1/2 之间，如图 6-9 所示。

在对语音信号进行分帧之后，每一帧都可以当成平稳信号来处理，但是语音信号分帧之后，在帧的起始和结束会出现不连续的情况的，通常需要对信号进行加窗处理，能够减少分析帧的开始和结束地方信号不连续的问题。最常用的是矩形窗和汉明窗，矩形窗函数定义如下：

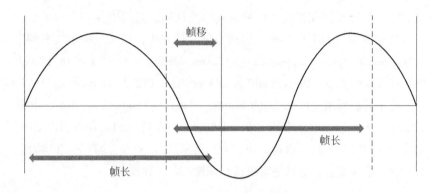

图 6-9　帧长和帧移

$$w(x) = \begin{cases} 1, & 0 \leqslant n \leqslant N-1 \\ 0, & 其他 \end{cases}$$

汉明窗函数：

$$w(x) = \begin{cases} 0.54 - 0.46\cos[2\pi n/N - 1], & 0 \leqslant n \leqslant N \\ 0, & 其他 \end{cases}$$

汉明窗是一种改进的升余弦函数，具有以下特点：频率的分辨率高，主瓣狭窄、尖锐，通过卷积后，其他频率成分产生的频率泄露较少，旁瓣衰减大。这种改进的升余弦窗，能量更加集中在主瓣中。

6.2.2　语音信号的端点检测

由于语音应用的场景不同，一段语音信号通常由真正有用的信号和噪声构成，端点检测（刘鹏，王作英，2005）就是在原始语音信号中确定出有用信号的开始点和结束点，使采集到的语音信号是真正有用的语音信号，减少计算机的数据量和运算量，提高语音识别的正确率并且缩短识别的时间。常用的两种方法是短时能量、短时平均过零率检测（Eritelli et al., 2022）。

（1）短时能量

短时能量反映的是语音能量或者振幅伴随时间逐渐变化的规律。一般来说，语音信号的能量要比噪声的能量大，所以通过比较输入信号短时能量的高低就能区分语音段和噪声段。

信号 {s(n)} 的短时能量定义为：

$$E_n = \sum_{-\infty}^{\infty} \left[s(m) \bullet w(n-m) \right]^2$$

信号的短时平均幅度定义为：

$$M_n = \sum_{-\infty}^{\infty} \left| s(m) \right| \bullet w(n-m)$$

其中 $w(n)$ 为窗函数，n 为窗长。

（2）短时平均过零率

短时平均过零率是指每一帧语音信号穿过时域波形时间轴的次数，对于有时间横轴的连续语音信号，能够直接观测到语音时域波形通过横轴的情况，若是离散信号，则当相邻取样值的符号发生变化时即为过零，加窗后的第 n 帧信号 $S(m)$ 的短时过零率为：

$$z_n = \sum_{m=-\infty}^{\infty} \left| \text{sgn} \left[s(m) - \text{sgn}[s(n-1)] \right] \right| \bullet w(n-m)$$

其中，sgn[ ] 为符号函数，即：

$$\text{sgn}[s(n)] = \begin{cases} 1, & s(n) \geqslant 0 \\ -1, & s(n) < 0 \end{cases}$$

依据语音特性，语音段分为浊音、清音和静音。浊音的短时平均幅度最大，静音的短时平均幅度最小，清音的短时平均过零率最大，静音的短时平均过零率居中，浊音的短时平均过零率最小。根据这些特性，短时能量可用于区分浊音段和静音段，对于清音段，多数能量出现在较高频率上，平均过零率大，而浊音段的过零率小。

6.2.3 语音识别特征提取

语音信号的特征提取即提取出能表达出语音信号本质的特征参数，一个好的特征参数应当具备以下特点：一是能够充分代表语音的特征，包括其听觉特征和声道特征；二是各参数之间应该具备独立性；三是特征参数的计算应当方便，以便识别系统的实时实现。常用的方法有线性预测系数（LPC）、线性预测倒谱系数（LPCC）、梅尔频率倒谱系数（MFCC）等（孙颖等，2015）。

（1）线性预测系数（LPC）

线性预测系数是根据信号样本值之间的相关性，能够用原来的样本值预测现在甚至将来的样本值，即语音信号能够用过去若干语音的线性组合来无限逼近。在均方准则下，当线性预测值与语音信号抽样值之间的误差达到最小时，可以求解预测系数，最后得到最优解的一组系数就称为LPC（梅俊杰，2017）。

假设语音信号的样本序列为 $\hat{s}(n)$, n =1, 2, 3, …，则有：

$$\hat{s}(n) = \sum_{i=1}^{p} a_i s(n-i)$$

线性预测误差用 $e(n)$ 表示，它为原始信号和线性预测值之差：

$$e(n) = s(n) - \hat{s}(n) = s(n) - \sum_{i=1}^{p} a_i s(n-i)$$

（2）线性预测倒谱系数（LPCC）

用倒谱域表示线性预测系数（韩纪庆，2004）就是线性预测倒谱系数，求解的流程如图 6-10 所示。LPCC 优点是对元音有比较好的表达效果，计算量比较小，容易通过编程实现，一般被用来做实时语音和说话人辨认系统的特征参数。缺点是其鲁棒性较差，不符合人在听觉上的非线性特征。

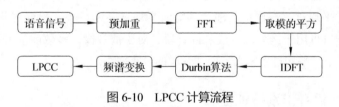

图 6-10　LPCC 计算流程

（3）梅尔频率倒谱系数（MFCC）

人耳对不同频率的语音信号敏感程度不同，有研究表明，在 1000Hz以下时，人耳的感知能力和频率呈线性关系；当频率超过 1000Hz 时，感知能力与频率呈对数关系。为了能够模拟人耳对于不同频率语音信号的感知特性，提出了梅尔频率的概念：1Mel 是 1000Hz 的音调感知程度的 1/1000，转换公式为：

$$f_m = 2595\log_{10}\left(1 + \frac{f}{700}\right)$$

其中，f_m 为 Mel 频率，f 是线性频率。

　　梅尔频率倒谱系数（MFCC）在语音识别中得到了广泛的应用。在 MFCC 特征的提取过程中，首先需要进行预加重处理，接着采用汉明窗对语音信号进行分帧，再对每一帧进行傅里叶变换，将得到的信号转换为功率谱，并通过梅尔滤波器对功率谱进行处理，对处理后的数据取对数并进行离散余弦变换，最终得到 MFCC 特征。具体流程如图 6-11 所示。

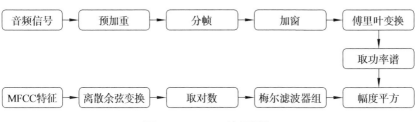

图 6-11 MFCC 特征提取

（4）梅尔滤波器组系数（FBank）

　　梅尔滤波器组系数的计算步骤和梅尔倒谱系数特征的计算方法基本一致，如图 6-12 所示，在该提取过程中，首先进行语音信号的预加重和分帧处理。接着，采用傅里叶变换技术，将时域信号转化为频域信号，从中提取出频谱信息，并通过频谱计算出功率谱。接着，对功率谱取幅度平方，并运用梅尔滤波器组对所得结果进行处理，叠加处理每个滤波频带内的能量，同时对每个滤波器的输出进行对数处理，从而压缩了特征信息。

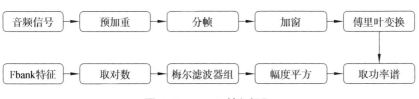

图 6-12 FBank 特征提取

FBank 特征提取了高频和低频信息，并使用梅尔滤波器组进行压缩，减少了人类感知不到的噪声。MFCC 特征是在 FBank 特征的基础上，通过运用快速傅里叶变换技术而获得的一种特征。进行快速傅里叶变换的目的是让各维特征之间保持相互独立性，从而在后续过程中实现更加精准地分析和处理。相对于 MFCC 特征，FBank 特征中的各变量之间更具有相关性，因此更适用于深度学习特征输入。

6.3 传统语音识别

传统的语音识别系统如图 6-13 所示。

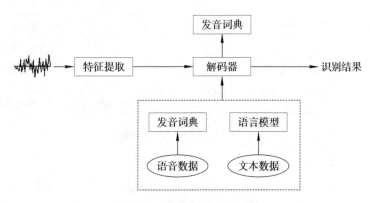

图 6-13 传统语音识别结构

传统的语音识别系统包括四个基本结构：声学模型、语言模型、发音词典和解码器。声学模型的构建通常采用 GMM-HMM 或 DNN-HMM。传统的语言模型通常采用基于多元文法（N-gram）的模型，但随着深度学习的兴起，以循环神经网络和 Transformer 语言模型为代表的基于深度学习的语言模型被广泛使用，可以更好地捕捉数据间的相关信息，但代价是增加了模型的复杂度。发音字典是用来描述音素与单词之间映射关系的一种工具。解码器网络是由语言模型、声学模型和发音字典构成的，通过搜索算法在其中寻找最优解，维特比算法（Viterbi Algorithm）（Siu，Chan，2006）是当前广泛使用的解码器算法之一。

声学模型对识别结果产生决定性影响，是最核心的模型之一。HMM 以其高效、易训练等特点，在许多领域得到了广泛的应用，至今仍是语音识别的主要方法。对于状态输出概率，通常可以利用深度神经网络或混合高斯模型进行建模，这两种方法分别对应 DNN-HMM 和 GMM-HMM 系统。典型的 GMM-HMM（Wang, 2014）模型如图 6-14 所示，在 GMM-HMM 模型中，HMM 担负着计算状态间转移概率的任务，而 GMM 则负责推导观察概率分布。

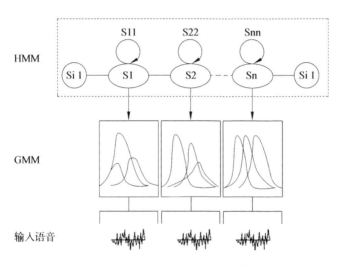

图 6-14　GMM-HMM 语音识别模型

在 DNN-HMM（Li et al., 2013）的语音识别模型中，DNN 替代 GMM，其中 DNN 的输出层节点与 HMM 的状态节点相互对应，形成了一种复杂的网络拓扑结构。在进行声学建模时，无需对语音特征的分布进行假设，而是通过将语音帧拼接输入到 DNN 中，从而获取上下文特征信息，然后采用反向传播算法对模型参数进行优化。基于 DNN-HMM 的语音识别模型结构如图 6-15 所示。

DNN 模型在音频建模方面显著优于 GMM 模型，这使得连续语音识别的效果得到改善。尽管如此，DNN-HMM 框架仍然保留了 HMM 模型的基本特征，例如需要使用发音词典和严格的对齐。

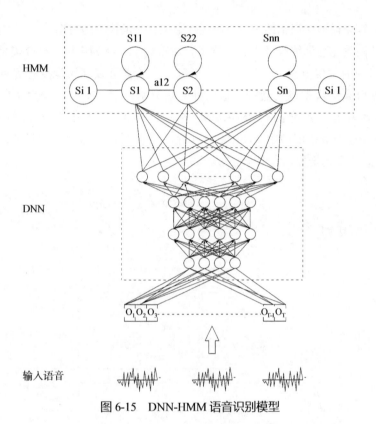

图 6-15　DNN-HMM 语音识别模型

语言模型是一种用于估算词序列概率的统计方法，其作用是通过在声学模型输出结果的基础上，找出最有可能对应的文本序列。当前主流的两种语言模型为多元文法（N-gram）和神经网络语言模型，前者是一种以统计分析为基础的语言模型，它通过统计前面 N-1 个词出现的频率来预测下一个词的出现概率；后者则是一种利用神经网络构建的模型，可以将历史上下文信息融入预测中（吕坤儒等，2021）。

（1）N-gram

统计语言模型采用的是 N 元的依赖关系，预测当前词时利用了前 N-1 个词：

$$p(w_i \mid w_1, w_2, w_3, ..., w_{i-1}) = p(w_i \mid w_{i-n-1}, ..., w_{i-1})$$

在实际应用中，N=3 的三元模型最为广泛采用。N-gram 的计算公式为

$$P(s) = P(w_1)P(w_2 \mid w_1)P(w_3 \mid w_1 w_2)...P(w_n \mid w_{n-2} w_{n-1})$$

（2）RNN 语言模型

RNN 语言模型可以考虑之前的所有信息来预测当前值，从而更好地联系上下文的语音信息。然而，在构建加权有限状态转移机（Weighted Finite State Transducer, WFST）时，RNN 语言模型并不适用于解码任务。因此，RNN 语言模型常被用于对经过解码后生成的 n-best 词图（Lattice）进行重新排序，以获得比 N-gram 更优的结果概率。

解码器属于语音识别中的关键部分。该部分主要用于组合先前得到的声学特征概率和语言概率，采用合适的解码算法获得最高概率的词序列。当前已经出现了多种类型的解码算法，维特比算法（Viterbi Algorithm）属于较为常用的一种。WFST 解码器是目前语音识别系统中使用率最高的解码器，WFST 解码本质上也是维特比算法（郭宇弘等，2014）。

WFST 是一种在语音识别领域被普遍使用的解码模型，通过一组连续的状态以及它们之间的有向跳转来实现。WFST 解码器由 H、C、L、G 四部分组成，每一部分都是一个转换器。首先构建语言模型的转换器 G.fst，然后将语言模型的词与词典转换器 L.fst 合并得到 LG.fst，再进一步与字典的单音子与上下文相关转换器 C.fst 合并，得到 CLG.fst，最后与 HMM 转换器 H.fst 合并得到 HCLG.fst。

通过 HCLG 的合并，把词典、声学模型和语言模型编译在一起，在识别之前产生识别用的静态解码网络，然后采用 WFST 解码器，得到输入语音的解码结果，这个过程就是解码，从中可以得到一条最优路径，如图 6-16 所示。

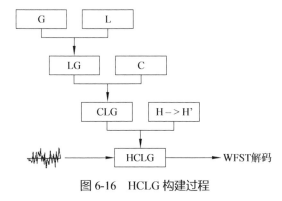

图 6-16 HCLG 构建过程

6.4 端到端语音识别

传统语音识别框架组件复杂，搭建和训练过程繁琐；各部分模块需要单独训练，导致各模块的训练最优结果组合到一起不一定是全局最优解；各帧训练数据需标注，且标签和序列之间需进行对齐等。为了解决传统语音识别方法中存在的问题，研究人员提出了端到端模型用于语音识别建模，图 6-17 展示了端到端语音识别的流程。与传统方法相比，端到端语音识别方法具有两个显著优势。首先，在端到端的建模过程中，通常采用句子标签中的最小单元作为建模单元，在对普通话的建模中，通常将"字"作为建模单元，以达到更好的效果。通过这种方式，无需进行对齐操作，从而解决了模型和对齐标签之间的循环依赖问题。另外，端到端语音识别方法仅需使用单一序列模型，即可将输入的声学特征序列映射至文本序列，从而实现了整个流程的简洁高效（范汝超，2019）。接下来对四种主流的端到端语音识别方法进行介绍。

图 6-17　端到端语音识别

（1）CTC

CTC 算法是一种广泛应用于端到端语音识别领域的技术，它可以在不严格要求输入输出对齐的情况下建立多对一的映射关系，并找到最佳映射。当输入的语音特征序列比目标文本序列中的字符数量多时，传统的语音识别模型无法直接进行映射。为了解决这个问题，CTC 引入了空白字符（通常表示为"-"）来消除局部重复，并扩大文本序列的长度，使得输出和输入序列的长度保持一致，从而实现一一对应的效果，如图 6-18 所示。

CTC 模型的优势体现在它无须预先构建帧级别的对齐，只需通过对时序特性的学习，就可以在输出序列与标注序列间建立一种多对一映射的映射关系，从而实现更加精准的识别。

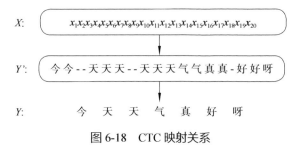

图6-18 CTC 映射关系

（2）注意力机制

Attention 机制是近年来深度学习领域广泛应用的一种重要技术。在语音识别领域，Attention 机制主要应用于解决序列问题，基于 Attention 机制的模型有效解决了变长输入音频和输出文本的问题。

深度学习中广泛使用 Encoder-Decoder 框架解决序列到序列的任务（朱张莉，2019）。其中 Encoder 将输入序列转换为固定向量 c；Decoder 将固定向量转换为输出序列。Encoder-Decoder 的结构表示如图6-19所示。

图6-19 编码–解码结构

一组输入序列经过 Encoder-Decoder 结构得到输出序列的计算过程为：

$$c = Encoder(x)$$
$$z_i = Decoder(c, z_{<i})$$

其中，Encoder 和 Decoder 分别表示非线性变换函数，c 代表固定长度向量，$x = (x_1, x_2, ..., x_T)$ 为输入序列，$z = (z_1, z_2, ..., z_L)$ 为输出序列，$z_{<i}$ 表示下标小于 i 的所有 z 分量。

（3）RNN-Transducer

RNN-Transducer 是对 CTC 算法的一种改进。RNN-Transducer 主要由编码器（Encoder）、预测网络（Predict Network）和联合网络（Joint

Network）三部分组成，结构如图 6-20 所示。CTC 算法中将每个输出视为相互独立的个体，然而实际语音任务中每个输出单元之间有着很强的语言关联。RNN-Transducer 模型继承了 CTC 的思想，将联合网络的输出看作是输出序列的概率分布，但整体模型结构类似于 Seq2Seq 的 Encoder-Decoder 结构（张晓旭等，2021），其通过在 CTC 的基础上引入预测网络实现了对声学和语言信息的同时优化，解决了 CTC 中条件独立假设和无法实现语言建模的问题。

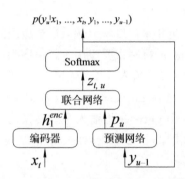

图 6-20　RNN-Transducer 结构示意图

RNN-Transducer 模型联合优化声学和语言学信息，采用了共同建模的思路，有效解决了 CTC 模型中条件独立性假设和缺乏语言建模能力的问题。此外，RNN-Transducer 模型可以实现流式解码，在实际应用中表现出了很强的实用能力和很好的识别性能。

（4）Transformer

在 Transformer 语音识别模型中，编码器和解码器两部分都由自注意力层和全连接层叠加而成。编码器扮演着将语音序列映射为特征序列的重要角色，而解码器则将这些特征序列映射为文本序列，训练过程中利用真实标签数据进行处理，而推理时则采用自回归的方式，即将前一个元素标签作为输入，用于生成下一个标签。

编码器与解码器均为多层结构，其中多层结构的每层均由多头自注意力模块（Multi-Head Self-Attention Module）和前馈神经网络（Feed-Forward Neural Network）组成。编码器和解码器还采用残差连接和层归一化来优化模型性能。值得注意的是，解码器中的两个多头注意力块获取的信息来源存在差异，其中第一个注意力块屏蔽未来信息，而第二个注意力块中则是分别来自编码器和解码器中的信息。

（5）Conformer 模型

虽然 Transformer 模型擅长对全局上下文进行建模，但其提取细粒度局部特征的能力较差。而 CNN 擅长学习局部信息，然而需要更多的层堆叠才能去获取全局信息。于是，谷歌提出卷积增强的 Transformer 即 Conformer 应用到语音识别中，通过有效结合 CNN 和 Transformer，对音频序列的局部和特征进行建模，并实现了当时最优的准确性。Conformer 的解码器结构与 Transformer 的解码器结构相同，具体编码器结构如图 6-21 所示。

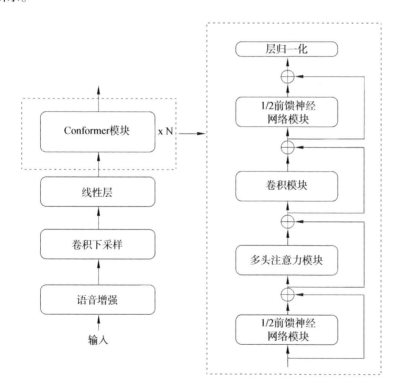

图 6-21　Conformer 编码器结构图

Conformer 模型由四个子模块堆叠而成，分别为第一个前馈神经网络模型、多头自注意力模块、卷积模块以及第二个前馈神经网络模块。与

Transformer 不同之处在于，Conformer 中的多头注意力模块使用了相对位置嵌入编码，以及前馈神经网络模块使用了 Swish 激活函数。在卷积模块中，语音序列数据首先通过一个逐点卷积（Pointwise Convolution）和一个门控线性单元（GLU），接着输入一维深度卷积（Depthwise Convolution），并进行批次归一化（Batchnorm）。

$$x_{FFN1} = x_k + \frac{1}{2} FFN(x_k)$$

$$x_{MHSA} = x_{FFN1} + MHSA(x_{FFN1})$$

$$x_{Conv} = x_{MHSA} + Conv(x_{MHSA})$$

$$Y_k = LayerNorm\left(x_{Conv} + \frac{1}{2} FFN(x_{Conv})\right)$$

其中，x_k 为第 k 个 Conformer 模块的输入，输出为 y_k，FFN 表示前馈神经网络模块，MHSA 表示多头自注意力模块，Conv 表示卷积模块。

总体来看，语音识别模型技术经历了从模板匹配、统计模型到深度学习模型的转变，从开始的孤立词识别到连续词识别、小词表到大词表、特定人到非特定人识别的转变，随着深度学习技术的不断发展，语音识别的准确性也得到逐步提高。

6.5　语音合成

语音合成指的是让机器能说话，以便使一些其他方式存储的信息能够转化成语音信号，让人能够简单地通过听觉获取信息。语音合成技术在人机交互、自动控制、测控通信系统、办公自动化、信息管理系统、智能机器人等领域有着广阔的应用前景。另外，语合成技术还可以作为视觉和语音表达有障碍的伤残人通信的辅助工具。

6.5.1　语音合成的基本原理

人在发出声音之前要进行一段大脑的高级神经活动，首先有一个说话的意向，然后围绕该意向生成一系列相关的概念，最后将这些概念组织成语句并发音输出。日本学者 Fujisaki 按照人在说话过程中所用到的各种知识，将语音合成由浅到深分成三个层次：（1）根据规则从文本到语音的合成（Text-to-Speech），（2）根据规则从概念到语音的合成（Concept-to-Speech），（3）根据规则从意向到语音的合成（Intent-to-Speech），如图 6-22 所示。目前语音合成的研究还只是局限在从文本到语音的合成上，即通常所说的 TTS 系统。

图 6-22　语音合成的三个层次

　　语音合成是一个"分析—存储—合成"的过程。一般是选择合适的基元，将基元用一定的参数编码方式或波形方式进行存储，形成一个语音库。合成时，根据待合成的语音信息，从语音库中取出相应的基元进行拼接，并将其还原成语音信号。根据基元的选择方式及存储形式的不同，可以将合成方式笼统地分为波形合成法和参数合成法。

　　波形合成法把人的发音波形直接存储或者进行波形编码后存储，组成语音库；合成时，根据待合成的信息，在语音库中取出相应单元的波形数据拼接或编辑到一起，再经过解码还原成语音（周毅，2004）。如果选择如词组或者句子这样较大的合成单元，则能够合成高质量语句，但所需要的存储空间也较大。波形合成法一般以语句、短句、词或者音节为合成基元。

　　参数合成法也称为分析合成方法。该方法先对语音信号进行各种分析，用有限个参数表示语音信号以压缩存储容量。参数可选择如线性预测系数、线谱对参数或共振峰参数等（Tokuda, 1995）。参数合成法的系统结构较为复杂，并且用参数合成时，难免存在逼近误差，用有限个参数很难适应语音的细微变化，所以合成的语音质量与波形合成法相比较差。

　　规则合成法是一种高级的合成方法，合成的词表可以事先不确定，系统中存储的是最小语音单位的声学参数。按照由音素组成音节、由音节组成词、由词组成词组、由词组组成句子，以及控制音调、轻重等韵律的各种规则，给出待合成的字或语句。其研究重点是挖掘出人在说话时，是按什么规则来组织语音单元的，并将这些规则的知识赋予机器，因而在机器合成语音时，只要输入合成基元，机器就会按照所给的规则来合成出与人说话时相同的语音。所使用文本的合成基元越小，存储空间越小，这些规则越复杂，因此在选择文本合成基元时应折中考虑。目前英语中多用音素、双音素为文本的合成基元，而汉语可以用声母、韵母或音节字为文本基元，以减少规则的知识。

上面介绍的语音合成方法实质上并未解决机器说话的问题，其本质上只是一个声音还原的过程。语音合成的最终目的是让机器像人一样说话，即像人脑中首先形成神经命令，以脉冲形式向发音器官发出指令，使舌、唇、声带、肺等部分的肌肉协调动作发出声音。迄今为止，我们对人类语言产生过程的了解仍停留在声道系统，对大脑的神经活动知道得很少，这就使得语音合成的研究在相当长的一段时期内只能停留在低级阶段，至于更高层次的研究还有待于计算机学家、生物学家、语言学家和人工智能专家等的共同努力。

6.5.2 典型的语音合成器模型

1. 共振峰合成法

共振峰语音合成器模型是把声道视为一个谐振腔，因为音色各异的语音有不同的共振峰模式，所以基于每个共振峰频率及其宽带为参数，可以构成一个共振峰滤波器。将多个这种滤波器组合起来模拟声道的传输特性，对激励声源发出的信号进行调制，再经过辐射即可得到合成语音，这便是共振峰语音合成器的原理。

图 6-23 所示的是共振峰合成器的系统模型。从图中可以看出激励声源发生的信号，先经过模拟声道传输特性的共振峰滤波器调制，再经过辐射传输效应后即可得到合成的语音并输出。由于发出的声音是不断变化的，所以模型的参数随时间变化。因此，一般要求共振峰合成器的参数逐帧修正。

为了得到高质量的合成语种，激励源应具备多种选择，以适应不同的发音情况。图 6-23 中激励源有三种类型：合成浊音语音时用周期冲激序列；合成清音语音时用伪随机噪声；合成浊擦音时用周期冲激调制噪声。

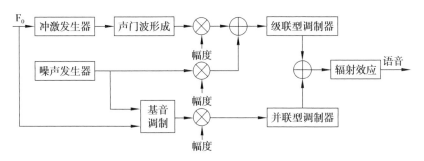

图 6-23   共振峰合成器系统图

图 6-23 系统采用了两种声道模型。一种是将其模型化为二阶数字谐振器的级联。级联型结构可模拟声道谐振特性，能很好地逼近元音的频谱特性，这种形式结构简单，每个谐振器代表了一个共振峰特性，只需用一个参数来控制共振峰的幅度。另一种是将其模型化为并联形式。并联型结构能模拟谐振和反谐振特性，被用来合成辅音。事实上，并联型也可以模拟元音，但效果不如级联型好。此外，并联型结构中的每个谐振摇的幅度必须单独控制，从而产生合适的零点。

2. 线性预测合成法 (LPC)

线性预测合成方法是目前比较简单和实用的一种语音合成方法，它以其低数据率、低复杂度、低成本，受到重视。LPC 语音合成器利用 LPC 语音分析方法，通过分析自然语音样本，计算出 LPC 系数，建立信号产生模型，从而合成出语音。线性预测合成模型是一种"源–滤波器"模型，由白噪声序列和周期脉冲序列构成的激励信号，经过选通、放大并通过时变数字滤波器，就可以获得原语音信号，如图 6-24 所示。图中所示的线性预测合成的形式有两种：一种是直接用预测器系数 a_i 构成的

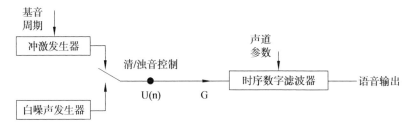

图 6-24   LPC 语音合成器

递归型合成滤波器，另一种合成的形式是采用反射系数 k_i 构成的格型合成滤波器。

直接用预测器系数 a_i 构成的递归型合成滤波器机构如图 6-25 所示。用该方法定期地改变激励参数 $u(n)$ 和预测器系数 a_i，就能合成出语音。这种结构简单而直观，为了合成一个语音样本，需要进行 p 次乘法和 p 次加法，合成的语音样本的公式为：

$$s(n) = \sum_{i=1}^{p} a_i s(n-1) + Gu(n)$$

式中，a_i 为预测器系数，G 为模型增益，$u(n)$ 为激励，p 为预测器阶数，$s(n)$ 为合成语音样本。

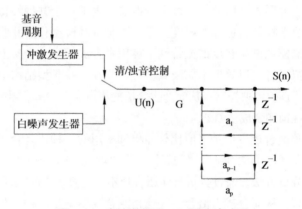

图 6-25　直接递归型 LPC 语音合成器

直接式的预测系数滤波器结构的优点是简单、易于实现，缺点是合成语音样本需要很高的计算精度。

另一种合成的形式是采用反射系数 k_i 构成的格型合成滤波器。合成语音样本由下式决定：

$$s(n) = Gu(n) + \sum_{i=1}^{p} k_i b_{i-1}(n-1)$$

式中，G 为模型增益，p 为预测器阶数，$u(n)$ 为激励，k_i 为反射系数，$b_i(n)$ 为后向预测误差。

只要知道反射系数、基音周期和模型增益就可由后向误差序列迭代计算出合成语音。合成一个语音样本需要（$2p-1$）次乘法和（$2p-1$）次加法。采用反射系数 k_i 的格型合成滤波器结构，虽然运算量大于直接型结构，却具有一系列优点：其参数 k_i 具有 $|k_i|<1$ 的性质，因而滤波器是稳定的；同时与直接型结构相比，它对有限字长引起的量化效应灵敏度较低。

3. PSOLA 算法合成语音

早期的波形编辑技术只能拼接回放音库中保存的东西，而任何一个语言单元在实际语流中都会随着语言环境的变化而变化。20 世纪 80 年代末，由 F. Charpentier 和 E. Moulines 等提出基音同步叠加技术（PSOLA），它既能保持原始语音的主要音段特征，又能在音节拼接时灵活调整其基音、能量和音长等韵律特征，因而很适合于汉语语音和规则合成。图 6-26 是基于 PSOLA 算法的语音合成系统的基本结构。由于利用 PSOLA 算法合成语音在计算复杂度、合成语音的清晰度、自然度方面都具有明显的优点，因而受到国内外很多学者的欢迎。

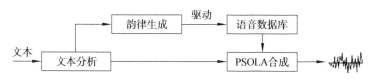

图 6-26 PSOLA 算法合成语音

本质上说，PSOLA 算法是利用短时傅里叶变换重构信号的重叠相加法。设信号 $x(n)$ 的短时傅里叶变换为

$$X_n(e^{jw}) = \sum_{m=-\infty}^{\infty} x(m)w(n-m)e^{-jwn}, n \in Z$$

由于语音信号是一个短时平稳信号，因此在时域每隔若干个（例如 R 个）样本取一个频谱函数就可以重构信号 $x(n)$，即：

$$Y_r(e^{jw}) = X_n(e^{jw})_{|n=rR}, r, n \in Z$$

其傅里叶逆变换为：

$$y_r(m) = \frac{1}{2\pi} \int_{-\infty}^{\infty} Y_r(e^{jw}) e^{jwn} dw, \, m \in Z$$

然后就可以通过叠加 $y_r(m)$ 得到原信号，即：

$$y(m) = \sum_{r=-\infty}^{\infty} y_r(m)$$

基音同步叠加技术一般有三种方式：时域基音同步叠加（TD-PSOLA）、线性预测基音同步叠加（LPC-PSOLA）和频域基音同步叠加（FD-PSOLA）。PSOLA 法实现语音合成主要有三个步骤，分别为基音同步分析、基音同步修改和基音同步合成。

（1）基音同步分析

同步标记是与合成单元浊音段的基音保持同步的一系列位置点，用它们来准确反映各基音周期的起始位置。同步分析的功能主要是对语音合成单元进行同步标记设置。PSOLA 算法中，短时信号的截取和叠加、时间长度的选择，均是依据同步标记进行的。对于浊音段有基音周期，而清音段信号则属于白噪声，所以这两种类型需要区别对待。在对浊音信号进行基音标注的同时，为保证算法的一致性，一般令清音的基音周期为一常数。

以语音合成单元的同步标记为中心，选择适当长度的时窗对合成单元做加窗处理，获得一组短时信号 $x_m(n)$：

$$x_m(n) = h_m(t_m - n)x(n)$$

式中，t_m 为基音标注点，$h_m(n)$ 一般取 Hamming 窗，窗长大于原始信号的一个基音周期，一般取为原始信号的基音周期的 2—4 倍，且窗间有重叠。

（2）基音同步修改

同步修改在合成规则的指导下，调整同步标记，产生新的基音同步标记。具体地说，就是通过对合成单元标记间隔的增加、减小来改变合成语音的基频，通过对合成单元同步标记的插入、删除来改变合成语音的时长等。这些短时合成信号序列在修改时与一套新的合成信号基音标记同步。在 TD-PSOLA 方法中，若短时分析信号为 $x(t_a(s), n)$，短时合成信号为 $x(t_s(s), n)$，则有：

$$x(t_s(s), n) = x(t_a(s), n)$$

式中，$t_a(s)$ 为分析基音标记，$t_s(s)$ 为合成基音标记。

（3）基音同步合成

基音同步合成是利用短时合成信号进行叠加合成。如果是基频上有变换，则首先将短时合成信号变换成符合要求的短时合成信号再进行合成；如果合成信号在时长上有变化，则增加或减少相应的短时合成信号。

基音同步叠加合成的方法有很多。采用原始信号谱与合成信号谱差异最小的最小平方叠加法合成法合成的信号为：

$$\bar{x}(n) = \sum_q a_q \bar{x}_q(n) \, \bar{h}_q(\bar{t}_q - n) \, / \sum_q \bar{h}_q^2 (\bar{t}_q - n)$$

式中，分母是时变单位化因子，代表窗间的时变叠加的能量补偿，$\bar{h}_q(n)$ 为合成窗序列，a_q 为相加归一化因子，是为了补偿音高修改时能量的损失而设的。上式可进一步简化为

$$\bar{x}(n) = \sum_q a_q \bar{x}_q(n) \, / \sum_q \bar{h}_q(\bar{t}_q - n)$$

式中，分母是一个时变的单位化因子，用来补偿相邻窗口叠加部分的能量损失。该因子在窄带条件下接近于常数；在宽带条件下，当合成窗长为合成基音周期的两倍时该因子亦为常数。此时，若设 $a_q = 1$，则有：

$$\bar{x}(n) = \sum_q \bar{x}_q(n)$$

可以通过对原始语音的基音同步标志 t_m 间的相对距离进行伸长和压缩，从而对合成语音的基音进行灵活的提升和降低。同样，也可以通过对音节中的基因同步标志的插入和删除来实现对合成语音音长的改变，并且可通过对能量因子 a_q 的变化来调整语流中不同部位的合成语音的输出能量，如图 6-27 所示。

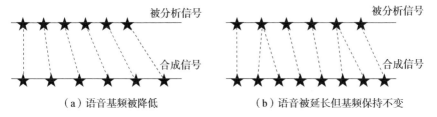

（a）语音基频被降低　　　　　　（b）语音被延长但基频保持不变

图 6-27　时域基频同步合成语音

（4）文语转换系统（TTS）

文语转换（Text-To-Speech）指把文本文件通过一定的软硬件转换后由计算机等硬件输出具有良好自然度与可懂度语音的过程。自 20 世纪 90 年代以来，随着计算机和多媒体技术的飞速发展，文语转换系统逐渐显示出其巨大的应用前景和广泛的应用领域，逐渐成为一个活跃的研究课题。

文语转换系统的核心主要包括：文本分析、韵律控制和语音合成，其结构如图 6-28 所示。

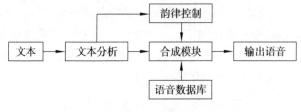

图 6-28　TTS 系统

1）文本分析

文本分析的主要功能是使计算机能够识别文字，并根据文本的上下文关系在一定程度上对文本进行理解，文本分析的工作过程可以分为三个主要步骤：（1）将输入的文本规范化，纠正用户可能的拼写错误，并过滤掉文本中出现的一些不规范或无法发音的字符；（2）分析文本中的词或短语的边界，确定文字的读音，同时在这个过程中分析文本中出现的姓名、数字、特殊字符以及各种多音字的读音方式；（3）根据文本的结构和标点符号，确定发音时语气的变换和发音的轻重方式。最终，文本分析模块将输入的文字转换成计算机能够处理的内部参数，便于后续模块进一步处理并生成相应的信息。

传统的文本分析主要是基于规则（Rule-Based）的方法。比较具有代表性的有：最大匹配法、反向最大匹配法、最佳匹配法、二次扫描法、逐词遍历法等。近几年来，随着计算机及人工智能技术的发展，出现了基于数据驱动（Data-Driven）的文本分析方法，具有代表性的有：二元文法（Di-Grammar Method）、三元文法（Tri-Grammar Method）、隐马尔可夫模型法（HMM Method）和神经网络法（Neural Network Method）等。

2）韵律控制

不同人说话有不同的韵律特征，有不同的声调、语气、停顿方式，发音长短也各不相同。而韵律参数则包括了能影响这些特征的声学参数，如音强、基频、音长等。最终系统能够用来进行语音信号合成的具体韵律参数，还要靠韵律控制模块。与文本分析的实现方法类似，韵律控制的方法也分为基于规则和基于数据驱动的方法。较早期的韵律控制的方法均采用基于规则的方法，目前逐步发展为通过统计驱动或神经网络进行韵律控制的方法。

3）语音合成

文语转换系统的合成语音模块一般采用波形拼接来合成语音，其中最具代表性的是基音同步叠加法（PSOLA）。其核心思想是，直接对存储在音库的语音运用 PSOLA 算法来进行拼接整合成完整的语音。然而，基于波形拼接方法的系统往往需要占据较大的存储空间，且在拼接时，两个相邻的声音单元之间的谱的不连续性也容易造成合成音质的下降。随着研究的不断深入，诞生了一些改进模型，如基音同步的 Sinusoidal 模型等，其原理是将基于规则的波形拼接技术和参数语音合成方法结合。

总体来看，语音合成系统已取得巨大的进步，能够在实际生产生活中得到应用。未来，语音合成技术将会朝着语音合成更加自然、情感更加丰富、合成速度更快的方向发展。

思考与讨论

1. 语音识别的方法有哪些？
2. 语音合成的方法有哪些？
3. 请叙述语音产生的机理和动作原理。
4. 什么是马尔可夫链，什么是隐马尔可夫过程？
5. 语音合成的目的是什么，主要可以分为哪几类？

参考文献

[1] Ding C, et al. Speech-driven head motion synthesis using neural networks [C]//*Interspeech 2014*. 2014.

[2] Eritelli F., et al. Performences evaluation and comparision of G.729/ AMR/fuzz voice activity detectors [J]. *IEEE Signal Processing Letters*, 2022, 9 (3): 85-88.

[3] Hermansky H., Jr. L. Perceptual Linear Predictive (PLP) Analysis-Resynthesis Technique [C]// *European Conference on Speech Communication & Technology. DBLP*, 1991: 37-38.

[4] Hochreiter S., Schmidhuber J. Long short-term memory [J]. *Neural Computation*, 1997, 9 (8): 1735-1780.

[5] Krizhevsky A., Sutskever I., Hinton G. E. Imagenet classification with deep convolutional neural networks [J]. *Advances in Neural Information Processing Systems*, 2012, 25: 1097-1105.

[6] L. E. Baum. An inequality and associated maximization techniques in statistical estimation for probabilistic functions for Markov processes [J]. *Inequalities*, 1972, 3, 2033-2045.

[7] Li L, et al. Hybrid deep neural network—hidden Markov Model (DNN-HMM) based speech emotion recognition [C]// *Affective Computing & Intelligent Interaction. IEEE*, 2013: 312-317.

[8] Mikolov T., et al. Recurrent neural network based language model [C]. *Eleventh Annual Conference of the International Speech Communication Association*. 2010.

[9] Pfeiffer S., Fischer S., Effelsberg W. Automatic Audio Content Analysis [C]// *Forth Acm International Conference on Multimedia. ACM*, 1996: 21-30.

[11] Rabiner, L. R. A tutorial on Hidden Markov Models and selected applications in speech recognition [J]. *IEEE Proceedings*, 1989, 77 (2): 257-286.

[11] S. Young et al. *The HTK Book (for HTK Version 3.0), Speech Vision and Robotics Group* [M]. Cambridge University Engineering Department, Jul. 2000.

[12] Sanger T. D. Optimal unsupervised learning in a single-layer linear feedforward neural network [J]. *Neural Networks*, 1989, 2 (6): 459-473.

[13] Siu M., Chan A. A Robust Viterbi Algorithm against impulsive noise with application to speech recognition [J]. *IEEE Transactions on Audio Speech & Language Processing*, 2006, 14 (6): 2122-2133.

[14] Svozil D., Kvasnicka V., & Pospichal J. Introduction to multi-layer feed-forward neural networks [J]. *Chemometrics and Intelligent Laboratory Systems*, 1997, 39 (1): 43-62.

[15] Tokuda K, Kobayashi T, & Imai S. Speech parameter generation from HMM using dynamic features [C]. *1995 International Conference on Acoustics, Speech, and Signal Processing. IEEE*, 1995, 1: 660-663.

[16] Wang Q., Woo W. L., Dlay S. S. Informed single-channel speech separation using HMM–GMM User-generated exemplar source [J]. *IEEE/ACM Transactions on Audio Speech & Language Processing*, 2014, 22 (12): 2087-2100.

[17] 范汝超. 端到端的语音识别研究 [D]. 北京邮电大学，2019.

[18] 郭宇弘，黎塔，肖业鸣等. 基于加权有限状态机的动态匹配词图生成算法 [J]. 电子与信息学报，2014，36（1）：7.

[19] 韩纪庆，张磊，郑铁. 自然语音信号处理 [M]. 北京：清华大学出版社，2004，224-232.

[20] 韩纪庆，张磊，郑铁然. 语音信号处理（第3版）[M]. 北京：清华大学出版社，2019.

[21] 刘鹏，王作英. 多模式语音端点检测 [J]. 清华大学学报，2005，45（7）：896-899.

[22] 吕坤儒，吴春国，梁艳春，袁宇平，任智敏，周柚，时小虎. 融合语言模型的端到端中文语音识别算法 [J]. 电子学报，2021，49（11）：2177-2185.

[23] 梅俊杰. 基于卷积神经网络的语音识别研究 [D]. 北京交通大学, 2017.

[24] 孙颖，姚慧，张雪英. 基于混沌特性的情感语音特征提取 [J]. 天津大学学报（自然科学与工程技术版），2015，48（8）：681-685.

[25] 张仕良，基于深度神经网络的语音识别模型研究 [D]. 中国科学技术大学，2017.

[26] 张晓旭，马志强，刘志强，朱方圆，王春喻. Transformer 在语音识别任务中的研究现状与展望 [J]. 计算机科学与探索，2021，15（09）：1578-1594.

[27] 张子枫，基于端到端的普通话识别应用研究 [D]. 山东建筑大学，2023.

[28] 赵力，语音信号处理 [M]. 北京：机械工业出版社，2009.

[29] 赵力. 语音信号处理（第 3 版）[M]. 北京：机械工业出版社，2017.

[30] 周毅. 中文语音合成系统选音方法研究 [D]. 上海交通大学，2004.

[31] 朱张莉，饶元，吴渊，祁江楠，张钰. 注意力机制在深度学习中的研究进展 [J]. 中文信息学报，2019，33（06）：1-11.

第七章　让机器理解和生成文本

本章提要

　　文本是网络时代最常见的语言表现形式，其中蕴含着各类有用的信息。让计算机理解文本就是采用自然语言处理技术对人类的电子文档进行各种类型的处理和加工，准确高效地组织、提取目标信息。文本自动生成就是利用自然语言处理技术以及机器学习算法来生成各种类型的文本，如会议记录、天气预报等。机器理解和生成文本都离不开自然语言处理技术。从获取文本数据，到理解文本语义，再到生成文本信息，最终应用到不同场景，是一个复杂的过程。本章首先介绍自然语言处理的基本过程及其主要任务，之后重点介绍命名实体识别、情感分析、文本分类、自动文摘和自动生成新闻五种文本处理任务的技术过程和应用领域及其发展前景。

7.1　自然语言处理

　　语言智能处理主要体现为自然语言处理（Natural Language Processing, NLP），是指利用计算机等工具分析和生成自然语言，从而让计算机"理解"和"运用"自然语言（包括文本、语音等），可以让人类通过自然语言的形式与计算机系统进行智能交互（黄河燕等，2020）。自然语言处理就是利用电子计算机为工具对人类特有的书面形式和口头形式的自然语言的信息进行各种类型处理和加工的技术（冯志伟，1997）。Manaris（1999）将自然语言处理定义为研究在人与人交际中以及在人与计算机交际中的语言问题的一门学科，并指出自然语言处理要研制表示语言能力（Linguistic Competence）和语言应用（Linguistic Performance）的模型，建立计算框架来实现这样的语言模型，提出相应的方法来不断地完善这样的语言模型，根据这样的语言模型设计各种实用系统，并探讨这些实用系统的评测技术。自然语言处理是涉及计算机科学、语言学、心理学、认知科学、数学、逻辑学等多学科的交叉学科，在语言学背景下，它被称为计算语言学。

自然语言处理经历了从理性主义到经验主义研究范式的转换。20世纪50年代，自然语言处理研究采用基于小规模专家知识的理性主义规则方法。到90年代，随着计算机运算和存储能力的快速提升，基于语料库的统计方法开始被广泛使用，进入浅层机器学习阶段。2010年之后，深度学习兴起，计算机不再依赖人工设计的特征。2019年以来，大规模预训练语言模型以其超大规模的数据使自然语言处理实现了一系列突破。机器学习理论和算法的蓬勃发展推动语言智能研究进入繁荣时期。

自然语言处理包括自然语言理解（Natural Language Understanding, NLU）和自然语言生成（Natural Language Generation, NLG）两个部分。语言智能的核心在于自然语言理解，其底层逻辑是语言的可计算性，即使用形式化的手段来表征语言材料（李佐文，梁国杰，2022）。自然语言理解的目的是让计算机通过各种分析和处理，理解人类的自然语言（包括其内在含义）。自然语言理解涉及语言形态学、语法学、语义学和语用学等领域。自然语言生成关注如何让计算机自动生成具有语法正确性和语义合理性的人类可以理解的自然语言形式或系统。随着深度学习的兴起，现代自然语言生成模型几乎都是基于深度神经网络的，特别是循环神经网络（RNN）和转换器"Transformer"模型使基于神经网络的自然语言生成模型得到了极大的繁荣和发展，并且应用在不同设定和任务中。设定指文本到文本（Text-to-Text）、数据到文本（Data-to-Text）、语义到文本（Meaning-to-Text）、图像视频到文本（Image/Video-to-Text）等；任务包括分词、标注、命名实体识别、句法分析、词义消歧、指代消解、语义角色标注、关系抽取、事件抽取、文本分类、文本聚类、情感分析、自动文摘、创作诗歌、生成代码注释、问答系统、机器翻译、自动生成新闻等。

7.2 自然语言处理的基本过程

如何让机器理解和生成自然语言？自然语言处理的过程可以分为数据获取、基础任务、应用任务和应用领域四个部分，涉及的任务众多，具体过程如图 7-1 所示。

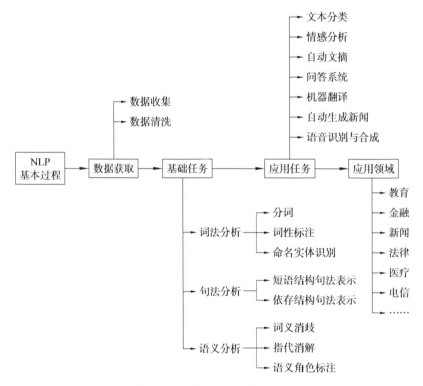

图 7-1 自然语言处理基本过程

7.2.1 数据获取

自然语言处理的过程始于对原始文本数据的获取，通过使用网络采集器、调用应用程序编程接口（Application Programming Interface, API）等方式从互联网、书籍、论文、词典、语料库等多种来源搜集文本。但是，原始文本数据往往包含大量的噪音和非结构化信息，因此在进入后续处理之前，必须要进行数据清洗和预处理，包括使用正则表达式或解析器去除超文本标记语言（Hypertext Markup Language, HTML）标签和非文本字符，删除或替换标点符号、换行符等字符以确保文本的一致性和可处理性，处理无效数据和缺失数据，进行拼写纠正等。高质量的数据可以确保最终的数据集能够满足模型训练和评估的需求，清洗和预处理后的数据为后续的分析和建模提供了可靠基础。

数据获取也存在一些挑战。首先，在获取数据的过程中，需要重视隐私和伦理问题，确保数据采集遵循相关法律、法规和伦理准则。其次，数据样本的偏差可能导致模型在真实场景中的表现不理想，研究者可以采用数据增强技术，增加样本的多样性。此外，NLP 任务中经常面临多语言和跨文化的情况，研究者应采用合适的数据采集策略，以确保模型在不同语境下的泛化能力。

数据获取是自然语言处理中至关重要的环节，它直接影响着模型的性能和应用效果。深入了解数据的来源、采集方法、预处理步骤以及面临的挑战和解决方案，有助于更好地应对 NLP 任务中的数据相关问题，推动这一领域的发展。

7.2.2　基础任务

基础任务包括词法分析、句法分析和语义分析三个层次。词法分析的第一步是分词，即将文本分割成单词或词组，形成计算机可理解的标记序列，并去除停用词以减少对分析的干扰。分词是许多自然语言处理任务的基础，因为后续的任务通常需要基于分词结果进行进一步处理。词性标注和命名实体识别分别帮助系统理解语法结构和识别文本中的关键实体。词性标注是为文本中的每个单词分配一个词性的过程，有助于后续任务识别单词在句子中的语法角色。命名实体识别是识别文本中具有特定意义的实体（如人名、地名、组织名等）的过程，在信息抽取、知识图谱构建等领域具有重要作用。

句法分析涉及识别句子的主语、谓语和宾语等成分，以及它们之间的关系，如主谓宾结构、修饰关系等，从而建立更深层次的文本理解，可以通过短语结构句法或依存结构句法表示。句法分析深入挖掘句子的结构，为计算机更全面地理解人类语言提供了基础。句法分析可以为机器翻译提供更准确的对应关系，改善翻译质量。在信息检索和文本摘要中，句法结构有助于抽取关键信息和概括文本内容。

语义分析是自然语言处理的最高层次，它使计算机能够理解句子中词语的真正含义，并能够进行推理和分析，还可以理解句子中的比喻和隐喻。语义分析涉及词义消歧、指代消解和语义角色标注等任务。词义消歧解决了一个词在不同上下文中可能有不同含义的问题，而系统需要确定在特定上下文中该词所代表的确切含义，这对于正确理解和处理自然语言文本非常关键，尤其是在语义分析和其他高级自然语言处理任务中。指代消解即确定文本中的代词所指代的具体实体，是理解文本中语言成分之间关系的一个关键方面，有助于提高文本的连贯性和完整性。语义角色标注旨在为句子中的每个词语标注其在谓词–论元结构中所扮演的语义角色，即对谓词（通常是动词）及其周围的论元进行标注，以表示它们在句子中的语义功能和关系，如"谁是施事者""谁是受事者"等。

7.2.3　应用任务

应用任务通常可以作为产品供终端用户使用，比如：文本分类、情感分析、自动文摘、问答系统、机器翻译、自动生成新闻、语音识别与合成等。

文本分类是将文本分配到不同的类别或标签中，通常涉及将文档、评论或文章归类为特定主题或类别，如垃圾邮件过滤，即将电子邮件分为垃圾和非垃圾邮件。情感分析旨在确定文本中表达的情感倾向，可分为正面、负面或中性，也可分为多种具体类别，该任务可用于分析用户评论、社交媒体帖子等。自动文摘涉及从长篇文本中提取关键信息，生成简短的摘要，使用户能够更快速地了解文本的主要内容，如从新闻文章中自动生成简明扼要的摘要。问答系统可以回答用户提出的问题，通常通过从预先构建的知识库中提取信息或理解问题并生成回答，如智能助手或搜索引擎中的问答功能。机器翻译把文本从一种语言自动翻译成另一种语言，涉及词汇映射、语法转换和句子生成等任务，它要求系统不仅考虑语法规则，还需理解文本的语义信息，并将其翻译成其他语言。自动生成新闻指利用自然语言处理技术从数据源中提取信息，并自动创建新闻报道或文章的过程。最早的自动生成新闻来自财经领域，计算机从公司报告中提取数据，自动生成财经新闻报道。语音识别涉及将口头语言转换为文本，而语音合成则是将文本转换为口头语言，如语音助手如 Siri 或 Google Assistant，能够识别和生成自然语言的语音。

7.2.4　应用领域

自然语言处理技术在某个领域的综合运用也被称为 NLP+，即自然语言处理技术加上特定的应用领域（车万翔等，2021：5）。目前，NLP技术已经被越来越广泛地应用于教育、金融、新闻、法律、医疗、电信等领域。

在教育领域，自然语言处理技术与其他技术和方法结合，可以推动教育创新和个性化学习，有助于创造更灵活、个性化和智能的学习环境，如智慧教学助手、自动评估和反馈、基于学科知识图谱的个性化学习智能推荐系统等。在金融领域，自然语言处理技术可以应用于智能客服、虚拟助手、舆情监控、智能交易、合规检测和反欺诈等方面，有助于加强金融行业的信息处理和决策能力，提高客户服务水平，同时对风险管理、合规监测等方面也起到积极作用。在新闻领域，自然语言处理技术有助于提升新闻产业的信息处理、分析和传播效率，如实时新闻监测、虚假新闻检测、舆情分析、自动化新闻写作、建立新闻事件关系图谱、通过主题建模进行新闻趋势分析等。在法律领域，自然语言处理技术已经广泛应用于案由智能分类、法律文件自动化分析、合同智能化自动生成、司法智库构建、法律文书生成、法律搜索引擎优化、法律问题回答系统等方面，有助于提高法律专业人士的工作效率，加强法律信息的利用和分析能力，同时为普通用户提供更便捷的法律服务。在医疗领域，自然语言处理技术能很好地辅助医务工作者记录和提取关键诊疗数据，辅助医生进行诊断和制定个性化诊疗方案，以及监测疾病流行等。在电信领域，自然语言处理技术可以辅助进行故障诊断、网络管理、产品推荐、语音指令执行、网络安全监测和营销文案生成等，对于处理大量的通信数据、改善客户关系、提升运营效率都具有重要作用。可以确定的是，自然语言处理技术必将应用到更加广泛的领域中。

7.3 文本处理的主要任务

自然语言处理的任务涵盖广泛，旨在使计算机能够更智能地处理和生成自然语言，从而推动各种应用领域发展。命名实体识别（Named Entity Recognition, NER）、情感分析（Sentiment Analysis）、文本分类（Text Categorization / Text Classification）、自动文摘（Automatic Text Summarization）和自动生成新闻（Automated News Generation）是文本处理的五个关键任务，本节将对它们逐一进行重点介绍。

7.3.1 命名实体识别

信息抽取（Information Extraction, IE）研究如何从自由文本的语料库中自动地识别特定的实体（Entities）、关系（Relation）和事件（Events）的方法和技术（冯志伟，2012：696）。信息抽取已经逐步发展为自然语言处理领域的一个重要分支，其核心任务包括命名实体识别、共指消解、关系抽取、事件抽取等，大多数信息抽取的首要任务是命名实体识别。

命名实体识别指计算机识别出自然语言文本中的专有名称和有意义的数量短语，并将它们归纳到相应的实体类型中。命名实体识别于1996年在第六届消息理解会议（Message Understanding Conference, MUC）上作为一个评测任务被提出，但第六届消息理解会议（MUC-6）和第七届消息理解会议（MUC-7）并未对什么是命名实体进行深入的讨论和定义，只是说明了需要标注的实体是"实体的唯一标识符（Unique Identifiers of Entities）"，规定了命名实体识别评测需要识别的三大类实体，包括实体、时间表达式和数字表达式，并将它们进一步划分为七小类，详见图7-2。

实体还可以根据类型被分为两大类：一是通用命名实体识别（Generic NER），如识别人物、地点等实体，二是领域专有命名实体识别（Domain-Specified NER），如蛋白质、维生素、DNA等实体的识别。此外，从实体类别数量角度出发，命名实体识别任务亦可以划分为粗粒度命名实体识别（Coarse-Grained NER）和细粒度命名实体识别（Fine-Grained NER）两类。

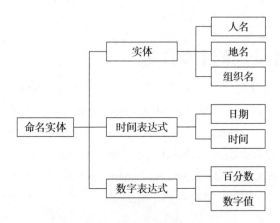

图 7-2　命名实体的主要类型

　　命名实体中的人名、地名、组织名具有开放性、发展性和构词方式随意性的特点，所以其识别可能有较多的错选或漏选，而时间表达式和数据表达式的识别相对简单（张晓燕等，2005）。一般的命名实体识别系统主要关注人名、地名和组织名的识别。表 7-1 列出了典型的命名实体识别类别及其对应的实体的类别，表 7-2 列出了命名实体识别类别和示例。

表 7-1　一般命名实体类别及其对应实体类别
（ Jurafsky, D. & Martin, J. H.，2018：594 ）

类别	标签	对应实体类别
People	PER	individuals, fictional characters, small groups
Organization	ORG	companies, agencies, political parties, religious groups, sports teams
Location	LOC	physical extents, mountains, lakes, seas
Geo-Political Entity	GPE	countries, states, provinces, counties
Facility	FAC	bridges, buildings, airports
Vehicles	VEH	planes, trains and automobiles

表 7-2　命名实体类别及示例（Jurafsky, D. & Martin, J. H.，2018：594）

类别	例子
People	*Turing* is often considered to be the father of modern computer science.
Organization	The *IPCC* said it is likely that future tropical cyclones will become more intense.
Location	The *Mt. Sanitas* loop hike begins at the base of *Sunshine Canyon*.
Geo-Political Entity	*Palo Alto* is looking at raising the fees for parking in the University Avenue district.
Facility	Drivers were advised to consider either the *Tappan Zee Bridge* or the *Lincoln Tunnel*.
Vehicles	The updated *Mini Cooper* retains its charm and agility.

BIO 标注法是命名实体识别常用的标注方法之一，B（Begin）表示一个实体的开始位置，I（Inside）表示内部，O（Outside）表示外部。图 7-3 是一个示例：

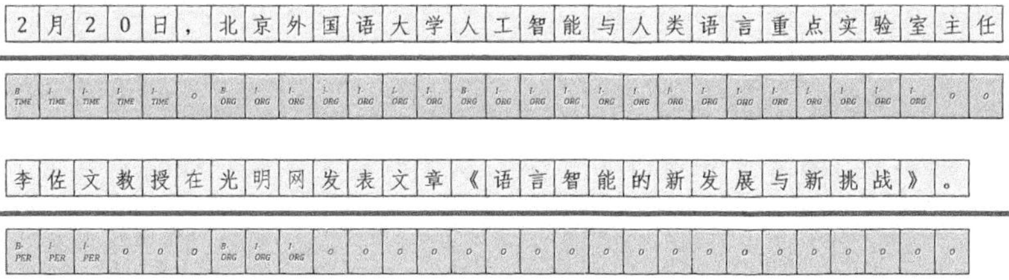

图 7-3　BIO 命名实体标注法示例

BIOES 标注法是另一种常用的命名实体标注方法，它是在 BIO 方法上扩展出的一个更复杂、但更加完备的标注方法。其中 E（End）表示实体的结束位置，S（Single）表示这个词本身就可以组成一个实体。图 7-4 是一个示例：

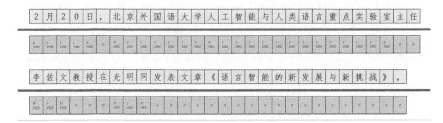

图 7-4　BIOES 命名实体标注法示例

　　命名实体识别的工具非常多，本部分介绍其中三个。Stanford NER 是由斯坦福大学基于条件随机场的命名实体识别系统开发的，该系统参数是基于机器学习自然语言研讨会（CoNLL）、MUC-6、MUC-7 和自动内容提取会议（Automatic Content Extraction, ACE）命名实体语料训练获得。Stanford NER 的下载网址为 https://nlp.stanford.edu/software/CRF-NER.shtml，Python 实现的 Github 地址为 https://github.com/Lynten/stanford-corenlp。MALLET 是麻省大学开发的一个统计自然语言处理的开源包，其序列标注工具的应用能够实现命名实体识别，官方地址为 http://mallet.cs.umass.edu/。HanLP 是一系列模型与算法组成的 NLP 工具包，由大快搜索主导且完全开源，目标是普及自然语言处理在生产环境中的应用，支持命名实体识别。Github 的下载网址为 http://hanlp.linrunsoft.com/，Python 实现的 Github 地址为 https://github.com/hankcs/pyhanlp。

　　命名实体识别的技术不断发展，从早期基于词典和规则的方法，到传统机器学习的方法，再到基于深度学习的方法，现在最受关注的是基于注意力机制的研究方法。早期的 NER 多采用基于规则的方法，规则需依靠有经验的语言学家手工构造。规则的设计基于句法、语法、词汇的模式以及特定领域的知识，大多依赖知识库和词典。词典是由特征词构成的词典和外部词典共同组成，外部词典指已有的常识词典。这一时期有代表性的系统有 ANNIE 系统和 FACILE 系统。当规则可以精确反映命名实体特征时，基于规则的方法性能是不错的，但其鲁棒性和可移植性弱，且耗时耗力。基于统计的方法利用人工标注的语料进行训练，不需要广泛的语言学知识，相对比较容易实现。基于统计的方法主要基于 N 元模型（*N*-Gram Model）、隐马尔可夫模型、最大熵模型（ME Model）、决策树（Decision Tree）、支持向量机（Support Vector Machine）、条件随机场（Conditional Random Fields）等等，一般化和迁移性较强，但是对语料库的依赖较大。近年来，基于神经网络的深度学习飞速发展，性能优越。深度学习强调从数据中自动提取不同抽象层次的特征并进行非线性变换，更符合人类的分层认知过程，循环神经网络（RNN）、卷积神经网络（Convolutional Neural Networks, CNN）、图神经网络（Graph Neural Network, GNN）等结构被应用于命名实体识别，有效推动了 NER 技术的进步（潘俊等，2023）。基于深度学习的命名实体识别研究主要集中在词语和句子级别的表示强化以及针对少量标注训练数据进行学习两个方面（孙茂松等，2019：40）。

命名实体识别初期研究主要以英文为主，之后开始出现对欧洲和少数亚洲语言的研究。命名实体识别是自然语言处理的关键技术，是信息抽取、信息检索、关系识别、句法分析、文摘生成、机器翻译、自动问答等技术的重要基础。命名实体识别在英语中已经取得了很好的研究成果，然而汉语的命名实体识别研究还处在发展阶段。20 世纪 90 年代初开始，国内一些学者开始研究中文命名实体识别。对中文命名实体识别而言，传统研究方法使用较少，主要围绕深度学习技术展开（祁鹏年，2023）。

命名实体识别未来的研究重点包括迁移学习、对抗学习、注意力机制、多类别实体、嵌套实体等。命名实体识别目前的挑战主要来自以下三个方面。数据标注：在基于监督的 NER 系统中，标注任务依赖领域知识，标注规范不统一，费时费力。非结构化文本：社交媒体帖子、博客、评论、推文等非结构化文本长短不一，结构复杂，很难处理。未登录词：在非正式文本（如评论、论坛发言等）中以前未出现过的实体的标注与识别也非常具有挑战性。

7.3.2　情感分析

在互联网高速发展的今天，网络上产生了大量的用户生成内容（User Generated Content, UGC），其中很多内容包含个人情感，如评论文本中有用户对某款笔记本电脑的价格、功能、外观等带有明显个人情感的观点，再如观众对于某部电影的情节、演员、服装、音乐、特效等主观的感受，以及人们在微博中对某些热点事件发表个人看法，等等。对这些情感的精准分析有助于了解大众对于某款产品的喜好，及时掌握舆情发展。

情感分析，也叫做观点挖掘（Opinion Mining），是从自然话语中提取观点和情感信息的研究领域，已经成为自然语言处理领域最活跃的研究问题之一（李佐文，2023：13）。情感分析还被称为意见抽取（Opinion Extraction）、情感挖掘（Sentiment Mining）、主观分析（Subjectivity Analysis）等，它是对带有情感色彩的主观性文本进行分析、处理、归纳和推理的过程（奚雪峰，周国栋，2016）。

情感分析是一个相对比较抽象的表述，具体而言，它既包括人自身的情绪，美国心理学家 Paul Ekman et al.（1987）给出了最广为认可的六类基本情感，即愤怒、厌恶、恐惧、喜悦、悲伤、惊奇；也包括人对外界事物的观点、态度或者倾向性，如褒、贬等。根据其分析文本的颗粒度大小，情感分析任务可以分为词/短语级、句子级和篇章级，但无论是哪一级的情感分析，在实际研究中主要是基于情感词的识别。

情感分析包括两个子任务：情感分类和情感信息抽取。前者指识别文本中蕴含的情感类型或者情感强度，后者为抽取文本中的情感因素，如评价对象、评价词和评价搭配。下面以一条电影观众评论为例说明进行情感分析的两个子任务。

电影观众评价示例："这部科幻片的剧情吸引人，特效很震撼，演员还不错。"

情感分析结果如表 7-3 所示。

表 7-3 情感分析结果

情感分析子任务	分析结果
情感分类	褒义
情感信息抽取	评价词：吸引人；很震撼；还不错
	评价对象：剧情；特效；演员
	评价搭配：剧情◀▶吸引人；特效◀▶很震撼；演员◀▶还不错

　　情感分类方法主要分为基于情感词典的情感分析方法、基于机器学习的情感分析方法和基于深度学习的情感分析方法。基于情感词典的文本情感分类方法是一种机械化的基于分类规则的方法，分类效果依赖于分类规则的制定以及情感词典内容的丰富性（李佐文，2023：134）。基于情感词典的文本情感分类方法主要是依据构建好的情感词典，对文本中出现的情感词汇进行匹配，查询词典得到结果后，再根据规则进行组合分析，最终判断文本的情感倾向或态度。具体包括以下四个步骤，如图 7-5 所示。

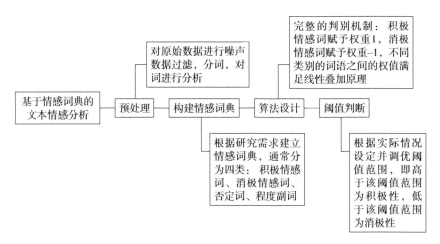

图 7-5　基于情感词典的文本情感分类过程

　　构建情感词典和制定规则是基于情感词典和规则的文本情感分类方法的关键。以人工方式构建情感词典费时费力，所以很多研究致力于情感词典的自动构建技术。目前常用的英文情感词典有 WordNe、General Inquirer 等；常用的中文情感词典有 HowNet、台湾大学简体中文情感词典（NTUSD）等。但是，在互联网时代，新兴词汇骤增，这给情感词典的维护带来了巨大挑战。

　　基于机器学习的文本情感分析可以更好地解决场景复杂的问题，分类算法分为有监督和无监督两种。有监督机器学习需要预先对文本的倾向性进行标注，分类效果较好。有监督机器学习首先从训练数据中抽取有用的文本特征，然后利用文本特征和情感标注信息训练机器学习分类器，最后在测试数据中抽取同样的特征并输入到训练好的分类器中，对测试文本的情感类别进行预测。一些常用的文本特征包括词性、情感词、情感组合特征、情感翻转特征、unigrams（一元语法）、bigrams（二元语法）、互信息、信息熵、TF-IDF（Term Frequency-Inverse Document Trequency，词频–逆向文件频率）、卡方统计等。一些常用的机器学习分类器有朴素贝叶斯（Naïve-Bayes）、条件随机场（Conditional Random Fields, CRF）、隐马尔可夫模型（Hidden Markov Model, HMM）、高斯混合模型（Gaussian Mixture Model, GMM）、支持向量机（Support Vector Machine, SVM）等。有监督机器学习具体包括以下四个步骤，如图7-6所示。

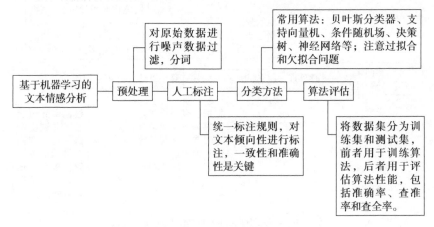

图7-6　基于机器学习的文本情感分类过程

无监督机器学习方法主要包括基于主题模型、概率图模型、集成学习等，不需要对数据进行标注，但是分类效果准确率低于有监督机器学习方法。有研究者（Dasgupta Sajib et al., 2009）采用一种整合谱聚类、主动学习、迁移学习、集成学习的半监督情感分类方法来应对标注数据过少的问题，实验表明，所采用的融合多种机器学习方法的集成学习性能最好，超过任一单个方法的性能。传统的机器学习方法，虽然特征是最为重要的因素，但是特征并不能概括语料中的所有信息，尤其是结构上的上下文信息。

深度学习具有强大的特征表示能力和突出的模型表现能力，目前的大多相关情感分析研究都采用基于深度学习的方法。深度学习方法一般采用向量形式表示文本，并将数据输入到深度神经网络模型中，对模型进行多次迭代训练。因此，获取适合神经网络输入的文本表示是将深度学习引入文本处理分析的关键前提。基于深度学习的文本情感分析模型主要包括卷积神经网络（CNN）、循环神经网络（RNN）、注意力机制（Attention Mechanism）和动态记忆网络（Dynamic Memory Network, DMN）等。此外，一些基于深度学习的半监督、弱监督文本情感分析研究，如基于对抗训练和虚拟对抗训练生成模型的相关研究，在公开数据集及特定问题中也获得了较好的效果。

情感分析可以被广泛运用在产品评论分析、舆情分析等场景，体现了自然语言处理研究在垂直领域的应用落地，为实现计算机系统的"情感智能"打下了坚实的理论和技术基础。此外，情感分析在社会学、管理学、经济学、教育学等很多领域也有重要的研究意义和应用前景。

自然语言情感分析也面临着一些挑战。亟需解决的一个问题是情感分析领域数据匮乏，缺少大规模标注数据库，尤其是细粒度标注的数据库，这是目前情感分析最大的挑战。另外，鉴于情感分类对领域、语言、数据库等有很强的依赖性，建立跨领域、跨语种、跨数据集的通用情感分析模型是未来的重点研究方向之一，具有很强的挑战性。

7.3.3 文本分类

随着现代科技和互联网的发展，各种以书籍、文献、网络信息等以文字为载体的信息爆炸式增长，在海量文本中快速、准确、全面地找到所需信息越来越困难。文本自动分类是有效地处理、组织、区分信息的关键技术，可以较好地解决信息的无序问题。文本分类已经成为自然语言处理中最常见的基础任务之一。

文本分类系统就是按照文本的主题以及事先制定的类别系统将具体文本划归适当类别的计算机系统，完成自动分类任务的计算机程序有时也称作分类器（俞士汶，2003：324）。分类器利用得到的词语频率和系统的分布以及所有的特征集，对文本分类的结果精确度最高可达99.6%（李佐文，2023：141）。文本分类涉及的范围十分广泛，不仅包括学术文献的分类任务，如文献结构分类、引文情感分类、引文意图分类等，也包含社交媒体信息分类、突发事件的识别与分类、政策文本分类等（姚汝婧，王芳，2023）。根据文本长度，可以分为文档级、句子级、短语搭配级；根据标签类别个数，可以分为二分类、多分类；根据应用领域，可以分为话题分类、情感分类、意图分类、关系分类等。文本分类的应用场景很多，如垃圾邮件过滤（将电子邮件分为垃圾和非垃圾两类）、新闻主题分类（将新闻分为政治、经济、娱乐、体育、医药等类别）等。文本情感分类任务是典型的文本分类问题，类别可以是两类（褒和贬），也可以是多类（愤怒、厌恶、恐惧、喜悦、悲伤、惊奇等）。

文本分类任务从早期专家系统分类，过渡到基于统计学习的大规模文本分类，再到基于神经网络模型的分类。传统文本分类算法一般基于向量空间模型（Vector Space Model, VSM），通过特征词及权值构成的向量表示文本数据。文本分类任务首先使用文本表示技术把输入的文本转化为特征向量，然后使用分类器（机器学习模型）将输入的特征向量映射为一个具体的类别。这类有监督学习的分类任务需要大量已标注数据保证学习的准确性。文本数据表示对于文本分析尤为重要，数据表示质量直接影响分析结果，数据集的构建对于文本分类至关重要。但是向量空间模型得到的特征向量维数过高，这会影响文本分析效果，并需要大量机器学习的时间以及人工标注的数据。WordNet 和《医学主题词表》（Medical Subject Headings, MeSH）的引入，降低了特征维数，实现了文本特征提取。之后，概率主题模型被成功运用到文本分类中，如潜在语义索引（Latent Semantic Indexing, LSI）、概率潜在语义索引（Probabilistic Latent Semantic Indexing, PLSI）和潜在狄利克雷分配（Latent Dirichlet Allocation, LDA）。深度学习算法有良好的特征表示能力，当前的文本分类主要是以深度学习为基础，有代表性的模型与方法包括：神经词袋模型（Bag-of-Words）、序列模型、结构模型、考虑语言学知识的分类模型和基于多任务学习的文本分类模型（黄河燕，2019）。神经词袋模型把文本看作一个关于词或短语的集合，不考虑词序，认为词语之间是完全独立的，如经典朴素贝叶斯模型。序列模型把文本看作一个从前往后的词序列，单词之间有前后顺序的依赖关系，如卷积网络模型（CNN）和循环神经网络模型（RNN）。结构模型考虑到自然语言具有一定语法、句法、语义结构，是由短的片段合成长的语义单元，一般给予一个事先得到或自动学习的结构，形成一种结构化的表示，并基于此表示进行分类，如递归自编码器（Recursive Autoencoder）和树结构长短期记忆网络（Long Short-Term Memory, LSTM）。语言学知识（词性、语法树、否定词 / 增强词表等）在文本分类任务中对句子表示的合成起到一定指导性作用，因此可以将相关语言学知识引入到文本分类模型当中，如 LSTM 模型（将情感词信息引入神经网络中）和递归神经网络（Recursive Neural Network）模型（结合词性表示）。多任务学习指多个任务一起学习，充分挖掘多个任务之间的相关性，从而提高单个任务的模型准确率，同时可以减少每个任务对训练量的需求。基于多任务学习的文本分类在实际应用中可以降低对训练数据需求，提升模型泛化能力。然而有监督的深度学习算法的训练也依赖于训练数据，训练样本集的质量对能否有效训练深度学习算法几乎起着决定性作用。但由于标注经验、主观性、一致性、责任心等因素的影响，人工标注的数据集不可避免地存在着噪声。近几年出现的基于生成式模型（如 GPT）进行的无监督文本分类不需要标注数据，避免了标注数据所带来的噪声和复杂性。

文本分类在文本识别、搜索引擎、信息过滤、电子政务、数字图书馆等方面有广泛深入的应用。目前多标签文本分类已被广泛应用于标签推荐、信息检索和情感分析等任务。无监督文本分类可以应用到多个场景，如对电商网站的用户行为进行分类，将用户分为不同的类别（购买商品、收藏商品、评论商品等）。

多标签文本分类受到越来越多的关注，基于多任务学习的文本分类相关研究相对较少，是未来文本分类研究的一个重要方向。文本分类未来的研究重点包括改进模型、处理长文本、处理跨语言文本和处理情感文本。此外，文本分类研究也面临一些挑战，如为模型添加可解释性、提升各分类算法及相关技术测评的统一性。

7.3.4　自动文摘

信息时代带来文献的指数级增长，传统的手工处理文献的速度已经远远不能满足需要，学术界尝试使用计算机技术对文献进行自动处理，自动文摘就是其中的一个重要任务。在 H. P. Luhn（1958）进行的探索性研究中，一篇机器可读形式的文章的完整文本由 IBM 704 数据处理机扫描，并根据标准程序进行分析。机器使用从单词频率和分布中获得的统计信息分别计算单词和句子的相对重要性，计算得出的最重要的句子被提取并打印出来，成为"自动摘要"。这是第一篇有关自动文摘的论文，标志着自动文摘领域研究的开端。

随着互联网和社交媒体的发展与普及，网络上各种类型文本数据激增，人类社会已经进入信息爆炸时代，信息过载成为人们精准获取信息的一个障碍。人们可以从各大搜索引擎和推荐系统中获得海量相关文档，但是不可能有足够的时间通过完整阅读来进行信息筛选。在大数据时代，自动文摘技术是应对这一问题的利器。

自动文摘就是利用计算机自动地从原始文本中提取全面准确反映该文档中心内容的、简单连贯的短文（李佐文，2023：12）。自动文摘的目的是从原始文本中提取出最具代表性和信息价值的部分，提供简明扼要的文字描述，使读者能够在短时间内了解文本的核心内容。自动文摘根据不同的标准有多种分类方法，具体见表 7-4。

表 7-4　自动文摘分类情况

自动文摘分类标准	自动摘要类别
实现方式	抽取式自动摘要、生成式自动摘要
处理的文本数量	单文档自动摘要、多文档自动摘要
是否提供语境	一般性自动摘要、针对主题 / 用户的自动摘要
应用场景	传记摘要、观点摘要、对话摘要

实现方式是自动文摘系统的一个关键架构维度。抽取式摘要（Extractive Summarization）本质上是摘抄（Extract），采用不同方法对文档结构单元（句子、段落等）进行评价，并赋予相应权重，最后选择最重要的结构单元连接成摘要。抽取式摘要以文档中的句子作为单位进行评估与选取，通常遵循以下技术框架：内容表示→权重计算→内容选择→信息排序→句子实现。这种方法具有较强的实用性和可读性。生成式摘要（Abstractive Summarization）使用自然语言理解技术对文本进行语

法分析、语义分析、信息融合和摘要生成，其更接近人类语言表达，是真正意义上的摘要（Abstract）。

早期的自动文摘研究关注词频、位置特征等表层特征。基于机器学习的自动文摘就是利用机器学习算法，依据给定的特征集，自动地从语料库中训练出模型，进而得到文摘（曹洋等，2014）。自动文摘主要使用朴素贝叶斯（Naive Bayes, NB）、隐马尔可夫（Hidden Markov Model, HMM）、条件随机场模型（Conditional Random Fields, CRF）等机器学习算法。近年来，自动文摘相关研究开始产生神经网络为基础架构的模型。早期研究使用神经网络模块代替经典抽取式文摘框架中的一个或多个函数组件，后来采用卷积神经网络（CNN）实现语句排序，近期开始有研究者尝试基于循环神经网络（RNN）和注意力机制的编码器-解码器架构实现生成式文摘的模型，取得了一定的进展，但存在连续重复生成词汇或冗余信息的现象。

自动文摘广泛应用于对新闻报道的提要（Headlines）、搜索引擎结果网页的摘录（Snippets）、文献摘要（Abstracts）、文档大纲（Outlines）、电子邮件往来摘要（Summaries）等场景。在新闻报道领域，自动文摘技术可以帮助编辑快速生成精炼的新闻摘要，方便读者迅速了解新闻要点，这显著提升了新闻媒体的时效性。自动文摘技术在搜索引擎中的应用主要体现在通过对搜索结果中网页内容的深度理解，系统可以选取包含关键信息的句子或段落，并生成具有代表性的描述性文本，再生成更精准、更有信息量的摘录，从而使用户更快地了解页面的核心内容，提高搜索效果的准确性。在学术领域，大量的文献使得研究者们难以快速找到所需信息，自动文摘技术可以帮助研究者迅速获取学术文献的核心观点、创新点，加速研究过程。在文档大纲生成场景，自动文摘技术通过分析文档内容，自动提取出关键主题、章节和段落，然后组织成一个层次清晰的大纲，使用户可以通过大纲快速导航，了解文档的整体结构和重要内容，从而更高效地获取其需要的信息。自动文摘技术还可以深入分析电子邮件内容，提取关键句子、段落或附件，并生成简洁而具有代表性的摘要，使用户可以在快速浏览摘要时了解邮件的主题和重要内容，从而更有效地处理往来邮件，节省时间和精力。

自动文摘历经 60 余年发展，取得了明显进展，但是仍面临信息表示困难、数据匮乏和评价方式困难等方面的挑战。首先，目前的自动文摘主要依赖表层文本特征，如词频、词序，但鲜有涉及内容的理解和分析，因此输出的结果与读者的兴趣点一致性不理想。其次，自动文摘资源偏少，体裁也比较单一，英文和中文的评测数据集规模普遍较小，不仅影响评测结果的准确性，也制约了自动文摘技术的发展，大规模数据获取是自动文摘要解决的基础性问题。此外，文摘的人工质量评估虽然效果好，但耗时耗力，而自动评价存在明显的局限性，制定高质量自动评价标准是自动文摘技术发展的关键。

7.3.5　自动生成新闻

人工智能写作在 2014 到 2016 年集中爆发，三年间，全球有超过 30 款的写作机器人在媒体曝光，其在新闻写作和文学写作领域速度惊人，且产量可观（黄国春，2019）。自动生成新闻系统通过将数据导入模板自动生成模式新闻稿，在数据条件满足的情况下，自动生成新闻报道，具有很强的时效性和高效性。自动生成新闻系统框架主要有两类：测定自动生成类和数据自动生成类，后者的生成模式要比前者复杂一些。

7.3.5.1　测定自动生成类自动新闻写作

测定自动生成类自动新闻写作的基本原理是在新闻模板中进行数据填空。从编程角度看就是常量加变量的字符串组合，模板是常量，数据是变量，编程和算法都相对比较简单。

Quakebot 是《洛杉矶时报》的记者和程序员肯·施文克（Ken Schwencke）开发的一个计算机算法系统，当有来自美国地质调查局（USGS）的地震警报，Quakebot 就会从 USGS 的报告中提取相关数据，并将其插入一个预先写好的模板。然后，这篇自动生成的文稿会进入《洛杉矶时报》的内容管理系统，等待人力编辑的审查和发布。2014 年 3 月，洛杉矶时报使用 Quakebot 在洛杉矶地震发生三分钟后就发布了报道消息，下面是报道原文：

A shallow magnitude 4.7 earthquake was reported Monday morning five miles from Westwood, California, according to the U.S. Geological

Survey. The temblor occurred at 6:25 a.m. Pacific time at a depth of 5.0 miles.

According to the USGS, the epicenter was six miles from Beverly Hills, California, seven miles from Universal City, California, seven miles from Santa Monica, California and 348 miles from Sacramento, California. In the past ten days, there have been no earthquakes magnitude 3.0 and greater centered nearby.

中国地震台网在 2017 年 8 月 8 日 21 时 40 分，根据测定结果自动发布了一篇名为《四川阿坝州九寨沟县发生 7.0 级地震》的短消息，其内容完整、语法准确、文体规范、发布及时，原文如下：

据中国地震台网测定：8 月 8 日 21 时 19 分，在四川阿坝州九寨沟县发生 7.0 级地震。震源深度 20 千米，震中位于北纬 33.20 度，东经 103.82 度。上述内容由本站机器自行编写，编写耗时 25s。

测定自动生成类自动新闻写作已被广泛应用于天气预报、地震报道、交通监管、体育比赛等报道。随着人脸识别、语音识别、图文识别、行为识别和环境识别等技术的日益成熟，测定自动生成报道的应用范围不断拓宽。

7.3.5.2　数据自动生成类自动新闻写作

数据自动生成类自动新闻写作是指从管理系统获取数据，将数据处理后自动生成文本的系统。智能系统提取数据后，首先对数据进行分类、汇总和排序，并计算出精确结果，然后对数据结果进行对比分析，找出新闻点，最后通过判断数据态势来选择模板。自动新闻写作也被称为机器人新闻写作。自动新闻写作最早诞生于美国，是指利用自然语言处理、大数据分析、算法模型等技术实现新闻的采集、生产与分发全过程自动化的智能写作模式（袁媛，刘明，2023）。

经济、金融方面的新闻大多是通过数字表达事实，易于进行程序化处理，因此"写稿机器人"最初主要被用来撰写财经新闻，帮助记者完成繁杂的数据处理工作。2014 年 7 月，美联社正式使用由人工智能公司与美联社合作开发的写稿软件 Wordsmith 平台，撰写财经报道。该平台可以自动编写企业财报新闻，提取企业财务报告的数据，套用美联社预定的新闻模板，并自动生成一篇150—300单词的新闻快讯。《华尔街邮报》采用人工智能写稿机器人Heliograf生成简单的信息报道并发布在推特上，内容也多以财经新闻为主。

2015年9月，腾讯人工智能Dreamwriter创作的题为《8月CPI同比上涨2.0% 创12个月新高》的报道发表于腾讯财经，这是中国国内首次出现由机器人撰写的新闻稿件，引发了社会各界的关注。稿件分为两部分，第一部分是数据本身，第二部分是各界人士对数据的分析解读。文末还明确写明"本文来源：Dreamwriter，腾讯财经开发的自动化新闻写作机器人，根据算法在第一时间自动生成稿件，瞬时输出分析和研判，一分钟内将重要资讯和解读送达用户"。该报道的部分原文如下：

> 国家统计局周四公布数据显示，8月CPI同比上涨2.0%，涨幅比7月的1.6%略有扩大，但高于预期值1.9%，并创12个月新高。
>
> 国家统计局城市司高级统计师余秋梅认为，从环比看，8月份猪肉、鲜菜和蛋等食品价格大幅上涨，是CPI环比涨幅较高的主要原因。8月份猪肉价格连续第四个月恢复性上涨，环比涨幅为7.7%，影响CPI上涨0.25个百分点。部分地区高温、暴雨天气交替，影响了鲜菜的生产和运输，鲜菜价格环比上涨6.8%，影响CPI上涨0.21个百分点。蛋价环比上涨10.2%，影响CPI上涨0.08个百分点，但8月价格仍低于去年同期。猪肉、鲜菜和蛋三项合计影响CPI环比上涨0.54个百分点，超过8月CPI环比总涨幅。
>
> 8月份，全国居民消费价格总水平环比上涨0.5%。银河证券的分析报告认为，预计到年末生猪价格将超过上一轮"猪周期"价格高点，如果猪肉价格集中在四季度上涨，并且重合蔬菜上涨周期，那么四季度单月，尤其是12月份CPI同比涨幅超过2%的可能性较大。
>
> 交通银行金融研究中心预计，未来CPI仍有缓慢上行的可能，部分月份同比涨幅可能高于2%，但全年CPI涨幅将低于3%的政策目标值。

这条新闻一时间引发了自动化新闻写作机器人是否会代替记者的热烈讨论。之后新闻写作机器人被广泛使用，但是机器人并不能取代记者，相反，它们可以使记者有更多时间和精力对事件大局进行批判思考，撰写更有深度的文章。

数据自动生成类系统生成财经类报道速度快、数量大、更客观，数据越复杂优势明显，无须人工干扰，但对数据不完整、不可靠和超范围的项目无能为力，且生成的内容缺乏情感和人文气息。

7.3.5.3　自动新闻写作的潜在问题

自动生成新闻系统是程序员用算法编码的自动文本生成系统，虽然可以重复循环，重构组合，但受到数据和算法的局限很大。因此，"写稿机器人"写出的新闻不仅体裁和领域受到限制，内容也不够深入，缺乏亮点，甚至有时还会出现事实性错误。

在机器人新闻写作的信息采集过程中，可能会在未经允许的情况下使用公民存储在互联网上涉及隐私的数据，从而导致公民的隐私权被侵犯。另一方面，机器人新闻的著作权成立与否的问题是学界备受争议的一个问题（文远竹，沈颖仪，2023）。

此外，人工智能技术也被滥用于生成虚假新闻，有悖新闻伦理，不仅会对社会造成恶劣影响，而且会导致经济损失，甚至触犯法律。所以，使用人工智能技术自动生成的新闻必须要经过新闻工作者的审查和编辑，以确保其真实性和准确性。

自动生成新闻技术有广阔的发展空间，结构化自动新闻生成将获得越来越广泛的应用。智能识别技术可以为自动生成新闻提供大量数据，提高新闻报道的时效性。智能算法的进步也将提高自动生成新闻的质量和效率。尽管自动新闻写作还存在诸多欠缺和潜在风险，但从国际传媒巨头尝试使用 AI 技术撰写新闻报道，到国内新媒体头部平台利用 AI 算法进行内容生成和推送，都表明人工智能已从辅助工具演变为新闻生产主体之一。随着人工智能和机器学习的技术和能力不断增强，相应技术和生产方式的日益成熟，自动新闻写作的高效性将对传统新闻业形成巨大冲击，同时也使新闻生产领域更加多样化、专业化。

自然语言处理技术发展迅猛，日新月异。具有涌现力和顿悟力的大型语言模型（Large Language Models, LLMs）引爆新一轮人工智能革命，加速智能化时代的来临，革新了自然语言处理任务的完成方式和效果，本章介绍的五种主要任务也可以在大模型的基础上被整合，实现多任务统一完成，具体内容将在本书第十章进行详细讲解。

思考与讨论

1. 请使用 BIOES 命名实体标注法对下面句子进行标注：故宫是中国明清两代的皇家宫殿，位于北京中轴线中心，始建于公元 1406 年。

2. 请简述文本分类的标准和应用场景。

3. 请分析抽取式自动摘要和生成式自动摘要的异同点。

参考文献

[1] Chinchor N, Robinson P. *MUC-7 Named Entity Task Definition* [C]// *Proceedings of the 7th Conference on Message Understanding*, 1997.

[2] Chinchor N. *MUC-6 Named Entity Task Definition* (Version 2.1) [C]// *Proceedings of the 6th Conference on Message Understanding, Columbia, Maryland*, 1995.

[3] Dasgupta S. & Ng V. *Mine the Easy, Classify the Hard: A Semi-Supervised Approach to Automatic Sentiment Classification* [C]// *Proceedings of the Joint Conference of the 47th Annual Meeting of the ACL and the 4th International Joint Conference on Natural Language Processing of the AFNLP.* 2009: 701-709.

[4] Ekman P., et al. Universals and cultural differences in the judgments of facial expressions of emotion [J]. *Journal of Personality and Social Psychology*, 1987, *53*(4): 712-717.

[5] Jurafsky, D. & Martin, J. H. 自然语言处理综论（第二版）[M]. 冯志伟，孙乐（译）. 北京：电子工业出版社，2018.

[6] Luhn H. P. The automatic creation of literature abstracts [J]. *IBM Journal of Research and Development*, 1958, *2* (2): 159-165.

[7] Manaris, B. Natural language processing: A human-computer interaction perspective [J]. *Advances in Computer*, 1998 (47): 1-66.

[8] 曹洋，成颖，裴雷. 基于机器学习的自动文摘研究综述 [J]. 图书情报工作，2014，58（18）：122-130.

[9] 车万翔，郭江，崔一鸣. 自然语言处理：基于预训练模型的方法 [M]. 北京：电子工业出版社，2021.

[10] 冯志伟. 自然语言处理的历史与现状 [J]. 中国外语，2008（01）：14-22.

[11] 冯志伟. 自然语言处理简明教程 [M]. 上海：上海外语教育出版社，2012.

[12] 冯志伟. 自然语言的计算机处理 [J]. 中文信息，1997（04）：26-27.

[13] 黄国春. 人工智能新闻写作的路径探析 [J]. 出版广角，2019（15）：65-67.

[14] 黄河燕，史树敏等. 人工智能：语言智能处理 [M]. 北京：电子工业出版社，2020.

[15] 吉娜烨，廖龙飞，闫燕勤等. 融合知识图谱的 NBA 赛事新闻的自动写作 [J]. 中文信息学报，2021，35（08）：135-144.

[16] 贾宸琰，姚源，钟旺. 自动化新闻的可读性研究 [J]. 青年记者，2017（21）：40-42.

[17] 李保利，陈玉忠，俞士汶. 信息抽取研究综述 [J]. 计算机工程与应用，2003（10）：1-5+66.

[18] 李佐文，梁国杰. 语言智能学科的内涵与建设路径 [J]. 外语电化教学，2022（05）：88-93+117.

[19] 李佐文. 话语计算的理论与应用 [M]. 北京：外语教学与研究出版社，2023.

[20] 潘俊，李萌配，王贤明. 应用深度学习的中文命名实体识别研究综述 [J]. 数字图书馆论坛，2023（5）：1-9.

[21] 祁鹏年，廖雨伦，覃飙. 基于深度学习的中文命名实体识别研究综述 [J]. 小型微型计算机系统，2023，44（09）：1857-1868.

[22] 史安斌，龙亦凡. 新闻机器人溯源、现状与前景 [J]. 青年记者，2016（22）：77-79.

[23] 王璐璐，袁毓林. 语言的深度计算理论与技术应用 [M]. 北京：外语教学与研究出版社，2023.

[24] 王楠，赵宏宇，蔡月. 自然语言理解与行业知识图谱：概念、方法与工程落地 [M]. 北京：机械工业出版社，2022.

[25] 文远竹，沈颖仪. 人机共存的困惑：机器人新闻的著作权归属与侵权危机探析 [J]. 现代传播（中国传媒大学学报），2023，45（09）：28-35.

[26] 奚雪峰，周国栋. 面向自然语言处理的深度学习研究 [J]. 自动化学报，2016，42（10）：1445-1465.

[27] 姚汝婧，王芳. 基于多粒度标签扰动的文本分类研究 [J]. 现代情报，2024，44（01）：25-36.

[28] 俞士汶. 计算语言学概论 [M]. 北京：商务印书馆，2003.

[29] 袁媛，刘明. 机器人新闻写作中的用户隐私保护研究 [J]. 新闻爱好者，2023（09）：60-62.

[30] 张晓艳，王挺，陈火旺. 命名实体识别研究 [J]. 计算机科学，2005（04）：44-48.

第八章 让机器与人进行言语交流

本章提要

在人工智能飞速发展的时代，人们对于便捷化、高效率服务的要求越来越高，也越来越青睐于通过自然语言的方式进行人机交互。问答系统是近年来自然语言处理、信息检索等领域研究的热点（王智悦等，2020），它接收人们自然语言方式的提问，并返回简洁、准确的答案。

近年来大数据和深度学习技术飞速发展，人们不需要过多地制定人工规则，可以利用大量数据来学习特征表示以寻找规律，这对问答技术的发展起了很大的推进作用，尤其是2022年，随着OpenAI发布新一代人工智能产品ChatGPT，问答系统研究也迎来了新的高潮（Liu et al., 2023）。

本章主要介绍人机对话系统的发展历史和现状、相关理论与技术、传统的人机对话系统和基于大模型技术的人机对话系统。

8.1 人机对话系统的发展历史和现状

8.1.1 人机对话系统的分类

问答系统或人机对话系统按照不同的特点和应用场景有不同的分类方式：

（1）从应用场景的角度看，可以将人机对话系统分为智能问答、在线客服和个人助理等。智能问答类聊天机器人系统可以回答用户以自然语言形式提出的问题。典型的智能问答系统包括IBM研发的Watson、Peak Labs开发的搜索引擎Magi、沃尔夫勒姆研究公司开发的搜索引擎

Wolfram Alpha 等。在线客服聊天机器人系统的主要功能是自动回复用户提出的与产品相关的问题，代表性的商用在线客服聊天机器人系统有小 i 机器人、阿里小蜜等。个人助理类应用可以通过语音或文字与用户进行交互，实现用户个人事务的查询及代办，如天气查询、定位及路线推荐、闹钟及日程提醒等。

（2）从实现的角度看，人机对话系统可以分为检索式和生成式。检索式聊天机器人的回答是提前定义的，在聊天时机器人使用规则引擎、模式匹配或者机器学习训练好的分类器从知识库中挑选一个最佳的回复展示给用户。这种实现方式对知识库的要求相对较高，需要预定义的知识库足够大，尽量多地匹配用户问句。优点是回答的质量高，表达比较自然。生成式聊天机器人不依赖于提前定义的回答，但是需要大量的语料用于对机器人进行训练，语料包含上下文聊天信息和回复。机器人在接收到用户输入的自然语言后，将采用一定技术手段自动生成一句话作为对用户输入的应答。生成式聊天机器人的优点是能覆盖任意话题、任意句式的用户输入；缺点是生成的应答句子的质量可能存在问题，比如出现语句不通顺、句法错误等比较低级的错误。生成式模型根据模型框架的不同，可以分为序列到序列、神经语言模型和强化学习三类。

（3）基于功能的聊天机器人大致可以分为问答系统、面向任务的对话系统、闲聊系统等。

聊天机器人的完整框架如图 8-1 所示，主要包含自动语音识别、自然语言理解、对话管理、自然语言生成、语音合成 5 个主要的功能模块。其中，有些聊天机器人并不包含语音技术。

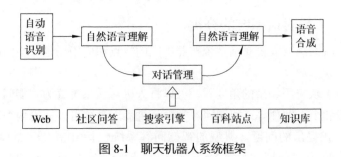

图 8-1　聊天机器人系统框架

　　1）自动语音识别（Automatic Speech Recognition, ASR）模块负责将原始的语音信号转换成文本信息。

　　2）自然语言理解（Natural Language Understanding, NLU）模块负责将识别到的文本信息转换为机器可以理解的语义表示。

　　3）对话管理（Dialogue Management, DM）模块负责基于当前对话的状态判断系统应采取怎样的动作。

　　4）自然语言生成（Natural Language Generation, NLG）模块负责将系统回复转变成自然语言文本。

　　5）语音合成（Text-to-Speech, TTS）模块负责将自然语言文本变成语音信号输出给用户。

8.1.2　人机对话系统的发展历史和现状

　　聊天机器人的研究起源可以追溯到 1950 年图灵的一篇名为 "Computing Machinery and Intelligence" 的文章，这篇提出了 "Can machines think?" 的疑问，并提出通过让机器参与模仿游戏来判定机器是否具有智能的实验方法，即图灵实验。如果计算机程序能够通过图灵测试，就可以欺骗人类，达到真正的智能，因此被视为是人工智能的终极目标。图灵也被称为 "人工智能之父"（百度百科）。

　　总体来看，问答系统研究经历了基于结构化数据库的专用问答系统、基于大规模文档集的通用问答系统、基于问题答案对的问答系统、基于知识图谱的问答系统以及最新的基于大语言模型的问答系统等发展阶段。

　　20 世纪 60—90 年代。已知的发布最早的聊天机器人程序 ELIZA（Weizenbaum, 1966）诞生于 1966 年，1966 年麻省理工学院的瑟夫·魏泽鲍姆应用 BASIC 的脚本程序编写聊天机器人 ELIZA 和 1972 年美国精神病学家肯尼斯·科尔比使用 LISP 编写 PARRY。ELIZA 使用的是关键词匹配技术，即对用户输入计算机的对话进行关键字匹配，其回复规则也是由人工编写的。PARRY 模拟偏执型精神分裂表现的病人，在对话策略上比 ELIZA 更加严谨，被人们称为 "有态度的 ELIZA"。ELIZA 和 PARRY 是早期聊天机器人的代表，在聊天机器人的发展过程中有着独特的意义。1988 年，英国程序员罗洛·卡彭特（Rollo Carpenter）创建了聊天机器人 Jabberwacky。Jabberwacky 项目的目标是 "以有趣、娱乐和幽默的方式模拟自然的人际聊天"，这个项目也是通过与人类互动创造人工智能聊天机器人的早期尝试。同年，加州大学伯克利分校（UC Berkeley）的罗伯特·威林斯基（Robert Wilensky）等人开发了名为 UC（UNIX Consultant）的聊天机器人系统，目的是帮助用户学习使用 UNIX 操作系统。

伴随结构化数据库技术的发展，专用于回答特定领域内事实型问题的规则模板，将自然语言问题转换为数据库查询语句，进而通过查询语句获取到查询结果。这类问答系统覆盖范围有限，但实现了计算机利用自然语言回答特定领域问题的初步突破。

20 世纪 90 年代。随着互联网的蓬勃发展，大量非结构化文本文档如电子邮件、网页等涌现，处理开放领域下各类自然语言问题的通用问答系统也随之出现。1990 年，美国科学家兼慈善家休·勒布纳（Hugh G. Loebner）设立了人工智能年度比赛——勒布纳奖（Loebner Prize）。勒布纳奖旨在借助交谈测试机器的思考能力，它被看作是对图灵测试的一种实践。该阶段的关键技术主要包括问句分类（Li, Roth, 2002）、关键词提取（Mihalcea, Tarau, 2004）、文档检索（Tellex et al., 2003）、候选答案筛选等，代表性问答系统如 ALICE 聊天机器人（Wallace, 2009），已开始具备一定的开放域问题解答能力。

20 世纪 90 年代—21 世纪 10 年代。在勒布纳奖的推动下，聊天机器人进入高速发展的时期，其中较有代表性的聊天机器人系统是 1995 年 12 月 23 日诞生的 ALICE（Artificial Linguistic Internet Computer Entity）。ALICE 可以通过和网民的聊天不断学习，同时基于大量的预置问答模板，回答用户的问题。随 ALICE 一同发布的 AIML（Artificial Intelligence Markup Language）目前在移动端虚拟助手的开发中得到了广泛的应用。2001 年，Smarter Child 在短信和即时聊天工具中的广泛流行，使得聊天机器人第一次被应用在了即时通信领域。2006 年，IBM 开始研发能够用自然语言回答问题的最强大脑 Watson，作为一台基于 IBM "深度问答"技术的超级计算机，Watson 能够采用上百种算法在 3 秒内找出特定问题的答案。

21 世纪 10 年代至今。各类社交媒体平台上积累了大规模的问答数据，基于这些先验问答对的问答系统得到快速发展，可以通过匹配相似问句或直接生成回复来解决新问题。关键技术包括文本表示学习（Mikolov et al., 2013）、相似度计算（Jeon et al., 2005）、回复生成等，主要类型包括 FAQ 问答系统和社区问答系统。2010 年，苹果公司推出了人工智能助手 Siri，此后，微软小冰、微软 Cortana（小娜）、阿里小蜜、京东 JIMI 等各类聊天机器人层出不穷，并且这些聊天机器人逐渐应用于人们生活的各个领域。

随着机器学习的不断进步，有人将机器学习与深度学习等技术引用到了人机对话系统上。Shang 等人（2015）使用序列到序列框架来实现单轮对话生成任务，该算法基于编码器，对输入语句进行编码，得到句子的语义向量，再用解码器将输入句子的语义向量作为输入，逐时刻进行解码，得到对应的回复句子。Shao 等人（2017）则最早将注意力机制应用到生成模型中。2015 年，Sutskever 等人（2014）将 Seq2seq 模型运用到单轮的对话生成任务中。Mei 等人（2016）在 RNN 语言模型的基础上，加入了注意力机制，实现了单轮对话生成算法。2016 年，全球各大公司开始推出可用于聊天机器人系统搭建的开放平台或开源架构。

知识图谱作为结构化知识表达方式受到广泛关注。相应的知识图谱问答系统通过解析问题并在知识图谱中搜索答案，可以利用丰富的实体关系进行多跳推理（Chen et al., 2018）。

当前，大语言模型技术取得突破性进展，可以端到端地分析文本问题并产生自然流畅的答复，这标志着问答系统向真正智能化方向发展。

相对于国外在 20 世纪就开始研究人机对话，国内在这方面的研究起步较晚（冯升，2016）。但随着国内科研环境的不断进步，已经有一些高校及公司在人机对话技术上取得成功：哈尔滨工业大学研发的 LTP 语言技术平台，其包含了中文词法、句法、语义等处理的核心技术模块（刘挺等，2011）；阿里巴巴公司开发的小蜜机器人在其购物网站淘宝中得到广泛应用，可以协助人工客服回答买家的咨询问题（姚恩育，2016）；上海交通大学图书馆设计与实现的智能化 IM 咨询机器人（孙翌等，2011）；以及国内很多高校和公司研发的基于大语言模型的问答系统，如百度的文心一言、清华大学研发的智谱清言和科大讯飞研发的讯飞星火大模型问答系统等。

聊天机器人的发展历史说明，人类从未放弃将聊天机器人作为人机交互工具的研究。特别是近几年，随着人工智能相关技术的不断发展，聊天机器人相关技术迅速发展。综上所述，问答系统通过不断解决关键技术瓶颈，从专用系统到通用系统，从简单事实问答到复杂推理问答，其处理能力、覆盖范围与交互智能性得以不断提升，正朝着模拟人类问答能力的终极目标持续演进。

8.2 相关理论与技术

从技术角度来看，各种不同类型的人机对话系统都包含自然语言理解、对话管理和自然语言生成这 3 个模块。其中，自然语言理解已在前面章节中有比较详细的介绍，本章将主要介绍对话管理和自然语言生成部分。

8.2.1 对话管理

对话管理（Dialogue Management, DM）的任务是根据对语言理解的结果及对话的上下文语境、对话历史信息等进行综合分析，来确定用户的当前意图。它必须判断是否已经从用户那里获取了足够的信息以启动后台数据库查询，并决定系统将要采取的应对动作或策略。对话管理模块涉及的关键技术包括对话行为识别、对话状态识别、对话策略学习及对话奖励等。

1. 对话行为识别

对话行为是指预先定义或者动态生成的用户对话意图的抽象表示形式。对话行为分为封闭式和开放式两种，所谓封闭式对话行为是指将对话意图映射到预先定义好的对话行为类别体系，通常应用于特定领域或特定任务的对话系统，如设置闹钟、票务预订、酒店预订等。开放式对话行为没有预先定义好的对话行为类别体系，基于对话行为动态生成对话意图，常用于开放域对话系统，如闲聊系统。

2. 对话状态识别

对话状态与对话的上下文及对话行为相关，在某时刻的对话行为序列即为某时刻对应的对话状态。因此，某一时刻对话状态的转移由其前一时刻的对话状态与该时刻的对话行为共同决定。

3. 对话策略学习

对话策略学习是让机器从真实对话数据中学习对话的行为、状态信息等，进而使用学习的结果指导机器在人机对话过程中进行策略的选择。

4. 对话奖励

对话奖励可以被看作一种评价对话系统效果的评价机制，常见的对话管理方法主要有 4 种。

第 1 种是基于有限状态自动机（Finite State Machine, FSM）的对话管理方法。这种方法需要人工显式地定义出对话系统可能出现的所有状态，当对话管理模块接收到新的输入时，对话状态都会根据输入在预定的状态间进行跳转。当对话状态跳转到下个状态后，该状态对应的动作会被对话系统执行。其优点是简单易用，缺点是状态的定义及每个状态下对应的动作都要靠人工设计，因此难以应用于复杂场景。

第 2 种是基于统计的对话管理方法。它将对话过程表示成一个部分可见的马尔可夫决策过程。在整个决策过程中，系统在每个对话状态下选择下一步动作的策略，即选择期望回报最大的那个动作。这种方法的优点是只需定义马尔可夫决策过程中的状态和动作，机器可以通过学习得到不同状态间的转移关系；缺点是这种方法仍需要人工定义对话系统的状态，因此该方法在不同领域中的通用性不强。

第 3 种是基于神经网络的对话管理方法。这种方法直接使用神经网络学习动作选择的策略，即将自然语言理解的输出及一些其他特征都作为神经网络的输入，而将选择的动作作为神经网络的输出。这样一来，对话状态便可以由神经网络的隐向量表征，也就不再需要人工显式地定义对话状态。

第 4 种是基于框架的对话管理方法。这里的框架是指"槽–值"对，框架根据用户输入进行槽位填充，且可以通过规则明确规定在特定槽状态下的用户动作对应的系统动作，但由于这种方法难以拓展至其他领域且无法处理不确定的对话状态，因此经常被应用于特定领域的对话系统。

8.2.2　自然语言生成

自然语言生成（Natural Language Generation, NLG）是人工智能和计算机语言学的重要分支。自然语言生成的目的与自然语言理解的目的恰好相反，自然语言生成是从意义映射到文本，而自然语言理解则是从文本映射到意义。自然语言生成的目标就是产生出符合人阅读习惯的、流畅的自然语言句子。具体架构如图 8-2 所示。

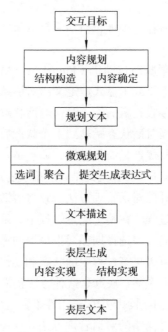

图 8-2　自然语言生成架构

目前，多数人机对话系统使用的对话生成技术主要包括检索式和生成式两大类型。

1.基于检索的自然语言生成

基于检索的自然语言生成是在已有的对话语料库中检索出合适的回复。这种方法只能以固定的语言模式对用户的输入进行回复，其表现依赖于已有对话库。

虽然基于检索的生成方式存在依赖对话库、回复不够灵活等缺陷，但由于其实现相对简单、容易部署，在实际工程中得到了大量的应用。例如，银行在线客服系统问答场景、网上商店的在线客服咨询系统等。

2.基于模板的自然语言生成

该方法根据需要提前给系统设计出几种可能会出现的情况，对应每种情况构造几种模板，而每个模板内均包含常量和变量。最典型的就是非语言的文本生成器，它会将用户输入的一定信息当做字符串嵌入到模板中来代替变量。模板生成技术的优点是思路简单、工作效率高、较容易实现。其缺点是利用该生成技术所生成的文本质量不高、难以满足人们各种不同的需求，系统在后期的维护、修改或扩充上都比较困难。

自然语言生成模板由句子（Sentence）模板和词汇（Word）模板组成。句子模板包括若干个含有变量的句子，词汇模板则是句子模板中的变量对应的所有可能的值。在实际工程中，基于模板的自然语言生成技术更适用于任务驱动的对话系统。

3. 基于深度学习的自然语言生成

端到端框架中的 Decoder 部分可以被理解为自然语言生成的技术环节。端到端算法的思路是使用 Encoder 把离散的数字变成向量化的低维空间的语义表示，根据当前输入决定当前回复的第一个词，然后输出第二个词。

8.3　传统的人机对话系统

8.3.1　问答系统

问答系统更接近信息检索中的语义搜索，针对用户用自然语言提出的问题，通过一系列的方法生成问题的答案，问答系统主要针对特定领域的知识进行一问一答，侧重于知识结构的构建、知识的融合与知识的推理。

现有的问答系统根据其问题答案的数据来源和回答方式的不同，大体上可以分为以下几类：基于知识库的问答系统（Knowledge Based Question Answering，KBQA），KBQA 系统通过结合一些已有的知识库或数据库资源（例如 Freebase、DBpedia、Zhishi.me 等），使用信息抽取的方法提取有价值的信息，并构建知识图谱作为问答系统的知识来源，再结合知识推理等方法为用户提供更深层次语义理解的答案；基于 Web 信息检索的问答系统（Web Question Answering, WebQA），以搜索引擎为支撑，理解分析用户的问题意图后，利用搜索引擎在全网范围内搜索相关答案反馈给用户。此外，还有其他形式的问答系统，例如混合式问答系统（Hybrid QA）、多语言问答系统（Multilingual QA）、基于常见问题库的问答系统（Frequently Asked Question, FAQ）。

KBQA 是基于知识库中的专业知识建立的问答系统，常见的知识库有 Freebase、DBpedia 等。知识库一般采用 RDF 格式对其中的知识进行表示，知识的查询主要采用 RDF 标准查询语言 SPARQL。KBQA 主要模块包括问句分析（Question Analysis）、短语映射（Phrase Mapping）、消歧（Disambiguation）和查询构建（Query Construction），如图 8-3 所示。

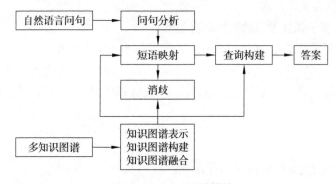

图 8-3　KBQA 系统模块

1. 问句分析模块

KBQA 系统中用到的问句分析技术与自然语言理解技术的侧重点不同，前者更偏重于识别问题中的信息词，例如问题词（谁、什么、何时、事件、为什么、怎么了、如何等）、焦点词（名字、时间、地点）、主题词、中心动词等词语，更集中于实体识别；后者是将自然语言转化成计算机可以理解的形式化语言的过程，包括自动分词、词性标注、命名实体识别、指代消解、句法分析等任务。

2. 短语映射模块

短语映射模块主要负责将问题分析模块提取的信息词与知识库或知识图谱中的资源对应的标签映射连接起来。常用的短语映射方法包括本体映射、同义词映射等。在这个过程中，短语映射模块往往通过诸如短语字符串相似度计算、结合外部资源知识库进行的词义相似度等语义相似度匹配方法进行相似度计算。

　　总的来说，相似度计算可以从字符串相似度和语义相似度两个角度进行。字符串相似度计算方法通常使用编辑距离算法、杰卡德距离算法等。关于语义相似度计算的研究很多，衍生出了许多计算语义相似度的方法，如重定向方法、使用大型文档找到映射关系、基于词向量的方法等。近年来，随着神经网络研究的深入，ELMo（Peters et al., 2018）、BERT（Devlin et al., 2018）等模型可以获取高质量的向量化表示，基于获取的词向量可以进行语义相似度计算。

3. 消歧模块

　　消歧模块主要负责解决短语映射模块中出现的歧义问题，以确保问句信息词和知识库实体的无歧义映射。常用的方法有如下两种：

　　（1）基于字符串相似度的方法

　　通过计算本体资源的标签和对应的问句信息词之间的相似度进行排序。

　　（2）基于属性和参数的判断方法

　　通过判断属性和参数是否一致，去掉不符合一致性的候选答案。

4. 查询构建模块

　　查询构建模块需要将前面 3 个模块生成的结果进行融合，得到最终的 SPARQL 查询语句，并将查询结果返回给用户。构建查询 SPARQL 语句的方法可以分为基于模板、基于问题分析、基于机器学习等类型。基于模板构建形式化查询需要预先建立好查询模板，其中包含一些空槽位，将相关信息填入模板槽位后形成一个完整的查询。基于问题分析的方法还可以通过语法树分析、依存树分析或语法槽位等方法，对自然语言进行解析构成查询。此外，还有一些工作是通过机器学习的方法建立问句与查询语句之间的映射关系。

　　典型的实现 KBQA 方法有基于模板匹配的方法、基于语义分析的方法、基于深度学习的方法等。

1. 基于模板匹配的方法

　　（1）模板定义

　　结合知识库的数据结构和问句的句式，对问答系统中的问题进行模板定义。模板定义通常没有统一的标准或格式，需要根据具体的任务需求确定模板的格式。可以将模板格式设定为三元组（U_t, Q_t, M_t）的形式，其中 U_t 为问题模板，Q_t 为查询模板，M_t 为问题模板和查询模板之间的映射。也可以定义一个 SPARQL 查询模板将其直接与自然语言进行映射（王昊奋，邵浩等，2019）。

（2）模板生成

首先，利用词性标注、语法分析、依存分析等方法获得问句的语义表示，即先将自然语言问句转化为机器可以理解的形式，然后将问句的语义表示转换成相应的 SPARQL 模板。

有了 SPARQL 模板后，需要将其实例化，也就是将 SPARQL 模板与某一具体的自然语言问句相匹配，填充得到该模板对应的实例，查询得到问题的答案。

（3）模板匹配

模板匹配的过程是将自然语言问句与知识库中的本体概念相映射的过程。在实际操作中，一个问句通常可以匹配到多个模板，同一个模板也可以有多个不同的实例化。

2. 基于语义分析的方法

典型的实现 KBQA 方法还有基于语义分析的方法，整体思路是通过对自然语言进行语义上的分析，将其转化成计算机能够处理的逻辑形式，进而通过逻辑形式访问知识库中的知识，进行推理和查询，得到最终答案。

自然语言的逻辑形式表示方法有很多种（Liang, 2013）。逻辑形式可以包含知识库中的实体和实体关系（有时也称为谓语或属性），分为一元形式和二元形式。对于一个一元实体，我们可以查询出对应知识库中的实体；对于一个二元实体关系，我们可以查到知识库中所有与该实体关系相关的三元组中所包含的实体对。并且可以像数据库语言一样，对数据进行连接、求交集、聚合等操作。进而我们就可以将自然语言问句表示为可以在知识库中查询的逻辑形式。

一元形式表示：如果实体 $e \in \varepsilon$，那么实体 e 的一元逻辑表示为：

$$\|z\|_k = \{e\}$$

二元形式表示：如果关系 $p \in \rho$，那么 p 的二元逻辑表示为：

$$\|p\|_k = \{(e_1, e_2) : (e_1, p, e_2) \in k\}$$

连接操作：如果 b 是二元关系表示，u 是一元关系表示，那么 $b.u$ 表示连接操作：

$$\|b.u\|_k = \{(e_1 \in \varepsilon : \exists e_2.(e_1, e_2) \in \|b\|_k \wedge e_2 \in \|u\|_k\}$$

求交集操作：如果 u_1 和 u_2 都是一元关系，那么 $u_1 \cap u_2$ 表示求交集的操作：

$$\|u_1 \cap u_2\|_k = \|u_1\|_k \cap \|u_2\|_k$$

聚合操作：如果 u 是一元关系，那么 count(u) 表示计数的操作：

$$\|count(u)\|_k = \{|\|u\|_k|\}$$

Berant J. 等人（Berant et al., 2013）研究并公布了将句子建立为语法树的方法，KBQA 系统为问句构建语法树的过程是自底向上构造语法树的过程，这棵语法树的根节点是待分析问句的逻辑形式表达。构造语法树的整个过程可以分为以下步骤。

（1）词汇映射：即构造底层的语法树叶子节点。将单个自然语言短语或单词映射到知识库实体或知识库实体关系所对应的逻辑形式。

（2）构建语法树：通过自底向上的方式对语法树的节点进行两两合并，最后生成根节点，完成语法树的构建。

3. 基于深度学习的方法

KBQA 与深度学习方法结合主要有两个主流的方法，一种是利用深度学习的方法对传统方法进行改进。例如，利用深度学习的方法进行实体识别、关系识别、实体及实体关系映射等，如图 8-4 所示。

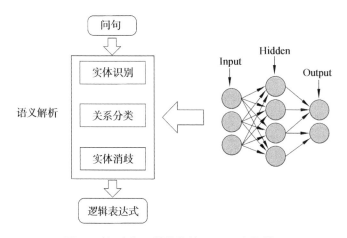

图 8-4　深度学习替换传统 KBQA 中的模型

另一种方法是采用端到端的策略，在系统中输入问句和知识库，系统直接返回输出答案，中间的操作过程类似于黑盒操作，深度学习被用于候选答案排序的环节。

4. 其他优化方法

此外，其他的用于实现 KBQA 的方法有多知识库融合、Hybrid QA 等。

8.3.2　对话系统

对话系统按照用途可以分为以下两大类。

1. 开放域的对话系统

主要支持闲聊的对话方式，用户通常不具有明确的目的性。在衡量对话的质量上以用户主观体验为主，在实现上主要分为基于 FAQ 的检索方式，以及端到端的方式。

2. 面向任务的对话系统

对话过程通常具有明确的目的性，通过对话系统能够指导用户完成一项特定的任务。主要以任务的完成情况来衡量对话的质量，实现上分为基于规则和基于数据两种方式。

对话系统的 3 个关键模块为自然语言理解、对话管理和自然语言生成。其中，自然语言理解技术指的是将机器接收到的用户输入的自然语言转换为语义表示，通常包含领域识别、意图识别、槽位填充 3 个子任务。随后，对话管理模块根据语义表示、对话上下文、用户个性化信息等找到合适的执行动作，再根据具体的动作，使用自然语言生成技术生成一句自然语言，作为对用户输入的回复。

按照技术实现，可将任务驱动的对话系统划分为如下两类。

（1）模块化的对话系统

分模块串行处理对话任务，每一个模块负责特定的任务，并将结果传递给下一个模块，通常由自然语言理解（NLU）、对话状态追踪（DST）、对话策略学习（DPL）、自然语言生成（NLG）4 个部分构成。在具体的实现上，可以针对任一模块采用基于规则的人工设计方式，或者基于数据驱动的模型方式。

（2）端到端的对话系统

采用由输入直接到输出的端到端对话系统，忽略中间过程，采用数据驱动的模型实现。

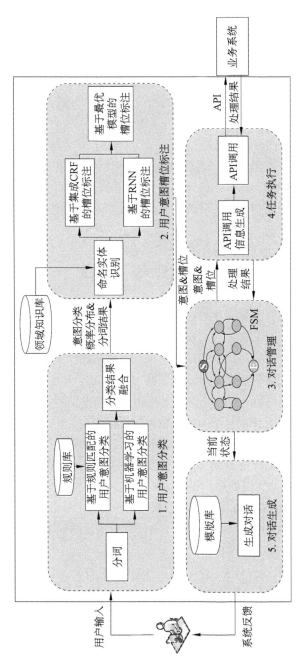

图 8-5　任务型人机对话系统框图

任务型人机对话系统的总体方案如图 8-5 所示，首先通过用户意图分类理解用户输入，然后通过槽位标注提取用户输入中的关键信息，生成任务 API，调用外界的业务系统接口完成相关任务，最后结合任务处理结果生成回复文本并返回给用户。系统与用户间的整个对话过程通过对话管理进行控制，如果用户意图的槽位信息不全，则会引发多轮对话，进行槽位补全。该方案包括以下五个步骤：

（1）用户意图分类

用户意图分类是人机对话系统的基石，其任务是根据对用户输入文本的自然语言理解，将其正确地划分到对应的分类下。用户意图分类方法主要分为基于规则的意图分类、基于统计学习的意图分类以及基于深度学习的意图分类。

1）基于规则的意图分类方法

基于规则的意图分类采用规则解析法，其数据由两部分构成：一个是规则库，解析规则通常为上下文无关文法；另一个是词表，记录了每个标准词对应的查询词有哪些，可以根据词表对查询词进行归一化。规则解析就是一个上下文无关文法归约的过程。首先进行自动分词，接着将用户输入中的词依照词表归约为标准词，然后再将词归约后的用户输入与规则库中的解析规则比对，按照既定算法进行匹配，计算最终的匹配结果（Rieser, Lemon, 2010）。该方法在一定程度上解决了对话系统早期各领域对话系统普遍存在的训练数据缺乏的问题。但是，其性能很大程度上依赖于规则库的质量以及词表的覆盖广泛程度，而规则库以及词表的构建均由人工标注完成，对于规则库不存在的用户输入语句，基于规则的方法则完全无法处理。

2）基于统计学习的意图分类方法

基于统计学习的方法在意图分类时需要一定量的标注数据进行训练，特征与模型是本方法的核心。

① 分类特征

目前研究中常用的特征包括 n-gram 特征（Cavnar, 1994）、word2vec 特征（Mikolov et al., 2013）等。

n-gram 是自然语言处理问题中常用的一种语言模型，该模型基于这样一种假设：第 N 个词的出现只与前面 $N–1$ 个词相关，而与句子中其他词不相关，整个句子出现的概率可以由各个词出现概率的累乘得到，而各个词出现概率可以通过直接从语料中统计 N 个词同时出现的次数得到。给定句子 T 是由词序列 W_1, W_2, W_3, W_n 组成的，句子 T 的概率定义为：

$$P(T) = P(W_1 W_2 W_3 ... W_n) = P(W_1)P(W_2|W_1)P(W_3|W_1 W_2)...$$
$$P(W_n|W_1 W_2 W_3 ... W_{n-1})$$

对于一个分类问题，可以通过构建不同类别文本语料库，根据句子 T 的单词序列计算出句子 T 出现在该语料环境下的一个概率，也可作为判定句子 T 属于该文本类的一个相对概率。在实际应用中，往往将句子对多个文本类语料库计算出的 $P(T)$ 值进行拼接，作为文本向量的特征来使用。但是这种方法存在缺陷：当句子长度越长时，数据稀疏越严重，使得词概率累乘结果容易为 0；另一个就是参数空间过大，使其难以计算。

为了解决这个问题，n-gram 模型引入了马尔可夫假设：一个词的出现仅仅依赖于它前面出现的有限个数的词。通过这一假设，在保证该方法有效性的同时，进一步提升了该方法的实际应用可行性。其中 N 根据实际需求选取，较大的 N 值能够提供更为丰富的特征，但是如果 N 值过大，会使得计算空间过大，同时造成严重的数据稀疏问题。在实际应用中，往往将 N 值取 2 或 3。

word2vec 是近年由 Google 提出的一种词向量化模型，用来训练以重新建构统一的单词向量表示。在 word2vec 中词袋模型假设下，词序是无关的。在完成模型训练之后，word2vec 模型可将每个单词映射到特定的向量。通过将单词转换成向量的形式表示，进而通过对句子分词、各个单词向量化、各个单词向量的组合等处理，得到最终句子的向量表示方式，从而可以把对文本转化为可运算向量表示。

② 分类模型

应用于文本分类问题的统计学习模型主要包括逻辑回归（LR）（Friedman et al., 2000）、支持向量机（SVM）（Cortes, Vapnik, 1995）、决策树（Quinlan, 1986）、朴素贝叶斯（Friedman et al., 1997）等等。LR 作为最基本的分类算法，其思想主要是基于线性回归的思想，即直接将特征值和其对应的概率进行相乘得到一个结果，结合二分类逻辑函数 Sigmoid 函数，完成二分类问题。SVM 是一种有监督的分类模型，其主要思想是针对二类分类问题，寻找一个超平面作为两类训练样本点的分割，以保证最小的分类错误率。决策树的生成通常是通过对数据的拟合、学习，从数据集中获取到一棵决策树。决策树的生成过程就是对数据集进行反复分类的过程，直到能够把决策类别区分开来为止，分类的过程就形成了一棵决策树。贝叶斯算法的核心思想则为：对于给出的待分类项，通过贝叶斯公式求解在此项出现的条件下各个类别出现的概率，并选择最大概率的类别作为最后分类结果。

3）基于深度学习的意图分类方法

随着深度学习技术的发展，各种深度模型在文本分类问题上取得了不俗的效果。目前应用于文本分类问题的模型主要包括卷积神经网络、循环神经网络以及基于这两种基本深度模型的各种网络结构变种。Kim Y（Kim, 2014）等首次将卷积神经网络（CNN）应用于处理文本分类问题，通过卷积的处理方式，提升了特征效果，同时降低了网络结构的复杂性。卷积神经网络是一种特殊的深层的神经网络模型，相比于普通深度网络模型，卷积神经网络有如下两个方面的特性，第一，它的神经元间的连接是非全连接的；第二，同一层中某些神经元之间连接的权重是共享的。它的非全连接和权值共享的网络结构使之更类似于生物神经网络，从而降低了网络模型的复杂度，减少了权值的数量。

循环神经网络（RNN），其特点是具有反馈机制，可以用来连接先前的信息到当前的任务上，允许信息持久化。相比于普通深度网络模型，RNN 可以充分利用先前信息，利用上下文进行处理和判断，通常在处理 NLP 问题时具有更大的优势。

在数据量充足的情况下，深度学习模型通过其中间隐藏层自动计算生成一些优秀的中间特征，所以往往比普通统计学习模型能取得更好的性能。但是由于其复杂的网络结构，通常需要大量数据的支撑，作为模型性能的保证。

（2）用户意图槽位标注

在确定用户意图后，对话系统通过对用户输入的槽位信息识别标注，确定执行任务中各个槽位的值。槽位标注方法主要分为两种：基于概率图模型的槽位标注和基于深度学习的槽位标注。

1）基于概率图模型的槽位标注方法

概率图模型结合概率论与图论的知识，利用图来表示与模型有关的变量的联合概率分布，其核心是条件概率，本质上是利用先验知识，确立一个随机变量之间的关联约束关系，最终达成方便求取条件概率的目的。

条件随机场（Conditional Random Field, CRF）是一种最为经典的概率图模型，主要应用于分词、词性标注和命名实体识别等（McCallum, Li, 2003）。CRF 的思路是在给定随机变量 X 的条件下，求随机变量 Y 的马尔可夫随机场。在条件概率模型中 P(Y|X) 中，Y 是输出变量，表示标记序列，X 是输入变量，表示观测序列，训练时利用训练数据，通过极大似然估计得到条件概率模型，然后使用该模型预测。CRF 是一个无向图的概率模型，顶点代表变量，顶点之间的边代表两个变量之间依赖关系，常用的是链式 CRF 结构，可以表达长距离依赖性和交叠特征，所有特征可以进行全局归一化，得到全局最优解。

然而，概率图模型在解决槽位标注问题上仍存在天然的缺陷，即 OOV（Out Of Vocabulary）问题，对于那些从未在训练过程中出现过的数据，CRF 模型是无法对这些数据进行标注的。

2）基于深度学习的槽位标注方法

随着深度学习技术的发展，一些深度学习模型也被应用到槽位标注问题上。循环神经网络（RNN）作为一种典型可以有效利用上下文信息的深度学习模型，很适合槽位标注这一应用场景。如 Gregoire Mesnil（Peng et al., 2015）等在训练 RNN 模型时，将槽位标注的过去和将来的时序信息加入构造特征；Yang yang Shi（Shi et al., 2016）设计了 RSVM 模型用于解决槽位标注问题等。对于应用于槽位标注问题的深度学习模型，其性能很大程度上依赖于数据的数量和质量，因而在面对一些数据量不足的应用场景时，深度学习方法并不适用。

（3）对话管理

对话管理负责两项工作：第一，保持对话的状态并表达当前用户对话的主要目的；第二，基于当前的对话状态确定如何生成回复。其关键是对话策略（Dialogue Policy）。对话管理的关键技术主要包括：对话策略构建和对话状态追踪。

1）对话策略构建

对话系统通过预定义一些固定顺序的问句，在每轮和用户对话的过程中询问一个或多个槽位并填充。其中对话策略主要基于状态图进行管理，它通过有限状态机显式定义出对话系统应有的状态；每次有新的输入时，对话状态都根据输入进行跳转；跳转到下一个状态后，将有对应的动作被执行。其优点在于简单易用，在对话清晰明确的时候有着很好的应用。同时，这种方式要求设计者要预估出整个对话系统中所有可能的对话状态和用户操作，以及各种状态之间的转移条件，同时难以应付没有预测到的情况，如果用户的问句超出设计师的预计，则对话不能正常地进行（王菁华等，2005）。

2）对话状态追踪

对话状态追踪以概率图模型或神经网络为基础模型，记录每轮用户对话的状态和进行状态的转换，随着每轮实例的输入，模型预测每个状态转换的概率，而每个状态又有不同的问询，帮助完成槽位填充全部信息的提取。其基本思路是直接使用神经网络或概率图模型去学习动作选择的策略，即将自然语言理解模型的输出等其他特征都作为新的神经网络模型的输入，将动作选择作为神经网络的输出。通过这种方式，对话状态直接被神经网络的隐向量所表征，不再需要人工去显式的定义对话状态。但同样需要大量的数据去训练神经网络以保证其效果。

（4）任务执行

本步骤将根据识别的用户意图以及槽位，选择并填充预定义的 API，调用业务系统的接口，得到相应任务处理结果。

（5）对话生成

本步骤负责生成自然语言文本格式的系统回复，用于与用户的多轮问询交流或者最终结果的展示。对话生成的主要任务是生成返回给用户的自然语言文本。目前对话生成的方法主要包括基于规则的对话生成和基于端到端模型的对话生成。

1）基于规则生成的方法

在任务型人机对话系统中，常常使用基于规则的方法生成最终答案。根据不同的用户意图，设计一些既定的回答模板。结合最终任务执行的返回结果，按照既定模板生成答案并返回给用户。

2）基于端到端模型的方法

在开放式的对话系统中，答案生成可以使用端到端的方式处理。Kyunghyun Cho 等（Cho et al., 2014）提出了基于 Encoder-Decoder 的结构的模型，奠定了端到端基本结构的构建，该结构通过训练基于神经网络结构的编码器与解码器，来完成用户输入自然文本到中间特征向量到系统返回文本的转化解析过程。Dzmitry Bahdanau 等（Bahdanau et al., 2014）在 Encoder 和 Decoder 的基础上提出了注意力机制，通过构建注意力模型替代从句向量中提取信息的步骤，使得在处理较长句子时句向量能够记录相关信息，进一步提高了效果。

8.3.3　闲聊系统

根据具体实现方式，闲聊系统也可以分为基于对话库检索的闲聊系统和基于生成的闲聊系统。无论是基于检索的还是基于生成的方法，都可以在系统中引入深度学习技术。由于端到端的深度学习结构非常适用于文本生成，深度学习技术逐渐被引入到该领域中。

1. 基于对话库检索的闲聊系统

基于对话库检索的闲聊系统需要构建好一个高质量的对话库，闲聊系统收到用户输入的句子后，在对话库中通过搜索匹配的方式进行应答内容的提取。由于用户在真实场景下对话语料极为丰富，这种方式对对话库中语料的数量和质量要求很高，必须能够尽量多地匹配用户问句。另外，因为对话库中存储的都是真实的问答数据，所以这种方式的回复质量较高，表达比较自然。

基于检索的闲聊技术主要使用匹配的方法，匹配方法的核心是匹配用户问句 x 和对话库中的句子 y 的相似度并进行排序，选出候选问句。传统的做法是将句子表示成 one-hot 向量，然后对向量求相似度。随着深度学习技术的发展，句子的表示也常采用词嵌入的方式，以便更好地体现句子中的语义信息。

主流的匹配方法有两种，一种是弱相关（Weak Interaction）模型，包括 DSSM（Huang et al., 2013）、ARC-I（Hu et al., 2015）等算法；另一种是强相关（Strong Interaction）模型，包括 ARC-II（Liu, 2023）、MatchPyramid

（Pang et al., 2016）、DeepMatch 等算法。两种方法最重要的区别是对句子 <x, y> 建模的过程不同，前者是单独建模，后者是联合建模。

基于检索的闲聊系统的主要设计思想是检索出与当前输入语句最相近的对话库语句，将该语句对应的回复作为系统回复，达到自动生成闲聊回复的目的。因此，检索式闲聊系统的核心为句子的相似度匹配。

算法流程大体上包括两个步骤：第 1 步，用一个搜索引擎（如 Elasticsearch）对所有语料进行粗粒度筛选，获得候选答案；第 2 步，使用匹配算法对候选答案进行精排序，获得候选答案中与输入句子语义最接近的问句，返回该问句对应的答句作为最终的回复语句。

Elasticsearch 是一个分布式、可扩展、实时的搜索与数据分析引擎，它不仅可以支持全文搜索，还可以支持结构化搜索、数据分析以及一些更复杂的语言处理、地理位置和对象间关联关系处理等。它可以快速地储存、搜索和分析海量数据。Elasticsearch 在计算文本相关度时采用了 Okapi BM25 算法，BM25 算法源自概率相关模型，是对传统的 TF-IDF 算法的改进。介绍 BM25 算法之前，我们首先回顾下 TF-IDF 算法的思想和计算公式。

TF-IDF 算法包括两个核心概念，一个核心概念是 TF，它是指一个词在某类文档中出现次数的占比。一个词在文档中出现的次数越多通常说明其越重要。

$$TF(w) = \frac{\text{在某类文档中 w 出现的次数}}{\text{该类全部文档中的所有词条数}}$$

另一个核心概念是 IDF。包含某个词条的文档数量越少，说明该词具有区分文档的能力，反之则反。

$$IDF(w) = \log\left(\frac{\text{语料的文档总数}}{\text{包含词条 w 的文档数} + 1}\right)$$

其中，分母加 1 是一种平滑方法，避免包含词条 w 的文档数为 0 时，比值无法计算的问题。因此，TF-IDF 的公式为：

$$TF\text{-}IDF = TF \cdot IDF$$

BM25 算法同样使用 TF、IDF 及字段长度归一化，与 TF-IDF 不同的是，其增加了可调参数 k_1 和 b。k_1 代表词频饱和度（Term Frequency Saturation），用来控制饱和度变化的速率和上限。有一些词如"的""了"等在文档中出现的频次很高，其 TF 值也极高，以致它们的权重被过分放大。传统的 TF-IDF 在计算时，通常会去掉这些词（停用词），BM25 算法认为这些词虽然重要性低，但并非毫无用处，可以通过参数 k_1 控制饱和度变化的速率和上限。k_1 值一般在 1.2—2.0，数值越低，饱和的过程越快，在 Elasticsearch 中的默认取值为 1.2。

b 代表字段长度规约，用于调整字段长度对相关性影响的大小，它可以将字段长度归约化到全部字段的平均长度上。BM25 算法认为较短字段比较长字段更重要，但字段中某个词的频度所带来的重要性会被这个字段长度抵消，因此需要考虑字段的平均长度。参数 b 的值在 0—1，1 代表全部归约化，0 代表不进行归约化。b 越大，字段长度对相关性的影响越大，反之越小，其在 Elasticsearch 中的默认取值为 0.75。

如果用 Q 表示输入的句子 Query，q_i 表示句子中的一个词，d 表示一个候选文档（字段），那么 BM25 算法的一般性公式为：

$$score(Q, d) = \sum_{i}^{n} W_i \bullet R(q_i, d)$$

其中，W_i 代表 q_i 的权重，通常用 IDF 表示，IDF 的计算公式为：

$$IDF(q_i) = \log \frac{N - n(q_i) + 0.5}{n(q_i) + 0.5}$$

其中，N 代表全部文档数，$n(q_i)$ 代表包含 q_i 的文档数。单词 q_i 与文档 d 的相关性得分 $R(q_i, d)$ 的计算公式为：

$$R(q_i, d) = \frac{f_i \bullet (k_1 + 1)}{f_i + k}$$

$$K = k_1 \bullet (1 - b + b \bullet \frac{dl}{avgdl})$$

其中，dl 表示文档 d 的长度，$avgdl$ 表示所有文档的平均长度。综上，BM25 算法的公式为：

$$score(Q, d) = \sum_{i}^{n} IDF(q_i) \cdot \frac{f_i \cdot (k_1 + 1)}{f_i + k_1 \cdot (1 - b + b \cdot \frac{dl}{avgdl})}$$

Elasticsearch 中的 BM25 是一个词袋模型的算法，并没有考虑语义上的信息，例如"我喜欢红色"和"我不喜欢红色"在语义上是相反的，但基于 BM25 算法算出的相似度分值会非常高；而对于"你很漂亮"和"你很好看"，由于"漂亮"和"好看"是两个不同的词，计算出的相似度分值会较低。为了优化检索效果，通常会利用 Elasticsearch 对问答库进行粗筛选，再结合后续的匹配算法排序并选择候选答案。随着词嵌入方法的普及，匹配算法通常会先获取候选句子的向量表示，这种向量表示一定程度上包含了语义信息，进而通过向量之间的余弦距离计算出句子的语义相似度。

2. 基于生成的闲聊系统

基于生成的闲聊系统较基于对话库检索的闲聊系统更复杂，其能够通过已有的语料生成新文本作为回答。生成式闲聊系统在接收到用户输入的句子后，采用一定的技术手段自动生成一句话作为应答。好处是可以覆盖任意话题的用户问句，缺点是生成式应答的句子质量很可能存在问题，比如存在常识性错误、语句不通顺、句法错误等看上去比较低级的错误。

生成式闲聊系统通过构建端到端的深度学习模型，从海量对话数据中自动学习"问题"和"回复"之间的语义关联，从而达到对任何用户问题都能自动生成回复的目的。需要注意的是，采用端到端的生成模型往往会出现多轮对话中的对话连续性问题、安全回答的问题、机器人个性不一致的问题。系统框架如图 8-6 所示，可以看到，系统对输入句子进行编码，然后用编码指导词的输出，在输出时既考虑了原始句子的编码，也加上了不同层次的注意力机制，最后依次传递输出，直到输出词尾（Shang et al., 2015）。

在实际应用中，生成句子时将所有词都看作等价的是不合适的，应更关注符合人类认知的与输入句子或聊天主题关系更密切的词。参考基于对话库检索的闲聊系统在处理一条提问对应多条回答时使用的方法，

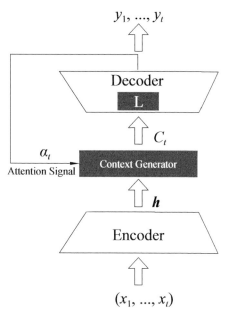

图 8-6　端到端生成式模型

为了在输出概率方面体现出哪个词与主题的相关性更高，考虑将注意力模型嵌入编解码过程。另外，为了克服用传统的 RNN 及注意力模型建立的生成式闲聊系统中存在的回答过于枯燥的问题，在实际操作中往往要用到外部知识来丰富回答。一种常用的基于外部知识提高回复多样性的方法是主题词增义，即在使用一般的端到端方法预测回复的单词序列的同时，通过增强与输入句子有关的主题词，对主题词进行编码，预测输出的单词序列。

Seq2seq 模型通过利用一个循环神经网络作为编码器，从而将输入序列转换成定长的向量，将向量视为输入序列的语义表示。利用另一个循环神经网络作为解码器，根据输入序列的语义表示生成输出序列。适用于各类序列的相关生成任务，其具有较强的序列文本信息编码能力，在神经对话系统中发挥着重要作用。其模型结构如图 8-7 所示，Seq2seq 的模型结构主要由一个编码器（Encoder）和一个解码器（Decoder）构成。

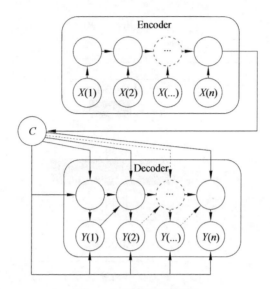

图 8-7　序列到序列模型

　　在序列到序列结构中，编码器通过将输入的序列编码为统一的语义向量交由解码器进行解码，而解码器的机制是循环解码，这是从前一步的输出值出发，使其作为后一步的输入值，直至输出到停止符。以机器翻译为例，输入中文"早上好"后，编码器根据循环神经网络公式，在 t=3 时有，

$$context = h_3$$

　　这表示，Encoder 将"早上好"的输入信息存入 h_3 中。对于 Encoder，在 t=1 时输入起始符号"<START>"，开始解码。Teacher Forcing 是包含于 seq2seq 的解码中常用的一种技术，具体为，在模型训练时的解码阶段，在每个时刻使用标准答案对模型进行输入，从而起到教导模型的作用。若使用 Teacher Forcing，则在 t=2 时刻，Decoder 的输入不是 t=1 时模型的输出，而是标准译文"Good"。以此类推，直至输出结束字符"<END>"（Li et al., 2018）。

8.4 基于大语言模型的人机对话系统

近年来，深度学习技术、自然语言处理技术的发展为智能问答带来了新的可能性。2022 年底，OpenAI 公司推出了一款专注于对话问答生成的大语言模型 ChatGPT，标志着问答系统进入到一个全新时代（Liu et al., 2023）。基于大语言模型的问答系统可以更为高效、准确地理解人类提出的复杂语义问题，并且支持多源异构知识表达和多轮语义交互，可以实现更为智能化的问答体验。

大语言模型普遍采用的基础神经网络模型为 Transformer，Transformer 由谷歌公司于 2017 年提出，其利用自注意力机制进行输入和输出（Vaswani et al., 2017）。与传统的神经网络 RNN、LSTM 不同的是，RNN、LSTM 只能依照顺序从左到右或从右到左依次提取语句的特征，但是在长文本序列中，由于压缩后的编码表示往往会忘记序列的前列内容，因而容易导致上下文语义的丢失，会出现长程依赖以及特征信息丢失的问题。Transformer 模仿人类的注意力机制对语句的特征进行学习，不仅表现出了强大的并行能力，而且一定程度上缓解了特征信息丢失的问题。其原理是计算输入的每对词向量之间关联情况，并利用相互之间的关联关系分配每个词向量权重，从而体现出不同词向量之间的重要程度（Vig, 2019）。其结构如图 8-8（a）所示，它由自注意网络和前馈网络两个子层组成。Transformer 基于 seq2seq 模型，由编码器以及解码器组成，编码器和解码器下又由多个模块（Block）堆叠而成，每一层具有相同的结构，共同组成 Transformer（Moritz, Hori, 2020）。在编码-解码架构中，编码器能够把输入序列（x_1, x_2, x_3, ..., x_n）转换成一个连续的向量表达式 $z = (z_1, z_2, z_3, ..., z_n)$，然后解码器再基于该表达生成相应的输出序列（$y_1$, y_2, y_3, ..., y_n）。

对于基础的 Transformer 模型，编码器由 6 层组成，每一层包括两个子层：第一层中包含多头自注意力层，第二层则包含一个简单的全连接前馈网络，使得每一层输出维度与下一层输入相符合。在每个子层后，都连接一个残差及层归一化（Layer Normalization）网络，每个子层的输出为：

$$OUTPUT = LayerNorm(x + Sublayer(x))$$

解码层 Decoder 同样由 6 层组成，每一层包括三个子层：第一层输入仅包含当前位置之前的词语信息，其设计的原因在于解码器是按顺序解码的，当前输出只能基于已输出的部分；第二层是输入包含编码器的输出信息（矩阵 K 和矩阵 V）；第三层是全连接前馈网络。与编码器中的子层相似，解码器中所包含的每个子层也有残差连接，而后进行层归一化。最后是线性全连接层和 Softmax 层，解码器的输出被输入到一个线性层中，转化为一个超长向量（词典长度），再输入到 Softmax 层中转化为概率，最后运用适当策略（如贪婪搜索或束搜索）选择输出的词语。在解码时与编码时的不同之处在于，一次只输出一个词语。已输出的序列会作为解码器的输入，与 N-gram 等模型进行比较，Transformer 更容易对句子中的长距离依赖特性进行捕获，更重要的是，其可以充分利用上下文的相关语境信息，并在对话生成中发挥更大优势。

另外，在 Transformer 中应用了多头注意力机制（Multi-Head Attention），如图 8-8（b）所示，其通过多个注意力头获得 d_{model} 维数的值向量，并行地训练多个值向量，再将它们拼接在一起进行输出。在实际应用中，采用基于矩阵的运算来进行并行计算：

$$A(Q, K, V) = S(Q, K)V$$

$$S(Q, K) = \left[\frac{\exp(Q_i K_{Tj} / \sqrt{d_k})}{\sum_k \exp(Q_i K_{Tj} / \sqrt{d_k})} \right]$$

其中，该模块的输入涵盖了三个向量，分别为查询向量 Q、键向量 K 和值向量 V。查询向量和键向量的维数为 d_k，值向量的维数为 d_v。除以 d_k 的作用在于训练时获得更加稳定的梯度（Ethayarajh, 2019）。

基于大语言模型的问答技术是一种利用大规模预训练语言模型来回答自然语言问题的方法，该方法的核心思想是先用海量文本数据预训练出一个大语言模型，然后在海量问答数据集上对该模型进行微调，使其适应下游问答任务，进而提供问答服务（Hoffmann et al., 2022）。大语言模型在纷繁复杂、类型多样的数据上训练得到，天然适应于各类自然语言处理任务，而非仅适用于问答任务。同时，原始训练出来的大语言模

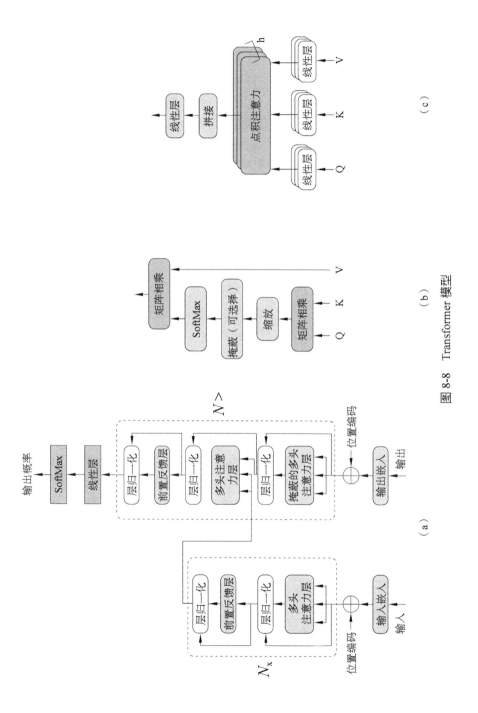

图 8-8 Transformer 模型

型缺乏对海量真实的人类问答数据集的学习训练，并不能完全适用于人类的问答场景，往往需要进一步微调优化，方可作为问答系统投入使用，这也是目前各类大语言模型基本都配置了"base"基础版本与"chat"问答版本的原因。

大语言模型领域,知名度最高的当数 OpenAI 公司开发的 GPT 系列模型。其中基于 Transformer 的解码器架构训练而来的 GPT-1 是一个单向语言模型，发布于 2018 年，模型参数规模仅为 1.17 亿（Radford et al., 2018）。在此基础上，GPT-2 于次年发布，该模型有近 15 亿个参数（Radford et al., 2019）。在此期间，基于编码器架构的语言模型、基于解码器架构的语言模型与基于编码器-解码器双向语言模型三分天下。突破性地，Brown 等学者于 2020 年发布了 GPT-3 模型，该模型参数达到了惊人的 1750 亿规模（Brown et al., 2020）。研究人员在实验过程中发现，随着模型参数量以及训练数据规模量的增加，大模型的表现也往往随之提升，乃至出现了"涌现"能力（Wei et al., 2022）。涌现能力可以理解为参数量达到一定量级后，模型具有了复杂的推理理解能力。

在之后的发展过程中，解码器架构逐渐主导了大语言模型的发展。基于解码器架构的"大数据 + 大参数"大语言模型展现出来的涌现能力，将编码器以及编码器-解码器架构的领域任务适配优势给拉平甚至有所超越，这也反映出海量文本数据天然蕴含着大量的自然语言处理任务，进行更为充分学习训练后的解码器架构大语言模型往往具备更强、更为通用的零样本拟合性能。然而仅通过增加参数数量和训练数据规模也不能确保模型效果得到提升。以 2021 年谷歌推出的 Switch Transformer 模型为例，其参数规模高达约 1.6 万亿，是首个万亿参数级别的大模型（Fedus et al., 2022），但其生成效果却远未达到预期水平。相比参数量巨大但训练不充分、算法不合理、数据质量低的大模型，一个参数量适中的、但结构设计合理并针对特定任务进行优化的模型，往往能够带来更好的效果（文森等，2023）。

8.4.1 基于大模型技术的人机对话系统的优势与不足

大模型在各种自然语言处理任务上表现卓越，甚至能够对未见过的任务表现出不错的性能，这为正确处理复杂问题展示了能够提供统一解决方案的潜力。然而，这些模型都存在一些固有的局限性，包括处理中文能力较差、部署困难、无法获得关于最近事件的最新信息以及产生有害幻觉事实（Maynez et al., 2020）等。由于这些局限性，将大语言模型直接应用于专业领域问答仍然存在诸多问题。一方面难以满足大语言模型对于硬件资源的要求；另一方面，面对专业领域，大语言模型的能力仍然有所不足。

8.4.2　提高大语言模型问答能力的方法和技术

现阶段，主流的用于提高大语言模型问答能力的方法和技术可概括为以下几种：

一、提示词工程

提示（Prompt）：在大语言模型（LLM）中，Prompt 是指用于引导模型生成文本的输入文本，Prompt 可以是一个问题、一个主题、一段描述等，它可以帮助模型理解用户的意图并生成相应的文本。在使用 LLM 生成文本时，Prompt 的选择和设计非常重要，因为它将直接影响生产的文本质量和准确性。

提示工程（Prompt Engineering）：Prompt Engineering 是一门较新的学科，关注提示词开发和优化，帮助用户将大语言模型用于各场景和研究领域。掌握了提示工程相关技能将有助于用户更好地了解大型语言模型的能力和局限性。

提示词可以包含以下任意要素：

指令：想要模型执行的特定任务或指令；

上下文 / 语境：包含外部信息或额外的上下文信息，引导语言模型更好地响应；

输入数据：用户输入的内容或问题；

输出指示：指定输出的类型或格式。

如下例，我们想让大模型策划以下年会的流程，指令就是策划年会流程，也就是想让模型执行的特定任务；语境是公司举办年会，也就是额外的上下文信息；输入数据是领导发言、奖品发放等，也就是用户输入的内容或问题；输出指标是 Markdown 格式，也就是制定输出的类型或格式。如图 8-9 所示。

中文名称	Prompt中的描述
指令	策划年会流程
语境	公司举办年会
输入数据	领导发言、奖品发放、才艺表演等环节
输出指标	Markdown格式

输入 Prompt

> 公司要举办年会，你帮我策划以下年会流程，要求包含领导发言、奖品发放、才艺表演等环节，结果以Markdown格式输出。

图 8-9　提示词构成要素

具体的提示词工程技术主要包括：零样本提示（zero-shot prompting）、少样本提示（Few-shot prompting）、思维链提示（Chain-of-Thought Prompting, COT）、自我一致性、思维树（Tree of Thought, TOT）等。限于篇幅的原因，感兴趣的读者可以查阅相关书籍或网上浏览相关资料进行学习。

二、大模型微调

利用提示词工程技术能够在一定程度上提高大语言模型的问答能力，减轻其"幻觉"现象，然而，受限于模型本身的性能和其预训练、微调的语料，对于模型没有掌握的知识和技能，即使编写很好的提示词工程，此时依旧无法提高模型的性能。

从模型本身和训练语料层面来考虑提高大模型的问答能力，另一种常用的提高大语言模型问答能力的技术是"数据 + 微调"的范式，即使用不同的专业数据对预训练语言模型进行微调，如 P-tuning（Liu X et al., 2021）、P-tuning v2（Liu X et al., 2021）等，以获取语言模型在相应领域的专业能力。通过更新少量参数，减少了对硬件资源的要求，能够在一定程度上提升大模型在垂直领域的问答能力，然而微调会在一定程度上产生灾难性遗忘问题。

三、知识增强 / 检索增强技术

另一种提高大模型在垂直领域的问答能力、减轻其幻觉的方式为采用知识增强或检索增强生成技术，检索增强生成技术通过结合文本嵌入模型与生成模型实现语义匹配检索与自然语言生成的有机融合，提高了问答系统的可解释性与可信度。该技术呈现出两大显著优势：首先，知识无需隐式嵌入于模型参数，而是以即插即用的方式显式引入，具备良好的可扩展性；其次，对比从零开始生成文本，基于检索增强的文本生成以检索得到的文档作为参考依据，便于溯源查证。

现有的基于检索增强技术提高大模型问答对话能力主要采用的技术方案可大致分为两种，一种为采用以知识图谱技术为代表的结构型数据库对大模型进行知识增强，其中所涉及的技术手段有命名实体识别技术、语义相似度计算技术、自然语言生成技术等；另一种是以 Langchain 为代表的对非结构的知识进行语句向量化，然后根据与向量化的问句计算文本间的语义距离进行向量召回排序，从而实现对大模型进行知识增强，其所包含的技术手段主要有文本嵌入技术、语义检索技术等。

下面以北京外国语大学人工智能与人类语言重点实验室研发的"北外外语知识学习系统（V2.0 版）"为例，对检索增强技术提高大模型的问答能力作出举例说明。

随着 OpenAI 发布划时代人工智能产品 ChatGPT 以来，基于大模型技术的人机对话成为当下研究的热点。大模型技术从根本上来说属于生成式的人机对话系统。尽管大模型技术有着诸多的优点，然而其存在着"一本正经地胡说八道"的"幻觉"问题。如何将大模型技术应用于教育领域，克服大模型的"幻觉"问题，充分利用大模型强大的认知推理能力，是个值得深入研究的问题。北京外国语大学人工智能与人类语言重点实验室结合自身的特点和优势，自研了基于多引擎知识增强策略的北外外语知识学习系统（V2.0 版），并在一定范围试用，得到广大师生的一致好评，为各领域和各高校人机对话系统的研制提供一定的参考。

该系统的欢迎及问答页面如图 8-10 所示。

该系统主要包括以下几个模块。（1）处理用户问题输入模块：用于获取用户输入的问题并进行意图识别，当问句意图类型为闲聊类时，将直接回复相关文本；当问句意图类型为知识问询类时，将进行下一步处理。（2）结构型数据知识增强模块：该模块将借助结构型数据库知识图谱等对大模型进行知识增强，包括对问句进行命名实体识别、执行查找语句、语义相似度计算等步骤。（3）搜索引擎数据知识增强模块：该模块将充分利用具有实时更新信息能力的互联网搜索引擎数据对大模型进

图 8-10　北外外语知识学习系统

行知识增强，包括获取可信搜索引擎网址链接、爬虫获取网页内容、文本内容整合等步骤。（4）用户定制化数据知识增强模块：该模块基于用户本地文档对大模型进行知识增强或完成特定的功能，主要包括文档预处理、分句、相似度计算等步骤。（5）最终答案生成模块：该模块中，大模型首先经过适度微调，然后整合上述三种知识增强模块的内容，构造最终用于对大模型进行知识增强的提示词工程，大模型将依据已经掌握的知识并选择性地参考提示词工程内容，最终生成高质量的用户问句的答案，如图 8-11 所示。

该对话系统框架的核心在于对三种知识增强模块的交互利用，结构型数据知识增强模块充分利用了高准确度的以知识图谱为代表的结构型数据知识，搜索引擎数据知识增强模块充分利用了互联网数据实时更新且具有高准确度的优点，用户定制化数据知识增强模块可满足用户私有化、定制化知识问答的功能，该模块对非结构化数据具有高效的处理效果。该对话系统框架较为全面地结合了现阶段知识获取的主流途径，包括对结构化、非结构化数据知识的应用，包括对既有的、实时更新知识的应用，也包括对通用百科类、私有个性化数据知识的利用，具有参考信息全面、实时更新迅速、安全可靠等一系列优点。

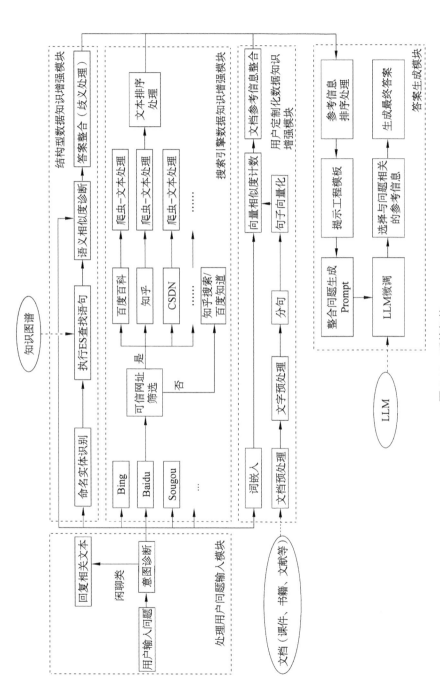

图 8-11 系统架构

1. 处理用户问题输入模块

首先获取用户输入问题，对用户输入问题进行意图诊断，主要包括闲聊类意图和知识问询类意图。其中，闲聊类意图可具体分为：问候、感谢、自我介绍、离开四种类型。当用户输入问句被诊断为闲聊类意图时，系统将直接回复相关文本；当用户输入问句被诊断为知识问询类意图时，系统将对用户问句进行下一步处理。

对用户输入问题进行意图诊断，所采用的神经网络模型可选择传统的如基于机器学习的向量多分类模型、Bilstm-Crf 等神经网络模型对输入问句进行多分类意图诊断。

2. 结构型数据知识增强模块

在此之前，需确保用户问句意图被诊断为知识问询类意图。首先对用户输入的问句进行命名实体识别，问句命名实体识别神经网络模型可以采用 Transformer 模型的变体 RoBERTa_wwm_ext 等神经网络模型根据用户问句实体执行结构型数据库知识点查找。

结构型数据库包括 Mysql、SqlServer、知识图谱等，为便于说明和展示，这里以知识图谱为例。为对后续大模型知识问答进行知识增强，知识图谱需提前建设，其中存储有用户问答所需的各领域详细知识。以本系统为例，知识图谱中存有百科类知识、外国语言文学类知识、国际组织知识、外语多语种知识（英语、祖鲁语、吉尔吉斯语、汤加语、日语、萨摩亚语等），如图 8-12 所示。

进一步地，将查找到的包含问句实体的知识进一步与问句进行语义相似度诊断，语义相似度计算模型可以采用 BERT 模型的预训练模型 chinese_rbt3_L-3_H-768_A-12 进行微调训练获得。

选择得分最高的候选答案，并进行同类别答案整合，生成参考信息集合 k_1。其具体实现过程为，当问句的实体包含歧义信息时，首先进行知识图谱搜索，搜索出所有包含实体的相关知识；接着进行语义相似度诊断，筛选出相似度计算得分最高的知识实体，选择其歧义信息；以此歧义信息作为依据，对搜索得到的包含实体的知识进行同类别知识整合，并生成参考信息集合 k_1，如图 8-13 所示。

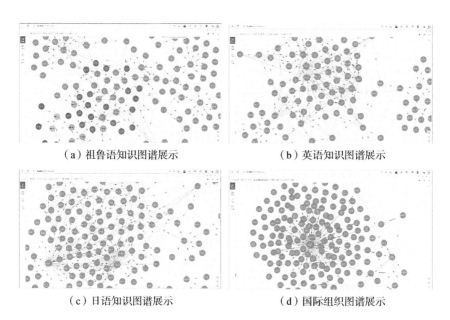

（a）祖鲁语知识图谱展示　　　　（b）英语知识图谱展示

（c）日语知识图谱展示　　　　（d）国际组织图谱展示

图 8-12　外语知识图谱

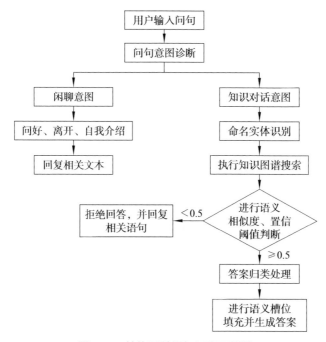

图 8-13　结构型数据知识增强模块

3. 搜索引擎数据知识增强模块

在此之前，需确保用户问句意图被诊断为知识问询类意图；首先根据用户输入问句可以通过 API 请求的方式，也可以通过网络爬虫的方式进行搜索引擎网址查找，搜索引擎可以为 Bing、Baidu、Sougou、Google 等。

接着，根据搜索引擎上查找到的与问题相关的网址进行可信网址链接筛选，可信网址筛选需事先确定好各领域较权威的网站，如新闻类较权威的网站有央视新闻网、新浪新闻、今日头条等；问答类较权威的网站有知乎、百度知道等；天气类较权威的网站有中国天气网、中国气象台等；技术类较权威的网站有 CSDN、bilibili 等，通过关键字母匹配的方式筛选根据搜索引擎查找到的与问题相关的网址链接。

对经过可信网址筛选的可信网址链接进行二次爬虫，爬取相关的内容文本，爬虫所采用的框架可选择 Scrapy 框架、PySpider 框架、Portia 框架、Beautiful Soup 框架、Crawley 框架等。

对爬取到的文本信息内容进行文本预处理，生成参考信息集合 k_2，具体包括对过长文本进行截断处理，对爬虫文本内容进行无效信息过滤、去重、格式规范化等，如图 8-14 所示。

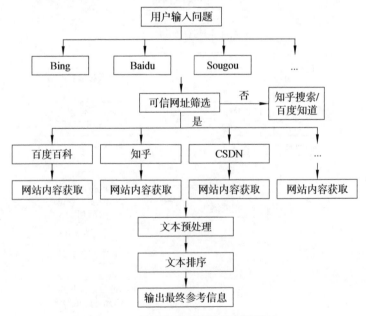

图 8-14 搜索引擎数据知识增强模块

4. 用户定制化数据知识增强模块

在此之前，需确保用户问句意图被诊断为知识问询类意图。首先，对本地文档材料内容进行预处理，具体步骤包括对文档材料内容进行去重、无效信息过滤、格式规范化等。

采用基于文档材料句子标点符号分句和基于文档材料内容语义对文档材料进行分句。基于句子标点符号分句，其中用于分句的标点符号可以是传统意义上一句完整句子结尾常用的标点符号，如 ".。\？？！！" 等，也可以对句子进行更细粒度的切分，如采用全标点符号等；基于文档材料内容语义分句，主要采用 Python 中第三方库函数，如开源框架 Langchain 中 Recursive Character Text Splitter、Markdown Header Split Text 等库函数。

对完成文档切分的分句进行词嵌入向量化处理并存储，其中，词嵌入向量化所采用的模型可以包括 Moka-AI 的 M3e 系列预训练模型、Sensenova 的 Piccolo 系列预训练模型、OpenAI 的 Text-Embedding 系列模型、Text2vec-Base-Chinese 系列模型等。

获取用户输入问题，采用与上述步骤相似的处理方式对用户输入问题进行词嵌入向量化处理。

对用户输入问题向量与文档分句向量进行相似度计算，所采用的计算向量相似度的方法可以采用包括传统的计算向量间的余弦相似度、欧几里得距离的方法，也可以采用集成的相似度检索框架 Faiss 模型等。

选择 Top i 的文档分句向量所对应分句内容，生成参考信息集合 k_3，为了提高向量召回信息的准确性，可适当增加文档分句向量召回的数量。此外，为提高向量召回信息的完整性，可适当对召回向量所对应的文档分句内容进行上下文扩充，如选择对应分句及其前后 200 个字作为召回信息，如图 8-15 所示。

5. 答案生成模块

首先对大模型进行适度微调进行领域适应，对大模型进行微调所采用的方法可以包括 LoRA、Adapter Tuning、Prompt Tuning、Prefix Tuning、P-Tuning、P-Tuning v2 和 AdaLoRA 等。

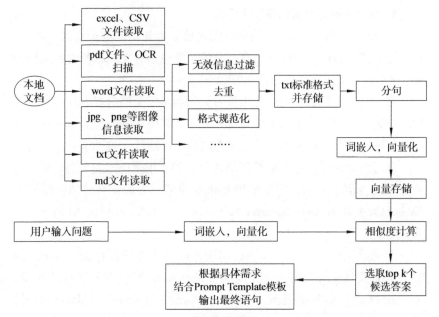

图 8-15　搜索引擎数据知识增强模块

　　将上述步骤所得到的参考信息集合，k_1、k_2 和 k_3 整合，并结合提示工程模板生成提示工程。通常情况下，默认用户输入的本地文档内容需要大模型关注程度最高，k_3 放在提示信息的最前面；接下来结构化知识图谱中的信息准确性较高，k_1 放在第二位；互联网中的参考信息 k_2 放在最后；也可以根据 k_1、k_2 和 k_3 与问题的相关程度综合进行排序。用户可根据实际情况排列 k_1、k_2 和 k_3 的顺序以满足具体需求。

　　大模型将根据自己已掌握的知识点并选择性地参考经整合的提示工程信息内容回答用户问题。其展现出的知识问答能力与现阶段主流的人机对话产品的对比如图 8-16 所示。

　　总体来看，该对话系统结合现阶段主流的知识来源途径，即以知识图谱为代表的结构型数据库知识、以搜索引擎为代表的互联网领域知识和以用户私有文档为代表的非结构化用户本地文档材料知识，来共同对大模型进行知识增强。该对话系统框架既兼顾了以知识图谱等为代表的结构型知识，又兼顾了以互联网网页和用户本地文档为代表的非结构型数据知识的应用；既包含了以知识图谱等为代表的传统类信息，又包含以互联网、用户本地文档为代表的时效性信息；既满足了用户对以百科类知识图谱、互联网等为代表的通识类知识问答的要求，又满足了以用户本地文档为代表的用户私有知识和数据进行问答的要求，具有参考信息全面、实时更新迅速、安全可靠等一系列优点。

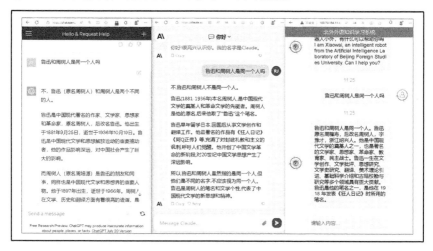

（a）与 ChatGPT、Claude2 对比

（b）与文心一言、讯飞星火对比

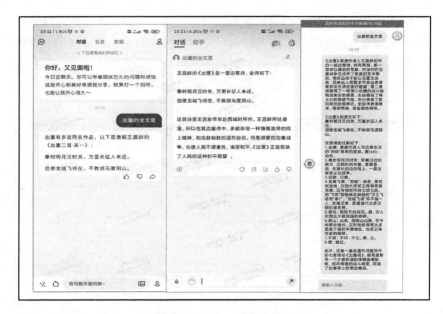

（c）与文心一言、讯飞星火对比 [1]

图 8-16　北外外语知识学习系统回答问题能力与目前主流产品的对比

思考与讨论

1. 从技术实现上来说，人机对话系统有哪几种实现方式？

2. 一个完整的聊天机器人包括哪几部分？有哪些是必须的。

3. ChatGPT 实现的原理是什么？你认为 ChatGPT 真正理解人类语言了吗？

4. 现阶段，有哪些方法能够缓解以 ChatGPT 为代表的大模型出现的"幻觉"问题？

5. 列举你生活中出现的人机对话系统。未来你对聊天机器人的展望是什么？

1　该项对比的时间为 2023 年 11 月。由于互联网产品的更新迭代，该项对比将会随着时间的变化而呈现不同的结果。

参考文献

[1] Bahdanau D., Cho K., Bengio Y. Neural machine translation by jointly learning to align and translate [J]. *CoRR*, 2014, abs/1409.0473.

[2] Berant J., et al. Semantic Parsing on Freebase from Question-Answer Pairs [J]. *EMNLP*. 2013, 2 (5): 6.

[3] Brown T., et al. Language models are few-shot learners [J]. *Advances in Neural Information Processing Systems*, 2020, 33: 1877-1901.

[4] Cavnar W. B. N-gram Based Text Categorization [C]. *Proc. Third Symposium on Doc-ument Analysis and Information Retrieval*, 1994: 161-175.

[5] Cho K., et al. Learning Phrase Representations using RNN Encoder-Decoder for Statistical Machine Translation [C]. *Proceedings of the 2014 Conference on Empirical Methods in Natural Language Processing, EMNLP 2014, October 25-29, 2014, Doha, Qatar, A meeting of SIGDAT, a Special Interest Group of the ACL*. 2014: 1724-1734.

[6] Ethayarajh K. How Contextual are Contextualized Word Representations? Comparing the Geometry of BERT, ELMo, and GPT-2 Embeddings [C]. *Proceedings of the 2019 Conference on Empirical Methods in Natural Language Processing and the 9th International Joint Conference on Natural Language Processing (EMNLP-IJCNLP)*. 2019: 55-65.

[7] Fedus W., Zoph B., Shazeer N. Switch transformers: Scaling to trillion parameter models with simple and efficient sparsity [J]. *The Journal of Machine Learning Research*, 2022, 23 (1): 5232-5270.

[8] H. Mei, M. Bansal, M. R. Walter. Coherent dialogue with attention-based language models [J]. *CoRR*, 2016, abs/1611. 06997.

[9] Hoffmann J., et al. Training compute-optimal large language models [OL]. arXiv preprint arXiv: 2203.15556, 2022.

[10] Hu B, et al. Convolutional Neural Network Architectures for Matching Natural Language Sentences [J]. *Advances in Neural Information Processing Systems*, 2014, 27.

[11] Huang P S, et al. Learning Deep Structured Semantic Models for Web Search Using Clickthrough Data [C]. *Proceedings of the 22nd ACM*

International Conference on Conference on Information & Knowledge Management. ACM, 2013.

[12] J. Weizenbaum. ELIZA—A computer program for the study of natural language communication between man and machine [J]. *Communications of the ACM*, 1966, 9 (1): 36-45.

[13] Kim Y. Convolutional Neural Networks for Sentence Classification [C]. *Proceedings of the 2014 Conference on Empirical Methods in Natural Language Processing, EMNLP 2014, October 25-29, 2014, Doha, Qatar, A meeting of SIGDAT, a Special Interest Group of the ACL*. 2014: 1746-1751.

[14] L. Shang, Z. Lu, H. Li. Neural responding machine for short-text conversation [J]. *Accepted as a full paper of ACL-2015*, 2015.

[15] L. Shao, et al. Generating highquality and informative conversation responses with sequence-to-sequence models [J]. arXiv preprint arXiv:1701.03185, 2017.

[16] Liang P. Lambda dependency-based compositional semantics [J]. arXiv preprint arXiv: 1309. 4408, 2013.

[17] Liu X, et al. GPT understands, too [J]. arXiv:2103.10385, 2021.

[18] Liu X, et al. P-tuning v2: prompt tuning can be comparable to finetuning universally across scales and tasks [J]. arXiv: 2110.07602, 2021.

[19] Liu Y, et al. Summary of chatgpt/gpt-4 research and perspective towards the future of large language models [OL]. arXiv preprint arXiv: 2304.01852, 2023.

[20] Maynez J., et al. On faithfulness and factuality in abstractive summarization [J]. arXiv: 2005.00661, 2020.

[21] Mikolov T., et al. Efficient Estimation of Word Representations in Vector Space [J]. *CoRR*, 2013, abs/1301.3781.

[22] Pang L., et al. Text matching as image recognition [J]. *Proceedings of the AAAI Conference on Artificial Intelligence*. Vol. 30. No. 1. 2016.

[23] Peng B., et al. Recurrent Neural Networks with External Memory for Spoken Language Understanding [C]. *Natural Language Processing and Chinese Computing-4th CCF Conference, NLPCC 2015, Nanchang, China, October 9-13, 2015, Proceedings*. 2015: 25-35.

[24] Peters M. E., et al. Deep contextualized word representations [J]. arXiv preprint arXiv:1802.05365, 2018.

[25] Radford A., et al. Improving language understanding by generative pre-training [J]. 2018.

[26] Radford A., et al. Language models are unsupervised multitask learners [J]. *OpenAI blog*, 2019, 1 (8): 9.

[27] Rieser V., Lemon O. *Natural Language Generation as Planning Under Uncertainty for Spoken Dialogue Systems* [M]. Springer-Verlag, 2010: 105-120.

[28] Shi Y., et al. Recurrent Support Vector Machines For Slot Tagging In Spoken Language Understanding [C]. *NAACL HLT 2016, The 2016 Conference of the North American Chapter of the Association for Computational Linguistics: Human Language Technologies, San Diego California, USA, June 12-17*, 2016. 2016: 393-399.

[29] Sutskever I., Vinyals O., Le Q. V. Sequence to sequence learning with neural networks [J]. *Advances in Neural Information Processing Systems*, 2014, 27.

[30] Vaswani A., et al. Attention is all you need [C]. *Advances in neural information processing systems*. 2017: 5998-6008.

[31] Vig J. A Multiscale Visualization of Attention in the Transformer Model [C]. *Proceedings of the 57th Annual Meeting of the Association for Computational Linguistics: System Demonstrations*. 2019: 37-42.

[32] Wallace R. S. *The Anatomy of ALICE* [M]. Springer Netherlands, 2009.

[33] Wei J, et al. Emergent abilities of large language models [OL]. arXiv preprint arXiv: 2206.07682, 2022.

[34] 刘挺，车万翔，李正华. 语言技术平台 [J]. 中文信息学报，2011，25（6）：53-63.

[35] 孙翌，李鲍，曲建峰. 图书馆智能化 IM 咨询机器人的设计与实现 [J]. 现代图书情报技术，2011，27（5）：88-92.

[36] 文森，钱力，胡懿地，常志军. 基于大语言模型的问答技术研究进展综述 [J]. 数据分析与知识发现，2023，3-5.

[37] 姚恩育. 阿里巴巴：让人工智能"重构"各行各业 [J]. 浙商，2016，24：44-46.

第九章　让机器实现多语言翻译

本章提要

　　机器翻译是语言智能的重要领域之一，也是开启语言智能研究最早的领域。随着国际交流日益频繁，特别是互联网时代到来后，以各种语言为载体的信息大量聚集。借助于机器翻译可以实现高效便捷的多语言服务。本章首先介绍机器翻译的概念，讲述其历史发展，然后讲解主流机器翻译方法与核心技术，并详述多种测评机器翻译质量的方法。同时还关注到了目前机器翻译领域面临的低资源语言机器翻译这一难题，归纳出一系列可行解决方法。最后列举出几个现下较为成熟的机器翻译系统，并给出使用体验。通过本章学习可以了解机器翻译的发展历史，建构原理与评估方法，全方位认识机器实现跨语言交际的过程。

9.1　机器翻译的概念、背景和历史发展

　　"翻译"是指把一个事物转化为另一个事物的过程，具体到人类语言的翻译则是指通过人脑运作将一种语言文字转化为另一种语言表达（肖桐，朱靖波，2020）。机器翻译（Machine Translation, MT）则是运用机器（通常指计算机）将一种自然语言翻译成另一种自然语言，涉及计算机科学、数学和语言学各领域的知识（冯志伟，2004：1）。

　　使用机器进行翻译的想法早在 17 世纪计算机还未面世的时候就已经萌生。最早是笛卡尔（Descartes）和莱布尼茨（Leibniz）等学者希望用机器词典克服语言障碍，在统一的数字代码基础上编写词典。到 20 世纪 30 年代初，人们初步尝试使用计算模型进行自动翻译：1932 年法国工程

师阿尔楚尼（Georges Artsrouni）制造出一种"翻译机"，通过查询多功能词典完成翻译，取名为"机械脑（Mechanical Brain）"。纵观机器翻译发展历程，可以根据关注度、翻译性能和原理技术等多方面的考量，将其分为萌芽期、低谷期、发展期和繁荣期四个阶段。

萌芽期时间覆盖 20 世纪 50 年代到 60 年代前期，早期的机器翻译研究主要是不同国家出于对机器翻译的实际需求，运用语言学的句法分析建立机器翻译模型，发展了基于规则的机器翻译技术。1946 年，第一台计算机诞生于宾夕法尼亚大学，至此使用机器进行翻译有了真正实现的可能。1949 年，韦弗（Warren Weaver）撰写了一篇名为 Translation 的备忘录，记录了利用计算机进行语言自动翻译的想法，正式提出了机器翻译问题以及避免"字对字"翻译的原则。韦弗认为翻译的过程类似于密码解读，从语言 A 出发，经过某一通用语言（Universal Language）或中间语言（Interlingua），最终转换为语言 B。在韦弗的启示下，机器翻译研究迅速兴起。1952 年麻省理工学院召开了第一次机器翻译学术会议，随后美国乔治敦大学等高校以及国际商业机器公司（IBM）也纷纷展开有关机器翻译的研究。1954 年乔治敦大学在 IBM 公司的支持下进行了世界首次机器翻译实验，采用了基于词典和规则的方法，将几个简单的俄语句子翻译成英语，展示了机器翻译的实现过程。在整个 20 世纪 50 年代以及 60 年代前期，美国、英国、苏联、法国、日本、中国等世界多国一直在积极推进机器翻译研究，并且在机器翻译理论发展要求的刺激下，产生了一门新的学科——计算语言学。

20 世纪 50 年代机器翻译的蓬勃发展吸引了人们更多目光，对机器翻译技术的审视随之增加。50 年代末 60 年代初，研究者们发现机器翻译的译文质量很多难以达到预期。1964 年，美国科学院成立了语言自动处理咨询委员会（Automatic Language Processing Advisory Committee, ALPAC），对美国机器翻译的发展、应用及资助情况作出评估，并于 1966 年 11 月公布了一个题为《语言与机器》（"Language and Machines"）的报告，即 ALPAC 报告，指出机器翻译研究已经遇到了难以克服的语义障碍（Semantic Barrier），建议削减对机器翻译研究的资助。ALPAC 报告导致当时整个产业界和学术界都开始回避机器翻译相关的技术研究及应用投入，自此开始直到 70 年代中期，机器翻译研究一直处于低潮。

20 世纪 70 年代到 21 世纪初为机器翻译的发展期，此阶段基于语料库的机器翻译方法，特别是基于统计的机器翻译方法提出，使机器翻译性能以及译文质量大幅度提升。机器翻译研究于 20 世纪 70 年代中期开始复兴，受人工智能发展影响，20 世纪 70 年代提出了基于知识的机器翻译方法；受语料库语言学发展影响，80 年代出现了基于语料库的机器翻译方法，大规模收集互为译文的双语语料并基于这些平行语料进行翻译。基于语料库的机器翻译方法有两个分支：一种是基于实例的机器翻译方法，另一种是基于统计的机器翻译，其中统计机器翻译无需人工编写规则，改变了获取翻译知识的方法。基于实例的方法对语料规模的要求高，且难以充分利用实例，在统计机器翻译出现后便淡出了机器翻译的舞台（侯强，侯瑞丽，2019：31）。早在 1949 年，韦弗就提出过使用统计学的办法来解决机器翻译的问题，但当年尚缺乏高性能计算机和语料。随着计算机技术的不断发展和语料库语言学的兴起，语言数据迅速电子化，人们得以用计算机统计语言规律，用数学模型模拟从语言数据中挖掘出来的规律，甚至进行推理。1990 年在芬兰召开了国际计算语言学大会，辛顿称这次会议开启了统计机器翻译时代（Hinton et al., 2012），统计机器翻译很快成为机器翻译研究与应用的代表性方法。

最近十年，深度学习的方法被广泛运用于机器翻译任务，机器翻译发展进入了繁荣期，持续至今。2013 年之后，机器学习的进步引发了机器翻译技术的更新。平行语料的进一步积累以及计算机处理能力的显著增强使机器翻译得以与神经网络模型结合。2016 年谷歌推出了 GNMT（Google Neural Machine Translation），神经网络机器翻译由此逐渐被大众所熟知并运用。

我国是继美国、英国、苏联之后第四个开展机器翻译相关研究的国家。早在 1956 年，国家就把机器翻译研究列入了我国科学工作的发展规划。我国研制的第一个翻译系统，由中国科学院于 1959 年进行了初步俄汉机器翻译试验，把 9 个俄语句自动翻译成中文代码；1987 年，中国人民解放军军事科学院研制的"科译 1 号"机器翻译系统问世，并且成功走向了实用化和商品化。"科译 1 号"系统的基础是逻辑语义结构，根据源语的线性结构，生成以动词为根结点的树形图，逐层展开树形图，得到译语的线性结构（冯志伟，2001）；1994 年国防科技大学成功开发英汉机器翻译系统 Matrix，可根据不同用户的需求更改词典，后来该系统经进一步开发，实现了协助中国网民无英语语言障碍网上冲浪，是 20 世纪 90 年代的重大突破；同时期中软公司开发的汉外机器翻译系统 Sino Trans，达成全球首个能翻译汉语技术报告、论文、报刊文章以及说明书等资料的机器翻译系统（冯志伟，2019）。

现如今的机器翻译在很多特定情况下译文质量是很高的，有专家认为神经网络机器翻译的质量甚至已经达到"接近人工译文"（Near Human Parity）或"等同于人工译文"（Human Parity）的效果（Hassan et al., 2018）。机器翻译目前仍然面临一些挑战：一、自然语言具有高度的灵活性，很难用模型和算法全部还原；二、人和计算机的运行方式完全不同，很难用计算机模拟人类语言能力；三、单一的方法无法解决多样的翻译问题——任意两种语言之间的翻译都是不同的翻译任务，不同的领域和应用场景对翻译也有不同的要求（肖桐，朱靖波，2020）。具体到实际应用中，就体现为机器翻译难以应对开放式翻译任务（如文学作品翻译、同声传译等），以及低资源语言机器翻译的难题。

9.2　机器翻译的原理与技术

机器翻译历史上主流的方法可以分为基于规则的机器翻译方法、基于语料库的机器翻译方法和基于深度学习的机器翻译方法。20 世纪 90 年代以前，基于规则的机器翻译是主流方法。20 世纪 90 年代基于语料库的机器翻译方法迅速壮大，其中基于统计的机器翻译方法占据了主流地位，一直延续到 21 世纪初。近十年随着机器深度学习的发展，神经网络与机器翻译更加融合，神经网络机器翻译的方法至今主导着行业。

9.2.1　基于规则的机器翻译

基于规则的机器翻译方法运行时就像执行 If-then 指令，如果译文符合翻译规则，则执行转换动作（肖桐，朱靖波，2020）。这种规则可以指导翻译句子之间单词、句法甚至语法之间的对应。基于规则的方法可以分成如图 9-1 的四个层次：词汇转换、句法转换、语义转换和中间语言层，上层可以继承下层的翻译知识。

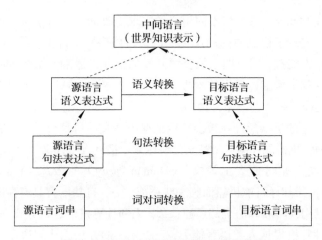

图 9-1　不同的基于规则的机器翻译策略

　　基于规则的机器翻译主要包括直接翻译法、转换法以及中间语言法。直接翻译法也称为逐词翻译法，不对源语进行分析，直接按照规则将源语单词映射到目标语。转换方法（Transfer-Based Translation）采用两种内部表达，按三个阶段进行翻译：第一阶段把源语转换成源语语种的内部表达，第二阶段把源语的内部表达转换成目标语语种的内部表达，第三阶段根据目标语的内部表达生成译文。基于规则的转换式翻译系统流程框架呈现如图 9-2。

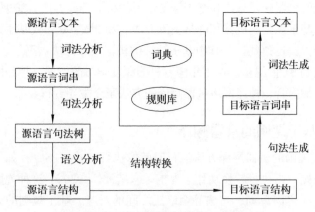

图 9-2　基于转换规则的机器翻译的过程

第一步，词法分析——切词，并把源语言文本中所有经过形态变体的词还原为词典形式。第二步，句法分析——根据扩展的上下文无关语法，得到源语文本中句子的句法树表示。第三步，语义分析——分析源语言句子的语义表达方式，得到句子中各个成分之间的格关系或依存关系，总结出原文的句法-语义表示。第四步，结构转换——依据转换规则将原文的句法-语义表示转换成目标语的句法-语义表示。第五步，句子生成——根据得到的目标语结构生成句子。第六步，词法生成——根据双语词典做义项排歧，并调整句中单词的形态（单词词尾变化、主谓语一致问题等）。

中间语言法（Interlingua-Based Translation）先把源语转换成一种句法-语义表示，这种结构化表示适用于所有语种，称为中间语言。然后解读中间语言并生成目标语。中间语言法的优点是独立于源语言和目标语言，但如何设计中间语言是一个问题，它本质上是一种知识表示结构，表示能力很大程度上影响着生成的译文质量。

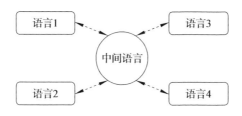

图 9-3 基于中间语言的方法

基于规则的机器翻译实现了翻译的机器化，提出了机器翻译最基本的工作原理及运行模式（高璐璐，赵雯，2020）。基于规则的机器翻译系统可解释性强，结构清晰，但所遵循的规则需要人为设置，一方面人工书写翻译规则无法避免会掺入主观性因素，另一方面对专业人员的时间精力要求非常高。除此之外，对于包含深层次信息的文本或比较复杂的表达，基于规则的机器翻译方法处理能力较弱。

9.2.2 基于语料库的机器翻译

由于基于规则的机器翻译方法在人力投入和理解深度方面存在缺憾，研究者们开始探索新的机器翻译道路。语料库的发展带来了不小的启示，引领研究者们关注到数据驱动的视角。20 世纪 80 年代和 90 年代出现了两种基于平行语料库的机器翻译方法，即基于实例的机器翻译方法和基于统计的机器翻译方法。研究者们加强对语言数据的开发利用，让机器自动从数据中探索规律，以取代大量的主观人为工作。

9.2.2.1　基于实例的机器翻译

基于实例的机器翻译（Example-Based Machine Translation, EBMT）是日本机器翻译专家长尾真于 20 世纪 80 年代提出的，主要知识源就是双语对照的翻译实例库。实例库由两个字段组成，一个保存源语言句子，另一个存储与之对应的译文。翻译模型运作时，每输入一个源语言句子 S，就会根据 S 在实例库的源语字段中进行比对，找出与之最为相似的源语例句 S' 及目标语字段中对应的译文例句 T'，以 T' 为参照初步生成 S 的译文，最后运用翻译词典的知识填充库中例句与实际翻译文本的不同之处，构成最终版目标语句 T 并输出。较为知名的基于实例的机器翻译系统有日本东京都大学长尾真和佐藤开发的 MBT1 和 MBT2 系统、美国卡内基梅隆大学研发的 PANGLOSS 系统和日本口语翻译通信研究实验室研发的 ETOC 和 EBMT 系统。

9.2.2.2　基于统计的机器翻译

统计机器翻译（Statistical Machine Translation, SMT）的基本思想是将从语料库中学习得到概率模型，用于计算可能的目标语序列的概率，并选取概率最高的作为译文，不需要人工编写规则或构建模版。随着统计机器翻译系统的不断发展和完善，先后出现了三种主要模型，分别是基于单词的统计机器翻译、基于短语的统计机器翻译和基于句法的统计机器翻译。

早期的统计机器翻译以单词为基本翻译单元。一个源语句子会有多种目标语翻译，这些翻译选项成为最终译文的可能性不同，而机器翻译系统就是要在多个选项中锁定可能性最大的。布朗（Brown）提出的 IBM 模型实现了这一过程，该模型可看作噪音信道模型（Noisy Channel Model）：把目标语言称为 T，T 作为噪音信道的输入，经过噪音信道被噪音干扰或加密，发生扭曲变形成为源语言 S，也就是噪音信道的输出。统计机器翻译实际上就是根据可观察到的 S 解码出可能性最大的 T。用

Pr(T|S) 表示 S 译成 T 的概率，翻译问题就成为在已知 S 的前提下，寻找一个 T，使得 Pr(T|S) 取最大值的问题，即：

$$\widehat{T} = \text{argmax } \text{Pr(T|S)}$$

根据贝叶斯定理（Bayes Theorem）：

$$\text{Pr(T|S)} = \frac{\text{Pr(S|T)} \cdot \text{Pr(T)}}{\text{Pr(S)}}$$

因源语 S 已知，Pr(S) 和 T 无关，故：

$$\widehat{T} = \text{argmax } \text{Pr(S|T)} \cdot \text{Pr(T)}$$

其中 Pr(T) 称为语言 T 的语言模型，语言模型给出 T 语言的单词在句中的排列顺序。首先简化语言模型 Pr(T)，由 T=$t_1 t_2 \ldots t_n$，得到 Pr($t_1 t_2 \ldots t_n$)= Pr(t_1)Pr($t_1|t_2$)…Pr($t_n|t_1 t_2 \ldots t_{n-1}$)。根据 N-gram 模型进行简化，只考虑 N 个历史单词，一般情况下 N 取 2 或 3，即得到二元模型（Bigram Model）或三元模型（Trigram Model）。此处以 N=2 为例，Pr(T)=Pr($T_i|T_{i-1}$)。然后使用 T 语言的语料估计概率 Pr($T_i|T_{i-1}$)，采用相对频率法（Relative Frequency），统计实际语料中单词 T_{i-1} 与 T_i 相邻出现的次数除以单词 T_{i-1} 出现的次数，即

$$\text{Pr}(T_i|T_{i-1}) = f(T_i|T_{i-1}) = \frac{f(T_{i-1}, T_i)}{f(T_{i-1})}。$$

Pr(S|T) 称为翻译模型，理解为根据已知的 T 语言句中的单词去选择 S 语言中对应单词的概论，通过学习双语平行语料，从中抽取到的词对齐信息。布朗对翻译模型 Pr(S|T) 计算式做出如下简化：

$$\text{Pr(S|T)} = \prod\nolimits_{i=1}^{n} \left\{ \text{Pr}\ (f_i/t_i) \cdot \prod\nolimits_{j=1}^{f_i} \text{Pr}\ (s_q/t_i) \cdot \prod\nolimits_{i,j,t} \text{Pr}\ (i\,|\,j,\,l) \right\}$$

其中 Pr($f_i|t_i$) 表示 T 中单词 t_i 翻译时可以对应 S 中共 f_i 个单词的概率，布朗等称其为繁殖概率（Fertility Probability）；Pr($s_q|t_i$) 表示单词 t_i 译成单词 s_q 的概率，称为翻译概率（Translation Probability）；Pr($i|j, l$) 描述翻译过程造成的单词位置变化，称作变形概率（Distortion Probability），在 S 语言句子中单词的位置为 i，T 语言句子中单词的位置是 j，S 语言句子的长度（句子总单词数）为 l。以下面的句子为例计算：

Yo(1) voy(2) a(2) lavar(3) mis(4) pantalones(5) cortos(5) después(6) de(6) recoger(7) mis(8) prendas(9)[1]

I will wash my shorts after collecting my clothes

$$Pr(S|T) = Pr(1|I)*Pr(yo|I)$$
$$*Pr(2|will)*Pr(voy|will)*Pr(a|will)$$
$$*Pr(1|wash)*Pr(lavar|wash)$$
$$*Pr(1|my)*Pr(mis|my)$$
$$*Pr(2|shorts)*Pr(pantalones|shorts)*Pr(cortos|shorts)$$
$$*Pr(2|after)*Pr(después|after)*Pr(de|after)$$
$$*Pr(1|collecting)*Pr(recoger|collecting)$$
$$*Pr(1|my)*Pr(mis|my)$$
$$*Pr(1|clothes)*Pr(prendas|clothes)$$
$$*Pr(1|1,12)*Pr(2|2,12)*Pr(3|2,12)*Pr(4|3,12)*Pr(5|4,12)$$
$$*Pr(6|5,12)*Pr(7|5,12)*Pr(8|6,12)*Pr(9|6,12)*Pr(10|7,12)$$
$$*Pr(11|8,12)*Pr(12|9,12)$$

有了上述模型之后，翻译过程即为一个解码（Decode）过程，对所有可能的 T 计算其 Pr(T|S)，找出取值最大时的 $\hat{T}$ 作为 S 的译文。

基于此公式，IBM 先后建立了 5 个翻译模型（IBM Models 1-5），对统计机器翻译在词汇对齐层面进行算法开发。但是该公式存在着较为明显的缺陷：首先，此类统计机器翻译模型仅支持目标语言 T 到源语言 S 的一对多对齐，而不支持 S 到 T 的，但实际上这样的情况大量存在；此外，这种统计翻译方法把语言视为无结构单词串，然而真实语言运用情景中还需要考虑语言的形态结构。

继 IBM 以单词为单位的统计机器翻译模型之后，又发展出了基于短语的统计机器翻译（Phrase-Based Statistical Machine Translation）。此处的"短语"并非通常的语言学意义上的短语，而是指连续的单词序列（Segment）。基于短语的统计翻译模型主要是关于短语的抽取和打分，最初分为两个层次：粗对齐模型和细对齐模型。粗对齐指源语和目标语首

1　西班牙语单词后括号内的数字表示与其对应的英语单词在英语句中的序号。

先在句子层面进行短语的对齐，然后在短语内的词汇层面进行细对齐（高璐璐，赵雯，2020：100）。后来 Nagata 等（2006）又提出了全局短语调序模型概念，用于改进原模型对数据要求高的问题。

为更多考虑语言整体结构，又提出了基于句法的统计机器翻译（Syntax-Based Statistical Machine Translation），引入句法分析系统，可以越过相邻的单词、短语，从句法结构层面考虑逻辑，进行更远位置的匹配。基于句法的统计机器翻译主要有基于形式化语法的翻译模型和基于语言学语法的翻译模型。基于形式化语法的翻译模型更擅长处理语言结构，不考虑语言学知识，翻译过程更层次化。基于语言学语法的翻译模型兼顾形式化语法与语言学知识，使用依存树或短语结构树描绘语言结构。依存树更关注句子内部词与词之间的关系，即语义结构；短语结构树更侧重句子各部分及整体结构，即句法结构（赵红梅，刘群；冯志伟，转引自高璐璐，赵雯，2020）。

统计机器翻译模型建构方式灵活多样，能够处理更复杂的句子，但仍存在一些问题：首先，统计机器翻译系统仍然需要人工定义翻译特征；其次，统计机器翻译系统构成模块多且复杂；再次，统计机器翻译需要大规模的平行语料，翻译准确性直接依赖语料数量；最后，随着训练数据增多，翻译模型会明显增大，对系统存储要求高（俞士汶，2003；肖桐，朱靖波，2020）。

9.2.3　基于深度学习的机器翻译

机器翻译是自然语言处理（Natural Language Processing, NLP）领域重要的研究内容，其借助计算机程序自动地将源语言文本翻译为具有相同语义的目标语言文本。基于深度学习的机器翻译指的就是利用深度神经网络进行翻译任务。近年来基于深度学习的机器翻译已经取得了显著的进展，特别是注意力（Attention）模型、长短时记忆模型（Long Short-Term Memory, LSTM）这样的神经网络模型的出现。在英法、中英、汉英这样的大语种翻译任务中，机器翻译的表现几乎可以媲美人工翻译。近年来，机器翻译在低资源语言的翻译上也取得了长足进步，这使人们对人工智能技术和语言智能技术充满信心和期待。

9.2.3.1 深度学习

深度学习（Deep Learning）由 Hinton 等人在 2006 年提出，现已成为机器学习领域发展最快的主流技术之一。由于深度学习是机器进行的一种多层次非线性处理，与传统的浅层次线性处理相比，在处理模型分析和分类问题上更准确，性能更高。近些年，基于"深度学习"的神经机器翻译系统快速发展，模拟神经网络的深度学习技术能够使机器拥有自动学习抽象特征表达的能力，并且能够将学习结果灵活地应用到其他任务中，因而基于深度学习的机器翻译可以尽可能省去人工调配，而实现由机器自动推断最佳翻译结果（Poibeau, 2017）。深度学习以梯形递进式结构进行数据统计、解析，从最基本的数据分析开始，到复杂结构的信息处理，最后得出总体信息结构（Poibeau, 2017）。这一点与人脑神经网络尤为相似。人们在面对复杂的语言意义时，大脑会自动判断出语言所使用的语境、是否具有隐含意义、讲话人的语气等语言外信息对语言意义本身的影响。而深度学习技术由于使用的层级递进类似于人脑的神经网络，因而在处理语言的复杂现象时比传统的统计机器翻译表现更佳。这种相似性也使得基于深度学习的神经机器翻译比传统的机器翻译表现得更好。

深度学习在搜索技术、数据挖掘、机器学习、图像识别与处理、机器翻译、语音识别、人机交互、医学影像分析、疾病诊断、金融风险评估、信用评级等多个领域都取得了很多成果。深度学习使机器能模仿人类的视听和思考等活动，解决了很多复杂的模式识别难题，使得人工智能相关技术取得了长足的进步。

9.2.3.2 神经网络机器翻译

神经网络机器翻译（Neural Machine Translation）依据统计机器翻译的基本思想，利用人工智能模仿大脑神经元进行语言翻译，是以端到端的方式进行翻译建模的新一代机器翻译方法，实现了源语言到目标语言的直接翻译。神经机器翻译已经在多个评价指标上逐渐超过了统计机器翻译方法，成为一种具有很大潜力的机器翻译模型。相较其他的机器翻译方法，神经网络机器翻译有着泛化能力强、建构简单、需要的领域专业知识少等优势（Sutskever et al., 2014）。然而，尽管神经网络机器翻译是目前最先进的机器翻译方法，但与传统的机器翻译方法相比仍存在着不足之处，如长句与低资源语言对处理不佳、翻译质量不稳定等问题都是我们需要关注的问题（秦颖，2018）。

深度学习神经机器翻译的主要问题集中在长句子的处理上。神经网络机器翻译的译文自然流畅，且能很好地处理句法功能及句型之间的转换，但也有长句子调序复杂耗时、数据训练难度大等缺点。其次，由于编码器在处理长句子时按照固定方向的向量编码，会出现误翻或漏翻的情况。随着句子增长到一定的字数，神经网络机器翻译的质量会快速下降。相比之下，统计机器翻译的表现更为稳定（汪云，周大军，2017）。此外，Koehn & Knowles（2017）提出神经网络机器翻译在处理高资源语言对时优于统计机器翻译，但是在处理低资源语言对时表现较差。

在翻译质量上，神经网络机器翻译容易出现罕见词处理不佳、错译、漏译等错误。在词语层面，神经网络机器翻译更好地处理了词形变化、词序调整、词汇选择等问题。但由于其词汇表的容量一般较小，神经网络机器翻译在运行时不可避免会遇到罕见词（Rare Word），又称集外词（Out-of-Vocabulary Word），影响其翻译的质量。从语篇层面看，神经网络机器翻译在连贯性、衔接性等方面都取得了较大进展，却容易出现漏译错误（戴光荣，刘思圻，2023）。

为解决神经机器翻译在长句子处理上的困境，注意力机制作为一种可行的解决方案被引入（Poibeau, 2017）。注意力机制通过同时应用正向神经循环和逆向神经循环，将两个循环的端到端"编码-解码"过程链接起来进行向量表示。这一链接可以使解码器在目标语言端有效捕捉相关的源语言上下文，有效改善了信息传递的方式。通过提高机器对主要信息与次要信息的分析，使重要信息传达得更加准确流畅。基于深度学习的神经机器翻译技术在训练算法、先验约束、模型架构、受限词汇量及低资源语种翻译等方面都有长足的进展。

9.2.3.3　经典神经机器翻译模型

神经机器翻译模型主要有两种，一种是 Google 团队提出的端到端（End-to-End）模型，一种是蒙特利尔大学团队提出的编码解码（Encoder-Decoder）模型，二者在原理上非常相似。

1. End-to-End 模型

"End-to-End" 通常指的是一种直接从源语言句子到目标语言句子进行翻译的模型, 而不涉及传统的翻译流水线中的词对齐、短语翻译等中间步骤。如图 9-4 所示, 模型输入 A、B、C, 在输入条件下依次生成并输出 W、X、Y、Z, "<EOS>" 为人为加入的句子结束标志。在翻译中, 输入为源语言, 输出为目标语言, 称为端到端模型。

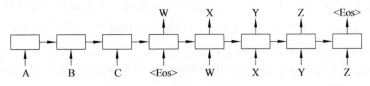

图 9-4　端到端模型[52]

2. 编码-解码（Encoder-Decoder 模型）

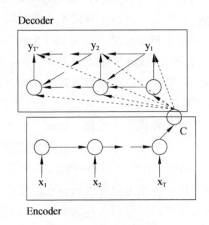

图 9-5　编码-解码模型[12]

Encoder-Decoder 模型是使用神经网络进行机器翻译的基本方法, 由编码器和解码器组成。编码器读取源语言句子, 将其编码为维数固定的向量; 解码器读取该向量, 依次生成目标语言词语序列。Encoder-Decoder 模型可以有效解决输入序列和输出不等长的问题。编码器解码器模型是通用的框架, 可以由不同的神经网络实现, 如长短时记忆神经网络、门控循环神经网络等（李亚超, 2018）。

9.2.3.4　神经网络在机器翻译中的应用

近几年，出现了基于神经网络的机器翻译，在译文流畅度和精确度上均有较好的表现。目前，主流的神经网络翻译架构有卷积神经网络（CNN）、循环神经网络（RNN）、长短时记忆网络（Long Short-term Memory Network, LSTM）、门限循环单元（Gated Recurrent Unit, GRU）、Transformer 模型等，在翻译结果上有不同的表现，也有各自的优缺点。表 9-1 中总结了几种技术的优缺点。

表 9-1　几种架构的优缺点分析

名称		优点	缺点
RNN 及其变形	RNN	能够利用连续数据对下一个数据进行推断，且允许信息持续存在，传统的神经网络无法做到这一点	梯度消失和梯度爆炸的问题
	LSTM	改进了 RNN 的梯度问题	参数多，计算复杂
	GRU	简化了 LSTM，降低了计算量	存在梯度消失问题，对超长序列建模能力有限
CNN		减少了大量参数，提高模型训练速度	需要大量的计算资源和样本量，且需要 GPU 进行训练
Transformer		通过高速并行计算来加快训练和解码的速度；引入注意力机制，使得翻译译文和翻译效果更佳，翻译速度也有一定的提升	体量大，参数过多

1. 循环神经网络及其变形在机器翻译中的应用

（1）循环神经网络

人类并不是每时每刻都从头开始思考。阅读文章时、看电影时，人们会根据对前面内容和剧情的理解来预测和理解后续发展，人们的思想形成基于前面已经获得的知识。循环神经网络是一种能够利用连续数据对下一个数据进行推断的方法，即后一个的输入与前一个的输入存在关系，并允许信息持续存在。RNN 能够对序列中的每个部分执行相同的任务，因此主要用于可变长序列数据问题，在机器翻译和语音识别中得到了广泛应用。随着深度学习算法和注意力机制的出现，RNN 模型也得到了优化。2014 年 Bahdanau 等人引入了注意力机制提出 RNNSearch 模型，以此获取更多有用信息提高翻译准确率。引入注意力机制主要是为了解决长距离依赖问题，长距离依赖会导致信息在长距离传输中丢失。

如图 9-6 所示，一块神经网络 A，输入 Xt 并输出一个值 Ht。循环允许信息从网络的一个步骤传递到下一步。展开的 RNN 可以被看做同一神经网络的多次复制，每个神经网络模块都会把消息传递给下一个。

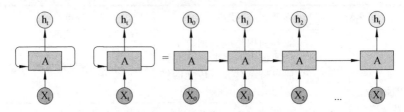

图 9-6　循环神经网络的单个图和展开图 [79]

（2）长短时记忆模型

在过去的几年，RNN 在各个领域取得了令人瞩目的成功：如语音识别、语言建模、翻译、图像字幕等。这些成功的关键是使用"长短时记忆模型 LSTM"。LSTM 模型是一种特殊的循环神经网络（RNN），由 Hochreiter & Schmidhuber（1997）提出。LSTM 能够学习长期依赖性，且处理变长的输入序列，并在后续工作中被许多人完善和推广，现在被广泛使用。LSTM 的原则是，记住有用的，忘记无关紧要的。例如，在网上浏览用户对于某事物的评价时，我们只会记住关键词，而会省略无关的词。如果一条序列过长，RNN 会面临着梯度消失和梯度爆炸的问题。LSTM 的设计主要是为了在一定程度上解决 RNN 存在的梯度问题。

LSTM 中包括忘记门、输入门、输出门以及细胞状态。这三种门用来保护和控制细胞状态。遗忘门会读取上一个输出 h_{t-1} 和当前输入 X_t，做一个 Sigmoid 的非线性映射，输出一个向量 f_t，最后与细胞状态 C_{t-1} 相乘。其中，忘记门决定从细胞状态中丢弃什么信息，输入门决定什么样的新信息被存放在细胞状态中。最终旧细胞状态 C_{t-1} 将更新为新细胞状态 C_t，输出门确定过滤后要输出的值。

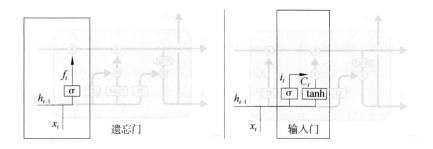

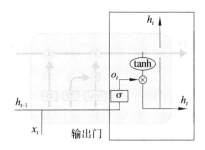

图 9-7　LSTM 结构图

（3）门限循环单元（Gated Recurrent Units, GRU）

　　在面对大规模文本时，LSTM 的参数太多，处理起来较复杂，而 GRU 使用较少的参数就能缓解梯度消失问题。换句话说，GRU 是对 LSTM 的简化，效果相近且降低了计算量。GRU 将 LSTM 的输入门和遗忘门合并成更新门（Update Gate），又引入了重置门（Reset Gate），用更新门控制当前状态需要遗忘的历史信息和接受的新信息，用重置门控制候选状态中有多少信息是从历史信息中得到。由此可见，GRU 的优点在于能够捕捉长序列的依赖，结构简单。然而，其仍然存在梯度消失问题，对超长序列建模能力有限。

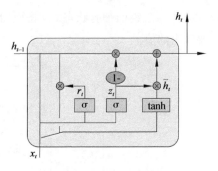

图 9-8 GRU 结构图 [79]

2. 卷积神经网络在机器翻译中的应用

卷积神经网络由纽约大学的 Yann Lecun 于 1998 年提出，是专门用于处理具有类似网格结构数据的神经网络。卷积神经网络的主要结构为全连接层（Fully Connected Layer）、卷积层（Convolution Layer）、池化层（Pooling Layer）、输入层和输出层。

与其他神经网络的不同之处在于，CNN 中存在一层或多层中的矩阵乘法运算被替换成卷积运算，其利用多层神经网络和图像局部性的优点减少了大量参数，提高模型训练速度。近年来，卷积神经网络在越来越多的领域超越传统模式识别与机器学习算法，取得顶级的性能与精度。这些成果主要是通过增加神经网络层数、加大训练样本的数量、改进训练学习算法这三方面的技术手段来实现的。与传统的 CPU（Central Processing Unit，中央处理单元）相比，GPU 有更多的并行计算单元，处理大规模模型和数据，能够让 CNN 在计算上获得显著的加速，提高模型训练的效率。

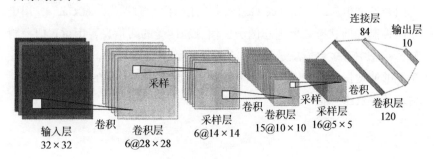

图 9-9 CNN 结构图 [87]

卷积层（Convolution Layer）的参数包括感受野（Receptive Field）、步长（Stride）和边界填充（Pad），三者共同决定了卷积层输出特征图的尺寸大小。其卷积过程可以概括为：输入层→卷积层计算特征图→池化层提取特征图→全连接层展开具有代表性的特征图→输出层将全连接层得到的一维向量经过计算后得到识别值的概率。

经典的卷积神经网络模型有 GoogleNet、AlexNet、VGGNet、ResNet 等。在机器翻译领域，Facebook 研发了基于卷积神经网络的神经机器翻译模型 ConvS2S。

3. Transformer 在机器翻译中的应用

2017 年，Vaswani 等人提出了完全基于注意力机制的 Transformer 模型。该模型应用多头注意力机制来对序列进行编码，并且编码器和解码器均由注意力模块和前馈神经网络构成。由于 Transformer 模型是完全基于自注意力机制的深度学习模型，因此该模型适用于并行化计算，且在翻译的精确度和性能上表现突出。与主流的 RNN 模型相比，Transformer 通过高速并行计算来加快训练和解码的速度，且采用注意力机制，使得翻译译文和翻译效果更佳，翻译速度也有一定的提升。但同时 Transformer 模型也存在自身体量过大、参数过多的问题。

如图 9-10 所示，Transformer 模型由多个编码层和解码层组成，编码层包括多头注意力层和前馈神经网络层。解码层包括两层多头注意力层、前馈网络层以及生成器（Softmax+Linear）。每一层都有残差连接层（Add & Norm）将每一层的激活值进行归一化。此外，还引入了位置向量来解决单词的顺序问题。Transformer 的两个核心是多头注意力机制（Multi-Head Self Attention）和位置向量（Position Embedding）。多头注意力机制进一步完善了自注意力机制，扩展了模型专注于不同位置的能力，为注意力层提供了多个"表示子空间"。位置向量将每个位置编号，使得模型分辨出不同位置的词，可以增强模型的输入。

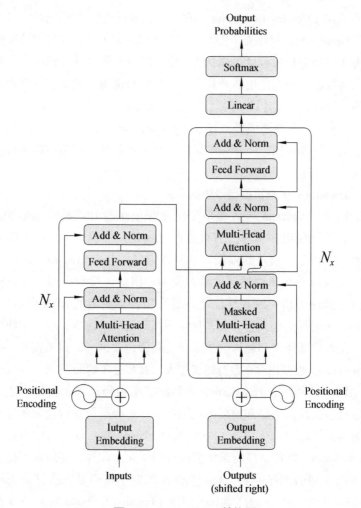

图 9-10　Transformer 结构图

9.2.4　混合机器翻译

Popovic（2017）对神经网络机器翻译和基于短语的机器翻译中出现的翻译问题进行了对比，发现两者突出的翻译问题各有不同，优势互补。这些研究表明，若将不同机器翻译模式的优势组合起来，翻译结果会更加优化。

混合机器翻译方法顾名思义由多种翻译策略共同组成，致力于在翻译或处理过程中扬长避短，排除方法上的不足，从而在一定限度内提高翻译质量，取长补短，趋利避害。语料需求趋低，译文质量高；处理过程较为便捷、可控，系统性能要求居中。然而，混合机器翻译的系统较为复杂，鲁棒性低，可扩展性差，引擎资源占用管理困难。

哈里旦木·阿布都克里木（2023）等人在维吾尔语机器翻译中使用统计机器翻译与神经机器翻译相结合的方法，并发现这种混合机器翻译方法可以有效解决稀缺数据问题。基于统计的方法可以利用少量平行语料进行训练，而基于神经网络的方法可以从大规模单语语料中学习，这种结合可以在低资源语言（如维吾尔语）情况下更好地解决数据稀缺问题。基于统计的机器翻译方法可以更好地利用语法和规则信息，这对于维吾尔语这样形态复杂的语言尤为重要，从而提高翻译质量。然而，这种方法也有一定的局限性。如结合两种方法可能导致系统整体的复杂度增加，包括模型的构建、融合、训练和部署等方面，这可能增加了开发和维护的难度。将统计和神经网络方法结合需要进行更复杂的模型融合和训练，涉及超参数的选择和调整，这需要较多的数据和计算资源，限制了方法的应用范围。

9.3　机器翻译质量测评

翻译研究必然伴随着翻译质量评价（Translation Quality Evaluation or Assessment），质量评价是翻译研究不可或缺的反馈环节。评价译文质量的应用需求十分广泛，不仅机器翻译系需要评测和对比，在译文的出版编辑、语言翻译教学等领域也需要对译文的质量进行评价（秦颖，2014）。近年来，国际上每年都会举办如 WMT（Workshop on Machine Translation）、IWSLT（International Workshop on Spoken Language Translation）等世界机器翻译大赛，以展现机器翻译发展的最新成果，探讨提升机器翻译质量的方法。

目前机器翻译质量测评的方法主要有三种：一是以 BLEU（Bilingual Evaluation Understudy）为代表的自动化评价方法（Sutskeveruet et. al., 2014; Jean et. al., 2015）；二是对机器翻译译文进行错误归类、打分、排序等工序的人工评价方法（Burchardt et. al., 2017; Isabelle et. al., 2017）；三是自动评价与人工评价相结合的半自动评价方法。

过去，我们依赖人工评价翻译结果，然而这种方式用时长，成本高，偏主观，依赖译者的专业水平和经验。为了解决这些问题，机器翻译领域的研究人员发明了 BLEU、METEOR、CHRF、NIST 和 ROUGE 等机器翻译自动评价指标。其中，BLEU 是目前最基础，也是应用最广泛的机器翻译评价指标，其余指标在 BLEU 的基础上对其缺点作出进一步改进。本节将着重介绍以 BLEU、METEOR 和 CHRF 为例的自动评价方法以及半自动测评方法。

9.3.1　自动化评价方法

9.3.1.1　BLEU 机器翻译自动测评方法

人类测评的方法不仅昂贵且耗时久，甚至需要数周或数月来完成。因此，亟需开发一种可以自动评估机器翻译的方法。相比于人工评估，自动化测评速度更快，花费更少，使用更广泛，可以用任意语言进行测试。BLEU（Bilingual Evaluation Understudy）的机器翻译自动评价方法由 Kishore Papineni 等人于 2002 年提出。由于衡量翻译质量的标准是越接近人工翻译越好，因此 BLEU 机器评估系统的两个要素是一个高质量的人类参考翻译语料库和一个测评翻译接近度的度量值。

BLEU 主要是评估模型生成的句子（Candidate Sentence）和实际句子（Reference Sentence）的差异的指标。BLEU 分数是通过分别计算 Candidate 句和 Reference 句的 N-grams 模型，统计其词语匹配的个数计算得到的，词语匹配上的数量越多，翻译的质量越好。BLEU 分数的取值范围在 0.0 到 1.0 之间，如果两个句子完美匹配（Perfect Match），那么 BLEU 是 1.0；反之，如果两个句子完美不匹配（Perfect Mismatch），那么 BLEU 为 0.0。值得注意的是，除非译文与参考译文相同，否则很少有译文能获得 1 分，即使是人工翻译。

尽管 BLEU 是目前主流的机器翻译测评方法，但也有一些缺点。首先，只查找完全匹配的单词，无法评估相同含义的不同单词。如含义相同的 "watchman" 与 "guard"，时态变化的 "rain" 和 "raining"，人类很容易就能识别出二者意思相同，但 BLEU 测评会认为这里的用词不正确。其次，它无法判断单词对于句子的贡献度。如介词错误和关键性的名词错误受到的惩罚相同，导致最后的得分不够精确。最后，它无法识别单词的顺序。例如句子"The guard arrived late because of the rain"和"The rain arrived late because of the guard"会得到相同的 BLEU 分数，尽管二者的意思完全不同。

1. 公式

为了使计算出来的 BLEU 分数有意义，BLEU 分数的计算中还引入了 N-gram 匹配、简洁惩罚系数等指标（Kishore Papineni et al., 2002）。

$$\text{BLEU} = \text{BP} * \exp\left(\sum_{n=1}^{N} W_n * \log(\text{precision}_n)\right)$$

其中，BP 是简洁惩罚（Brevity Penalty），用于惩罚生成的翻译较短的系统。N 是 N-gram 的最大阶数。W_n 是 N-gram 的权重，通常设置为等权重，即 $W_n = \dfrac{1}{N}$。Precisionn 是 N-gram 的精度，表示系统生成的翻译中与参考翻译匹配的 N-gram 的比例。

2. N-gram 匹配

N-gram 模型是描述"一个句子中的一组'n'个连续单词"的一种方式。以句子"The ball is red"为例 [1]，N-gram 必须按顺序排列，例如：

1-gram (unigram)："The""ball""is""red"

2-gram (bigram)：即两个连续单词"The ball""ball is""is red"

3-gram (trigram): 即三个连续单词"The ball is""ball is red"

4-gram：即四个连续单词"The ball is red"

在 BLEU score 的计算中，因为 1-gram 只关注了用词，而基本上忽略了词序，显然不能全面评估质量，因此实际测评中 N 一般取到 4。计算精度，只需计算出参考翻译中出现的候选翻译单词的数量，然后除以候选翻译中的单词总数。例如：

Reference 句：The guard arrived late because it was raining.

Candidate 句：The guard arrived late because of the rain.

由 Precision 分数 = 正确的预测词数量 / 总预测词数量，可以推断出：

---

[1] https://towardsdatascience.com/foundations-of-nlp-explained-bleu-score-and-wer-metrics-1a5ba06d812b.

1-gram：5/8

2-gram：4/7

3-gram：3/6

4-gram：2/5

得到如上四个分数后，代入 Average precision=(p1)¼+(p2)¼+(p3)¼+(p4)¼，即可得到统一权重后的精度分数。

3. 简洁惩罚（Brevity Penalty）

机器翻译输出的译文越短，越容易得到高分的 BLEU 值。简洁性惩罚的引入让高分候选翻译必须在长度、单词选择和单词顺序上与参考翻译相匹配。简洁惩罚会惩罚太短且无法匹配的句子，防止 Candidate 句不是正确或者正常句子的情况。例如："Candidate 句：the the the the"。

9.3.1.2　METEOR 测评方法

2004 年，卡内基梅隆大学的 Lavie 提出评价指标中召回率的意义，发现基于召回率的标准相比于那些单纯基于精度的标准（BLEU），其结果和人工评价结果更相近。基于此研究，Banerjee 和 Lavie 发明了基于单精度的加权调和平均数和单字召回率的 METEOR（The Metric for Evaluation of Translation with Explicit Ordering）评价方法，目的是解决 BLEU 标准中的一些固有缺陷（Banerjee and Lavie, 2005）。该指标考虑了基于整个语料库上的准确率和召回率，且包括其他指标中没有的一些功能，如同义词匹配等。

METEOR 评估标准在未来还有很大的研究空间。目前的评估标准相对简单，为了进一步优化该标准，Lavie 在训练数据上选择与人工评估最相关的公式来提高公式的准确性和适应性；优化语义相关性的度量方法，来识别具有相关含义但不完全是同义词的单词，提高机器对文本语义的理解；以及探索使用不同权重或合成参考翻译等方法，这些都将使 METEOR 更加准确和灵活，更好地满足翻译评估质量的需求。

9.3.1.3　CHRF 评估指标

CHRF（Character F-score）是一种机器翻译质量评估指标，由 Jan Niehues 等人提出。与传统的基于单词级别的 BLEU 指标不同，CHRF 关注字符级别的匹配和精确性，相比于 BLEU 得出的分数更加精确。CHRF 的公式如下：

$$\text{CHRF} = \frac{(1+\beta^2) * \text{Precision} * \text{Recall}}{\beta^2 * \text{Precision} + \text{Recall}}$$

其中，Precision 是精确度（查准率），是候选文和参考文匹配的字符级 N-gram 在候选文中占的比例，表示预测中的正确字符，有多少字符是正确的。Recall 是召回率（查全率），是候选文和参考文献匹配的字符级 N-gram 在参考文献中占的比例，表示参考中被成功预测的字符。β 可以控制召回率和精准度两个指标的重要性，当 β=1 时，二者同样重要，β 值通常取 1。

9.3.2　半自动测评方法

BLEU 等算法基于 N-gram 浅层匹配的方法，无法反映出句子语义的变化（Cifka & Bojar, 2018）。为了准确地反映出机器翻译的质量，很多时候采取人工评测辅以自动评测的方法。秦颖等人于 2022 年提出了人机协同的机器翻译评测体系，涵盖从底层基本词汇意义转换、中层短语和句子意义转换到高层语篇和语言功能意义转换等多层次的评价体系。

图 9-11　评价体系结构（秦颖，2023：14）

此评价体系以谷歌机器翻译和百度机器翻译的英汉互译作为测评对象。测评结果表明，在词汇上，机器翻译整体处理能力较强，对于常见的普通词汇、虚词、专业术语的翻译基本准确，但在组合歧义词、成语等带有文化或政治特色的内容的翻译上有很大改进空间。在句子层面，机器翻译表现较差。由于汉英在句式和语法上有较大差异和翻译复杂度的提高，导致机器翻译在句子翻译上的评分较低。在语篇层面，机器翻译在篇章内在要素和语篇功能上都与人工翻译存在显著的差异。

虽然不同的测评方法得出的结果有所差异，但总体来说，神经网络机器翻译取得了突破性的进步，无论是在准确度还是流利度上，都是目前各类机器翻译方法中表现最好的。

9.4 低资源语言机器翻译

神经机器翻译方法无需专业知识，且能很好地结合语句背景进行翻译。但这种方法也有一明显限制，就是翻译模型的训练需要大量源语言与目标语言的平行语料，训练集通常要囊括千万甚至数亿双语对照语句，而拥有此量级平行语料的语言对少之又少。尽管神经机器翻译已经取得亮眼成绩，但对于平行语料匮乏的语言，神经机器翻译的性能甚至不如传统的统计机器翻译（Sennrich et. al., 2016）。

低资源语言是一个相对的概念，其具体定义随着技术和资源的发展而有所变化。一般来说，低资源语言具有以下特征。（1）有限的语料库——低资源语言的语料库规模往往非常有限，不足以支持传统的机器翻译模型的训练，这使得从数据中学习语言模型和翻译模型变得非常困难。（2）缺乏规范化资源——与高资源语言相比，低资源语言通常缺乏大规模的语言资源，如字典、语法规则和语言标注数据，这使得语言分析和处理更加困难。（3）有限的研究关注——由于资源的稀缺性，低资源语言往往受到较少的研究关注，导致解决相关问题的方法相对有限（李佐文，2023）。

世界上存在约五千到七千种人类语言 [1]，而现行主流翻译器大多仅支持一百多种语言的翻译，究其原因是缺少大规模平行语料，模型训练数据不足。为应对多种语言平行语料稀缺的问题，一些专门用于低资源语言神经机器翻译的算法诞生了。

9.4.1　低资源语言机器翻译方法

9.4.1.1　有监督的低资源语言机器翻译方法

有监督的低资源语言机器翻译方法是指在低资源语言数据处理和翻译模型训练的过程中需要用到源语言和目标语言之间的双语平行语料的方法，主要有以下几种。

（1）逆向翻译（Back Translation）及其衍生方法：Sennrich 等人（2016）提出以逆向翻译的方法构建伪平行语料库，这种方法可以充分利用目标侧语言的单语语料。首先要使用已有的双语平行语料训练出一个逆向翻译模型（目标语到源语），并用此模型将目标语单语数据中的句子翻译成源语，这些通过逆向翻译形成的句对就构成了新的伪平行语料。接着，将原有的真平行语料与新生成的伪平行语料混合，翻译模型用此混合后的数据进行训练。

逆向翻译方法有效地丰富了低资源语言用于训练神经机器翻译模型的语料，然而在遇到原始平行语料极其匮乏的语言对时，这种方法就会显现出一些问题——初始翻译模型质量较差，导致译文噪音较多，生成的伪平行语料质量也就随之受限。解决这一问题的方法是进行迭代逆向翻译（Iterative Backtranslation），用已有的平行语料训练出一个逆向翻译模型和一个正向翻译模型，依然先用目标语单语语料完成逆向翻译，再将得到的源语文本输入正向翻译模型，如此循环往复，一个句子不断迭代直到两个翻译方向都不再有改进（Artetxe et al., 2020）。实验表明，通过多次的连续迭代反而会使译文质量降低，通常两次迭代就足够了（Chen et al., 2020）。

（2）迁移学习（Transfer Learning）：迁移学习方法指的是利用从已知任务中获得的知识来改进相关任务的性能，这种方法通常可以减少所需

1　https://en.wikipedia.org/wiki/Language.

的训练数据量。对于神经机器翻译模型的迁移学习，其主要思想为先在资源丰富的语言对的大型平行语料库中训练一个神经机器翻译模型（父模型，Parent Model），然后使用父模型初始化低资源语言对模型（子模型，Child Model）的参数，约束子模型在小型平行语料库中的训练（Pan & Yang, 2009）。运用迁移学习需要关注三个问题，即父模型语言的选择、联合词表的设置及子模型的微调。通常的做法是选择与给定的低资源语言属于同一语系或是来自相近地域的高资源语言作为提取父模型的辅助语言，这一选择可以借助 LANGRANK 框架自动筛选完成（Lin et al., 2019）。由于辅助语言与给定低资源语言在语言空间上的差异，会导致父模型与子模型词表错位，为解决这一问题，迁移学习中通常会设置一子单词级（Sub-Word）联合词表，从训练语料中获取，这一过程中常用的工具有分词算法 BPE（Byte Pair Encoding; Sennrich et al., 2015）和 Sentencepiece（Kudo & Richardson, 2018）。最后，目前模型微调效果比较好的是多阶段微调法——先用高资源语言和低资源语言混合语料库微调训练好的父模型，再用给定低资源语言对的平行语料微调子模型（Dabre et al., 2019）。迁移学习方法的优点是能有效降低模型训练对低资源语言平行语料的需求量，提升模型任务处理性能，且能在更短的时间内完成翻译模型的训练。在构建多语言机器翻译模型（Multilingual Neural Machine Translation, MNMT）时，迁移学习的方法也可用于高资源语言对，效果非常好。

（3）元学习（Meta Learning）：元学习算法是"快速适应新数据"的最有效算法，类似迁移学习运用在神经机器翻译中的进一步深化表示（赖文，2020）。元学习方法先在多对高资源语言的平行语料中训练高性能的神经网络机器翻译模型，然后构建一个包含翻译模型中所有语言的词汇表，最后根据词汇表和模型参数进行低资源语言神经机器翻译模型的初始化。元学习的想法是，与其像迁移学习那样，每换一个语言对都要重新训练一组父模型和子模型，不如直接训练出一个独立于语种的高性能模型，更换语言对时只需投喂少量该语言对的语料，微调后即可用于完成相应翻译任务。

最成功的元学习算法之一是模型无关元学习（Model-Agnostic Meta-Learning, MAML; Finn, Abbeel & Levine 2017），MAML 模型通过反复模

拟微调过程，得到与任务无关的参数，在这种初始值上用特定的训练集微调，方便得到任务特定的具体参数。Gu 等人（2018）首次将该方法用于机器翻译。学者发现，像 GPT-2 和 GPT-3 这样的大语言模型，即使没有经过专门训练，也具有元学习能力（Radford et al., 2019; Brown et al., 2020），证明只要数据量足够大，模型可以自动获得元学习能力。例如 GPT-3 模型能在仅有一个翻译示例作为微调语料的情况下实现罗马尼亚语（中低资源语言）到英语的翻译，且质量非常可观（Haddow et al., 2022）。

9.4.1.2 半监督的低资源语言机器翻译方法

半监督的机器翻译方法是指在模型训练过程中不直接使用平行句对，而是间接利用双语语料的方法。

（1）枢轴语言方法（Pivot Language）：利用第三种语言作为枢轴语言，搭建枢轴语言与源语言、目标语言之间的机器翻译模型，进而构建源语言与目标语言之间的机器翻译模型。在低资源情境下，语言 S 和 T 的直接平行语料非常稀少，但 S 和 T 分别与第三种语言 P 的平行语料丰富，因此要把 S 翻译到 T，可以先把 S 翻译成 P，再把 P 翻译到 T，语言 P 称为 S 和 T 的枢轴语言或桥接语言（Bridge Language）。枢轴语言既可以是自然语言，也可以是人造语言，如中间语言（Interlingual）。

枢轴语言思想用在低资源语言机器翻译中的常见操作是级联翻译。首先训练源语言到枢轴语言（S-P）和枢轴语言到目标语言（P-T）的翻译模型；然后，利用 S-P 和 P-T 机器翻译模型将源语言连续翻译到目标语言，形成源语言和目标语言之间的平行语料；最后，用构建出的平行语料进行机器翻译模型的训练。基于枢轴语言的机器翻译方法用于零资源语言对（两种语言之间没有直接的平行语料）时能够发挥很大作用，是零资源机器翻译的最主要方法（赖文，2020）。但这种翻译系统级联是一种松散耦合，存在 S-P 翻译引擎的错误传递到 P-T 引擎的风险（熊德意等，2022）。

为避免级联过程中的错误传播，Cheng 等人（2017）提出了深度桥接的方法，使 S-P 和 P-T 两个翻译模型共享部分参数或使参数彼此接近，从而达到两个模型的深度耦合。一般来讲，S-P 和 P-T 两个翻译模型是基于两个无重叠语料库各自独立训练出来的，要实现系统的深度耦合，需要增加他们之间的关联项，从而将独立训练变为联合训练，用函数描述为：$J(\theta_{s \to p}, \theta_{p \to t}) = L(\theta_{s \to p}) + L(\theta_{p \to t}) + \lambda R(\theta_{s \to p}, \theta_{p \to t})$。J 表示联合训练的损失函数，L 表示各翻译模型的损失函数，θ 表示模型参数，R 为关联项，λ 表示平衡关联项的超参数。可见实现深度桥接的关键在于找到两个模型的关联项，例如枢轴语言 P 的词嵌入表示。优化 P 在两个模型中的词嵌入表示之间的距离，使两套词嵌入尽可能相似，达成联合训练。也可以定义其他关联项实现深度耦合。

（2）双语挖掘（Bitext Mining）：双语挖掘方法是指用句子编码器从可比语料库（Comparable Corpus）中挖掘平行或近平行句对。可比语料库是指同一主题的文本，不是彼此的直接翻译，但包含等效的片段，例如维基百科或用不同语言报告相同事实的新闻文章。首先，在需要构建翻译模型的两种或多种语言的语料库中训练句嵌入编码器，常见的有双语编码器和多语言编码器-解码器架构，可以生成独立于语言因素的句嵌入；用训练好的跨语言句子编码器对可比语料库中的句子进行句嵌入表示，使用句嵌入测量不同语料库中句间相似度，余弦相似度是较为简便的测量方式；之后对相似度进行排序，相似度最接近的来自不同语言的句子就构成平行语料。从可比语料库中挖掘平行句子是合成翻译模型训练数据的重要来源，在将翻译模型的语种扩展至数百种、可互译语言对扩展至数千对时，双语挖掘的方法是十分有效的。

（3）融合知识方法：让模型掌握大量外部先验知识，能够有效减少模型对从平行语料中获取翻译知识的依赖。Jones 等人（2023）提出了两种双语词典融合的方法。

方法一，语码转换（Codeswitching）——将源语句子中的词替换成双语或多语词典中它所对应的其他语种的译词，得到混语句子。多语言语码转换自动编码（Multilingual Codeswitching Autoencoding, MCA）用来处理单语数据时具体流程如下：已有一包含多语言单词/短语翻译对的词典 D，从源语单语语料库 X_{mono} 中提取句子，并将句中的词块逐一替换成 D 中该词块所对应翻译可能性为 0.4（$P_{tr}=0.4$）的译词。对于平行语料的语码转换，先把句对中的源语句子做和以上相同步骤的 MCA 处理，处理后的源语句子和原本对应的目标语句子构成新的、语码转换后的平行语料，再用此处理好的平行语料训练翻译模型。通过词典知识融合升噪，将词典中的翻译知识引入源语语料，构成跨语言句子，协助翻译模型实现跨语言对齐。

方法二，GLOWUP（Guiding Lexical Output With Understandable Prompts）——将词典翻译作为跨语言标记加在源语句子前。对单语数据进行 GLOWUP 处理时，先提取源语句中随机数个可译词块——设定某源语句子 x 中共有 k 个可译词块，在 [0, k] 的均匀分布上进行采样，确定要添加翻译对标注的词块的数目。在句子开头加上选中可译词块的源语词 - 目标语词对（src, transl），这种跨语言标记提供的信息辅助翻译模型降噪或推测译文，可有效优化机器翻译效果。然后在标记好的源语语料上应用 MASS 预训练，让模型尝试重构源语句子。平行语料的 GLOWUP 融合省略 MASS 预处理步骤，其他程序相同。

9.4.1.3　无监督的低资源语言机器翻译方法

无监督机器翻译（Unsupervised Machine Translation）方法是完全不利用任何平行语料，仅依靠两种语言的无标注单语数据进行翻译模型搭建，实现自动翻译的一种方法（Lample et al., 2018）。当源语言和目标语言同为具有丰富的无标注单语数据，但极度缺乏有标注的平行语料的低资源语言时，无监督机器翻译方法就为这种情况提供了可行的机器翻译解决方案。该方法一般有以下三个步骤。首先，利用大规模的单语数据训练跨语言词嵌入，根据跨语言词嵌入初始化一个源语言到目标语言的机器翻译模型。跨语言词嵌入模型的基本假设是不同的语言在连续的词嵌入空间中表现出相似的结构和分布，基于此，可以通过学习一个映射矩阵 W^*，将语言 x 的词嵌入线性映射到另一种语言 y 的嵌入空间中：

$$W^* = \mathrm{argmin}_W \| Wx\text{-}y \|_F$$

线性映射矩阵的优化目标是线性变换之后嵌入矩阵差的 F 范数。x、y 的词嵌入在各自的单语语料中预训练获得，映射矩阵 W^* 可以从给定监督信号的情况中学到，采用梯度下降等数值优化方法训练映射矩阵（熊德意等，2022：306）。

然后，利用两种语言大规模单语数据分别训练源语言和目标语言的语言模型，作为降噪自编码器（Denoising Autoencoder）。跨语言词嵌入存在同一个嵌入空间后，源语和目标语共享同一个编码器，但传到不同语言的解码器中解码。解码器可以解码生产目标语言，也可以生产源语言。当输入输出语种相同，编码器-解码器构造即成为自编码器，先进行输入文本的自编码，再重构为输入语言。注意要迫使模型学习语言内部结构和词序差异，不是简单的逐词拷贝。

最后，利用反向翻译将无监督机器翻译问题转化为监督机器翻译问题，并进行多次迭代，直至得到最佳效果。无监督机器翻译系统在跨语言词嵌入中学习了源语到目标语单词级的映射，此外还需要学习句子层面的映射规律，通过反向翻译系统实现。利用无监督机器翻译模型的对偶性，正向翻译和逆向翻译交替进行，逆向翻译为正向翻译生成伪平行语料，反之亦然。从最初的随机初始化系统，通过迭代升级系统性能。

无监督神经机器翻译方法的提出在机器翻译领域引起了轰动，它颠覆了传统的机器翻译训练必须依赖平行语料的限制，并在两种语言比较相近的语言对（例如，英语和德语）中取得了很好的性能。

在对低资源语言机器翻译的不断探索过程中，有学者开始尝试将不同类型的实现方法结合运用，以达成更好的翻译效果。例如 Jones 等人（2023）尝试同时运用两种知识融入方法——将单语数据进行语码转换处理后，加入原始词对（Raw Token-Pair）信息进行训练的组合，取得了不错的效果。米尔阿迪力江·麦麦提（2021）考虑将 BERT 等预训练模型与迁移学习和数据增强结合。还有学者实验过有监督和自监督结合（Siddhant et al., 2022）等的方式，在各异的情况下成效卓著。目前对于不同低资源语言机器翻译方法结合使用以得到更好的翻译系统的探索是这一领域的发展方向。

9.4.2　低资源语言机器翻译实例

LingTrans101 是北京外国语大学人工智能与人类语言重点实验室在2021 年发布的低资源语言机器翻译系统，首要的特点就是面向低资源语言的机器翻译。其中 29 种低资源语言翻译是该平台特色，包括大洋洲的比斯拉马语、斐济语、库克群岛毛利语、毛利语、纽埃语、皮金语、萨摩亚语、汤加语；非洲的恩德贝莱语、科摩罗语、隆迪语、卢旺达语、切瓦语、桑戈语、绍纳语、塔玛齐格特语、提格雷尼亚语、祖鲁语；欧洲的拉丁语、马耳他语；以及亚洲的巴利语、达里语、德顿语、迪维希语、梵语、吉尔吉斯语、库尔德语、塔吉克语和土库曼语等。这些语言都是资源非常稀缺的，但是在一些场合特别是应急语言服务翻译当中很重要，可以根据实际情况在该系统中选择对应的低资源语言进行机器翻译，以满足应急语言服务翻译的需要。

其次，LingTrans101 针对不同极低 / 低资源语种，分别采用了包括跨语言词向量对齐、去噪自编码等多种技术，提升了模型的综合能力，并通过枢轴语言训练、适应器层调整等技术提升了翻译准确性。第三，LingTrans101 采用平行语料 + 词典知识融入的方法，实现 101 种语言中任意两种语言的互译。第四，LingTrans101 可用于外语学习、教学和应急语言服务，界面附加有电子词典供学习者学习使用（李佐文，2023）。具体应用界面如图 9-12 所示。

图 9-12　LingTrans101 电子词典页面

9.5 经典机器翻译工具

9.5.1 谷歌神经机器翻译

谷歌神经机器翻译[1]（Google Neural Machine Translation System, GNMT）是由谷歌公司开发并于 2016 年 11 月正式投入使用的一款最新机器翻译系统，使用神经网络提高翻译的准确性和流畅度（Wu et al., 2016）。神经机器翻译的优势在于它能够以端到端的方式（End-to-End Learning）直接学习从输入文本到相关输出文本的映射。其架构通常由两个递归神经网络（RNN）组成，一个用于消耗输入文本序列，另一个用于生成翻译的输出文本。神经机器翻译通常伴随着注意力机制，这有助于它有效地处理长输入序列。谷歌神经翻译是对以往基于词组翻译系统（Phrase Based Machine Translation）的一种改进，它可以实现源语和目的语之间的直接翻译，如日语到韩语的翻译中，无需再通过英语作为媒介翻译成目的语。

上文中提到，神经网络机器翻译的三个固有弱点是：训练和推理速度较慢；处理罕见单词无效；错译漏译现象。GNMT 的提出旨在为上述问题提供解决方案。首先，GNMT 增加了编码和解码的层数，层之间有残余连接，以促进梯度流动（He et al., 2015）。GNMT 将注意力从解码器网络的底层连接到编码器网络的顶层，来提高并行性。采用了低精度算法进行推理从而加速推理时间，并通过特殊硬件（谷歌的张量处理单元或 TPU）进一步加速推理。为了有效地处理稀有单词，GNMT 使用子单词单元 Sub Word Units（也称为 "Wordpieces"）用于输入和输出。使用子单词单元可以在单个字符的灵活性和完整单词的解码效率之间取得良好的平衡，也避免了对未知单词进行特殊处理的需要，如把单词 "higher" 拆分为 "high" 和 "er"。集束搜索技术（Beam Search）包括长度归一化过程，以有效地处理在解码期间比较不同长度的假设的问题。还加入了覆盖惩罚（Coverage Penalty），以鼓励模型翻译所有的输入信息，防止漏译现象的发生。

1　https://translate.google.com/.

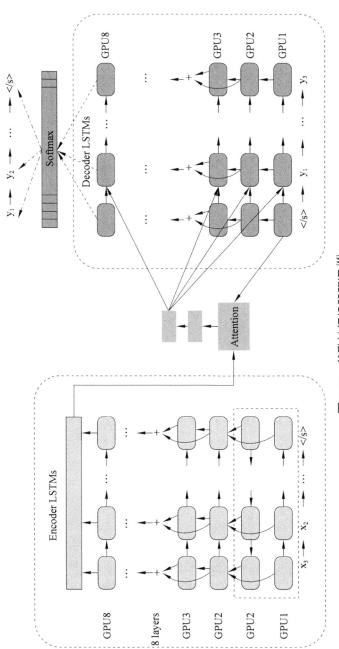

图 9-13　谷歌神经机器翻译[55]

图 9-13 中，左边是编码器网络，右边是解码器网络，中间是注意力模块。底部编码器层是双向的，左边图第一、二、三、五行的节点从左到右收集信息，而左边图第四行的节点从右到左收集信息，剩余层是单向的该模型被划分为多个 GPU，以加快训练速度。在模型中，共设置 8 个编码器的 LSTM 层（1 个双向层和 7 个单向层）和 8 个解码器层。模型的 attention 部分将底部解码器输出与顶部编码器输出对齐，以在运行解码器时最大限度地提高并行性。在运行过程中，编码网络负责将每个输入字符转换成相应的词向量；解码网络负责接收词向量并生成翻译文本；编码器和解码器通过注意力模块连接，该注意力模块允许解码器在解码过程中聚焦于源语句的不同区域。

在国际上举办的机器翻译大赛 WMT（Workshop on Machine Translation）的英法和英德基准测试中，GNMT 达到了最先进水平的结果，与谷歌的基于词组的生产系统相比，通过对一组简单句子进行人工并排评估，它平均减少了 60% 的翻译错误。

9.5.2　DeepL

DeepL[1] 是由德国公司 DeepL GmbH 开发，于 2017 年推出的神经机器翻译系统，以其高质量的机器翻译而闻名。与其他机器翻译引擎相比，能够生成更准确、更贴近上下文的译文。DeepL 可以通过网页使用，也可以下载桌面应用程序使用。目前，DeepL 目前支持包括汉语、法语、英语、德语、俄语在内的 30 种语言翻译。使用者无需注册即可免费使用翻译功能，单次翻译上限 5000 字符，基本可以满足日常的需求。此外，它还可以实现文档的在线翻译。

DeepL 的优势在于以下几个方面。首先，其对上下文的广泛理解，能够产生更加准确、流畅的译文；其次，可以通过术语数据库或特定品牌术语表定制 DeepL 的输出来改进译文；最后，通过 API、扩展和插件可以将其集成到大多数浏览器或软件中，并应用于多种文件格式。DeepL 的发展已经达到了一定高度，但没有任何机器翻译引擎是完美的。机器翻译在译文的准确性、可读性和欣赏性等方面仍有较大的发展空间，距

1　https://www.deepl.com/.

离达到人工翻译水平还有很长的路要走。崔子涵（2021）在对 DeepL 的中英译文质量进行测评时发现，DeepL 不擅长文学翻译，有时甚至停留在逐字翻译的层面；在中译英任务中，DeepL 容易产生中式英语，且存在缺少连接词的现象。

9.5.3 百度翻译

百度翻译[1]（Baidu Translation）是百度公司于 2011 年 6 月推出的基于互联网大数据的机器翻译系统。它支持包括汉语、英语、日语、德语等 200 多个语言互译，是国内市场份额第一的翻译类产品。百度翻译属于人工神经网络系统，通过拥有海量结点的深度神经网络，使计算机先自动学习语料库中的翻译知识，再自动理解语言和生成译文。除了使用量最大的百度翻译网页版，它还拥有应用程序、微信小程序等多种产品形态，可以为用户提供文档、网页、图片、拍照、语音等多模态的翻译功能。除了机器翻译功能，百度翻译还可以提供离线的牛津和柯林斯词典，方便客户查阅单词。

白一博（2021）通过对比百度翻译和人工翻译，发现百度翻译的译文相比于人工翻译更加简洁明了。百度翻译的缺点在于没有文化内涵，过于直译，不能很好地联系上下文；语法错误频频出现，如主语和伴随状语不一致的情况；无法考虑政治立场、意识形态对语言表达的影响。

9.5.4 小牛翻译

NiuTransNMT[2] 是由小牛翻译团队基于 NiuTensor 实现的神经机器翻译系统，目前已支持近 200 种语言互译（Hu et al., 2020）。支持循环神经网络、Transformer 等结构，并支持语言建模、序列标注、机器翻译等任务，支持机器翻译 GPU 与 CPU 训练及解码（肖桐，朱靖波，2021）。NiuTransNMT 应用海量语料进行训练，翻译性能优秀，具有优异的拓展和升级能力，适用于跨境旅游、在线社交、商务往来、国际会议、跨境电商和舆情监测等领域，可为全球企业级用户提供定制化机器翻译解决方案。

---

1 https://fanyi.baidu.com/.
2 https://niutrans.com/trans?type=text.

相比于其他机器翻译，小牛翻译的特色在于：首先，添加了术语词典和翻译记忆库。翻译记忆库可以将人工翻译的正确译文实时添加到小牛翻译系统中，用于修改翻译结果，避免机器翻译重复犯错。其次，这套机器翻译系统中可以安装插件，比如小牛快译 APP、Trados2019 等。这些插件就像浏览器插件一样，可为用户的工作和学习提供较大的便利帮助。

思考与讨论

1. 请列出目前最常用的两种机器翻译方法并简述其原理。
2. 试述几种主流神经机器翻译架构的优缺点。
3. 机器翻译自动化测评与人工翻译测评相比有何异同？
4. 假设有一低资源语言对 A-B，现需要训练该语言对的机器翻译模型，可用资源有 A 语和 B 语单语语料和 A-B 双语词典，有什么比较理想的训练方法？
5. 根据 9.5 节中所提供的经典机器翻译工具网址，尝试使用并对比其译文。你觉得哪个工具的译文最出色？为什么？

参考文献

[1] Alex K., Ilya S., & Geoffrey E. Hinton. Image classification with deep convolutional neural networks [A]. *Advances in Neural Information Processing Systems 25 (NIPS 2012)* [C], 2012.

[2] Alon L., Kenji S., & Shyamsundar J. The significance of recall in automatic metrics for MT evaluation [A]. In *Proceedings of the 6th Conference of the Association for Machine Translation in the Americas* [C], 2004, 9: 134-143.

[3] Artetxe, M., Labaka, G., Casas, N. & Agirre, E. Do all roads lead to Rome? Understanding the role of initialization in iterative back-translation [J]. *Knowledge-Based Systems*, 2020, 206: 106401.

[4] Banerjee, S., & Lavie, A. METEOR: An automatic metric for MT evaluation with improved correlation with human judgments [A]. In

Proceedings of the ACL Workshop on Intrinsic and Extrinsic Evaluation Measures for Machine Translation and/or Summarization [C], 2005, 6, 65-72.

[5] Brown, T., et al. Language models are few-shot learners [J]. *Advances in Neural Information Processing Systems*, 2020, 33: 1877-1901.

[6] Cettolo, M., et al. Report on the 11th IWSLT evaluation campaign [A]. In *Proceedings of the 11th International Workshop on Spoken Language Translation: Evaluation Campaign* [C], 2014, 2-17.

[7] Chen, X., et al. Microsoft COCO captions: Data collection and evaluation server [J]. arXiv:1504.00325, 2015.

[8] Chen, P. J., et al. Facebook AI's WMT20 News Translation Task Submission [C]// *Proceedings of the Fifth Conference on Machine Translation*, 2020: 113-125.

[9] Cheng, Y., et al. Semi-Supervised Learning for Neural Machine Translation [C]// *Proceedings of the 54th Annual Meeting of the Association for Computational Linguistics*, 2016: 1965-1974.

[10] Cheng, Y., et al. W. Joint Training for Pivot-based Neural Machine Translation [C]// *Proceedings of the Twenty-Sixth International Joint Conference on Artificial Intelligence* (IJCAI-17), 2017: 3974-3980.

[11] Cho, K., et al. Learning phrase representations using RNN encoder-decoder for statistical machine translation [J]. arXiv:1406.1078, 2014.

[12] Christopher O. Understanding LSTM Networks [OL], 2015. Available at: http://colah.github.io/posts/2015-08-Understanding-LSTMs/ [Accessed 7 Nov. 2023].

[13] Chung J., et al. Empirical evaluation of gated recurrent neural networks on sequence modeling [J]. arXiv:1412. 3555, 2014.

[14] Dabre R., Fujita A., Chu C. Exploiting Multilingualism through Multistage Fine-tuning for Low-resource Neural Machine Translation [C]//*Proceedings of the 2019 Conference on Empirical Methods in Natural Language Processing and the 9th International Joint Conference on Natural Language Processing (EMNLP-IJCNLP)*. 2019: 1410-1416.

[15] Denkowski, M., & Lavie, A. Meteor universal: Language specific translation evaluation for any target language [A]. In *EACL Workshop on Statistical Machine Translation* [C], 2014.

[16] Finn C., Abbeel P., Levine S. Model-Agnostic Meta-Learning for Fast Adaptation of Deep Networks [C]//*International Conference on Machine Learning. PMLR*, 2017: 1126-1135.

[17] Gehring, J., et al. Convolutional sequence to sequence learning [J]. *International Conference on Machine Learning,* 2017 (70):1243-1252.

[18] Gibadullin, I., Valeev, A., Khusainova, A. & Khan, A. A survey of methods to leverage monolingual data in low-resource neural machine translation [J]. arXiv preprint arXiv:1910.00373, 2019.

[19] Gu, J. et al. Meta-Learning for Low-Resource Neural Machine Translation [C]// In *Proceedings of the 2018 Conference on Empirical Methods in Natural Language Processing. 2018*: 3622-3631.

[20] Haddow, B., et al. A survey of low-resource machine translation [J]. *Computational Linguistics*, 2022, 48 (3): 673-732.

[21] Hassan, H., et al. Achieving human parity on automatic Chinese to English news translation [J/OL]. *arXiv*:1803.05567. 2018.

[22] He, K., Zhang, X., Ren, S., & Sun, J. Deep residual learning for image recognition [A]. In *IEEE Conference on Computer Vision and Pattern Recognition* [C], 2015.

[23] Hinton G. E., Osindero S., Teh Y. W. A fast learning algorithm for deep belief nets [J]. *Neural Computation*, 2006.

[24] Hinton, G., et al. Deep neural networks for acoustic modeling in speech recognition: The shared views of four research groups [J]. *IEEE Signal Processing Magazine*, 2012 (6): 82-97.

[25] Hu, C., Li, B., Li, Y., et al. The NiuTrans System for WNGT 2020 Efficiency Task [A]. In *Proceedings of the Fourth Workshop on Neural Generation and Translation* [C], Association for Computational Linguistics, 2020, 204-210.

[26] Jones, A., Caswell, I., Saxena, I., & Firat, O. Bilex Rx: Lexical data augmentation for massively multilingual machine translation [J]. arXiv preprint arXiv:2303.15265, 2023.

[27] Kudo T., Richardson J. Sentencepiece: A simple and language independent subword tokenizer and detokenizer for neural text processing [J]. arXiv preprint arXiv:1808.06226, 2018.

[28] Lample, G., Conneau, A., Denoyer, L., & Ranzato, M. A. Unsupervised Machine Translation Using Monolingual Corpora Only [C]//*International Conference on Learning Representations (ICLR)*, 2018.

[29] Lavie, A., Sagae, K., & Jayaraman, S. The significance of recall in automatic metrics for MT evaluation [A]. In *Proceedings of the 6th Conference of the Association for Machine Translation in the Americas (AMTA-2004)* [C], 2004, 9, 134-143.

[30] Lin, Y. H., Chen, C. Y., et al. Choosing transfer languages for cross-lingual learning [J]. arXiv preprint arXiv:1905.12688, 2019.

[31] Lin, C.-Y. ROUGE: A Package for Automatic Evaluation of Summaries [A]. In *Text Summarization Branches Out* [C], Barcelona, Spain: Association for Computational Linguistics, 2004, 74-81.

[32] Nagata, M., Saito, K., Yamamoto, K., & Ohashi, K. A Clustered Global Phrase Reordering Model for Statistical Machine Translation [A]. *Proceedings of the 21st International Conference on Computational Linguistics and 44th Annual Meeting of the Association for Computational Linguistics*. Sydney, Australia, 2006 (7): 713-720.

[33] Pan S J, Yang Q. A survey on Transfer learning [J]. *IEEE Transactions on Knowledge and Data Engineering*, 2009, 22 (10): 1345-1359.

[34] Papineni, K., Roukos, S., Ward, T., & Zhu, W. BLEU: A Method for Automatic Evaluation of Machine Translation [A]. *IBM T. J. Watson Research Center, Proceedings of the 40th Annual Meeting of the Association for Computational Linguistics (ACL)* [C], 2002, 311-318.

[35] Poibeau, T. *Machine Translation* [M]. The MIT Press, 2017.

[36] Popovic, M. chrF: character n-gram F-score for automatic MT evaluation [A]. In *Proceedings of the Tenth Workshop on Statistical Machine*

Translation [C], Lisbon, Portugal. Association for Computational Linguistics, 2015, 392-395.

[37] Radford, A., et al. Language models are unsupervised multitask learners [J]. *OpenAI blog*, 2019, 1 (8): 9.

[38] Ranathunga, S., et al. Neural machine translation for low-resource languages: A survey [J]. *ACM Computing Surveys*, 2023, 55 (11): 1-37.

[39] Schwenk H., et al. Wikimatrix: Mining 135m parallel sentences in 1620 language Pairs from Wikipedia [J]. arXiv preprint arXiv: 1907.05791, 2019.

[40] Sennrich R., Haddow B., Birch A. Neural machine translation of rare words with subword units [J]. arXiv preprint arXiv:1508.07909, 2015.

[41] Sennrich R., Haddow B., Birch A. Improving neural machine translation models with monolingual data [C]// *Proceedings of the 54th Annual Meeting of the Association for Computational Linguistics (Volume 1: Long Papers)*, 2016: 86-96

[42] Siddhant, A., et al. Towards the next 1000 languages in multilingual machine translation: Exploring the synergy between supervised and self-supervised learning [J]. arXiv preprint arXiv:2201.03110, 2022.

[43] Song, K., et al. Mass: Masked sequence to sequence pre-training for language generation [J]. arXiv preprint arXiv: 1905.02450, 2019.

[44] Sutskever I., Vinyals O., Le Q. V. Sequence to sequence learning with neural networks [J]. *Proceedings of the Neural Information Processing Systems (NIPS2014)*, 2014,3104-3112.

[45] Vaswani, A., et al. Attention is all you need [J]. *Advances in Neural Information Processing Systems*, 2017 (30).

[46] Wang, R., Tan, X., Luo, R., Qin, T., & Liu, T. Y. A survey on low-resource neural machine translation [J]. arXiv preprint arXiv:2107.04239, 2021.

[47] Wu, Yonghui, et al. Google's neural machine translation system: Bridging the gap between human and machine translation [J]. arXiv preprint arXiv: 1609.08144, 2016.

[48] Zoph, B., Yuret, D., May, J., & Knight, K. Transfer learning for low-resource neural Machine translation [J]. arXiv preprint arXiv:1604.02201, 2016.

[49] 白一博. 从主流机器翻译软件工作原理角度探究机器翻译的优缺点——以对比百度翻译与人工翻译译文为例 [J]. 吕梁学院学报, 2021, 11 (03): 13-16.

[50] 崔子涵. 机器翻译译文质量对比——以谷歌翻译和 DeepL 为例 [J]. 海外英语, 2021 (15): 182-183.

[51] 戴光荣, 刘思圻. 神经网络机器翻译: 进展与挑战 [J]. 外语教学, 2023, 44 (01): 82-89.

[52] 冯志伟. 计算语言学基础 [M]. 北京: 商务印书馆, 2001.

[53] 冯志伟. 机器翻译研究 [M]. 北京: 中国对外翻译出版公司, 2004.

[54] 盖荣丽, 蔡建荣, 王诗宇等. 卷积神经网络在图像识别中的应用研究综述 [J]. 小型微型计算机系统, 2021, 42 (09): 1980-1984.

[55] 甘鹏辉. 谷歌神经翻译系统在译文质量上的突破与瓶颈 [J]. 海外英语, 2017 (13): 124-125+131.

[56] 高璐璐, 赵雯. 机器翻译研究综述 [J]. 中国外语, 2020, 17 (06): 97-103.

[57] 哈里旦木·阿布都克里木, 侯钰涛, 姚登峰等. 维吾尔语机器翻译研究综述 [J/OL]. 计算机工程, 2023, 1-20.

[58] 侯强, 侯瑞丽. 机器翻译方法研究与发展综述 [J]. 计算机工程与应用, 2019, 55 (10): 30-35+66.

[59] 卷积神经网络（CNN）的整体框架及细节.（2022-04-06）[2023-12-1][OL]. https://blog.csdn.net/weixin_57643648/article/details/123990029.

[60] 卷积神经网络（convolutional neural network, CNN）.（2022-05-29）[2023-12-01][OL]. https://blog.csdn.net/qq_41536160/article/details/125015435.

[61] 赖文. 低资源语言神经机器翻译关键技术研究 [D]. 中央民族大学, 2020. DOI:10.27667/d.cnki.gzymu.2020.000292.

[62] 李炳臻, 刘克, 顾佼佼, 姜文志. 卷积神经网络研究综述 [J]. 计算机时代, 2021,（04）: 8-12+17.

[63] 李亚超，熊德意，张民. 神经机器翻译综述 [J]. 计算机学报，2018，41（12）：2734-2755.

[64] 李佐文. 大语言模型背景下的低资源语言机器翻译：挑战与路径 [C]. 第二十届全国科技翻译研讨会. 北京：北京外国语大学，2023.

[65] 卢宏涛，张秦川. 深度卷积神经网络在计算机视觉中的应用研究综述 [J]. 数据采集与处理，2016，31（01）：1-17.

[66] 秦颖. 基于神经网络的机器翻译质量评析及对翻译教学的影响 [J]. 外语电化教学，2018（02）：51-56.

[67] 秦颖. 机器翻译质量深度评析与人机协同翻译 [M]. 北京：外语教学与研究出版社，2023，8-14, 51.

[68] 全网最通俗易懂的 Self-Attention 自注意力机制讲解.（2021-10-04）[2023-11-18][OL]. https://blog.csdn.net/qq_38890412/article/details/120601834?spm=1001.2014.3001.5501.

[69] 如何从 RNN 起步，一步一步通俗理解 LSTM.（2023-09-16）[2023-11-20][OL]. https://blog.csdn.net/v_JULY_v/article/details/89894058.

[70] 深入探究深度学习、神经网络与卷积神经网络以及它们在多个领域中的应用.（2023-11-01）[2023-12-01][OL]. https://blog.csdn.net/chenlycly/article/details/134043297.

[71] 汪云，周大军. 基于语料库的机器翻译的现状与展望 [J]. 大学英语教学与研究，2017（5）：45-50.

[72] 肖桐，朱靖波. 机器翻译：基础与模型 [M]. 北京：电子工业出版社，2021，394-396.

[73] 熊德意，李良友，张檬. 神经机器翻译：基础、原理、实践与进阶 [M]. 北京：电子工业出版社，2022.

[74] 俞士汶. 计算语言学概论 [M]. 北京：商务印书馆，2003.

[75] 张顺，龚怡宏，王进军. 深度卷积神经网络的发展及其在计算机视觉领域的应用 [J]. 计算机学报，2019，42（03）：453-482.

[76] 章钧津，田永红，宋哲煜等. 神经机器翻译综述 [J/OL]. 计算机工程与应用，2023，1-19.

第十章 语言智能的新发展: 大语言模型技术

本章提要

　　以 ChatGPT 为代表的大语言模型省去了很多自然语言处理的中间环节, 极大地推动了语言智能的向前发展。ChatGPT 与人类聊天时, 话语自如, 条理清晰, 有理有据, 好似具备了人类一样的语言能力, 实现了语言智能的跨越式发展。本章介绍以大语言模型为代表的生成式人工智能的发展历程、工作原理以及未来的研究方向, 同时以 GPT-4 为例, 介绍大语言模型在话语分析中的应用。

10.1　大语言模型的发展历程和工作原理

10.1.1　大语言模型的基本概念

　　前面的章节中已经提及过语言模型, 它是自然语言处理中的基本概念, 通过使用各种统计和概率技术计算一个给定符号序列在人类自然语言中出现的概率。对于一个符号序列 $x_1, x_2, ... x_n$, 语言模型可以计算联合概率:

$$P(x_1, x_2, ... x_n)$$

　　概率分布反映了这个序列作为一个连续片段在知识库中出现的频率。概率越高, 说明此符号序列越符合自然语言的习惯; 反之, 说明此符号序列有悖自然语言的习惯, 不通顺或者不自然。

　　语言模型的作用就是在自然语言处理中, 对一个句子进行操作时, 需要有一个方法来评估这个句子的优劣或者可能性, 此时, 可以通过语言模型建模自然语言的概率分布来评估，这也是语言模型的目标。第九章机器翻译中已做详尽的阐释，这里不赘述。介绍完语言模型，接下来看一看什么是大语言模型。

大语言模型是由具有数百亿参数的深度神经网络构成的语言模型。它们主要通过自监督学习方法进行训练，使用大量的未标记文本数据。这些模型因其大数据和高算力的组合，具有强大的泛化能力和语言生成能力，因此被研究者称为"大语言模型"（Large Language Model, LLM）。2022 年 11 月 ChatGPT（Chat Generative Pre-trained Transformer）的发布，引起了全世界的广泛关注。它展示了在解决自然语言处理问题上的一种成功路径，并被视为迈向通用人工智能的重要一步。ChatGPT 代表了继数据库和搜索引擎之后的全新一代"知识表示和调用方式"。（刘挺，2023）

大语言模型领域，知名度最高的当数 OpenAI 公司开发的 GPT 系列模型。其中基于 transformer 的解码器架构训练而来的 GPT-1 是一个单向语言模型，发布于 2018 年，模型参数规模仅为 1.17 亿（Radford A. et al, 2018）。在此基础上，GPT-2 于次年发布，该模型有近 15 亿个参数（Radford A. et al, 2019）。在此期间，基于编码器架构的语言模型、基于解码器架构的语言模型与基于编码器-解码器双向语言模型三分天下。突破性地，Brown 等学者于 2020 年发布了 GPT-3 模型，该模型参数达到了惊人的 1750 亿规模（Brown T. et al, 2020），研究人员在实验过程中发现，随着模型参数量以及训练数据规模量的增加，大模型的表现也往往随之提升，乃至出现了"涌现"能力（Wei J. et al, 2022），涌现能力可以理解为参数量达到一定量级后，模型具有了复杂的推理理解能力。

在之后的发展过程中，解码器架构逐渐主导了大语言模型的发展。基于解码器架构的"大数据 + 大参数"大语言模型展现出来的涌现能力，将编码器以及编码器-解码器架构的领域任务适配优势给拉平甚至有所超越，这也反映出海量文本数据天然蕴含着大量的自然语言处理任务，进行更为充分学习训练后的解码器架构大语言模型往往具备更强、更为通用的零样本拟合性能。

10.1.2　大语言模型的发展历程

大语言模型的发展历程虽然只有不到 5 年，但是发展速度相当惊人，截至 2024 年 4 月，国内外已有超过百种大模型相继发布。赵鑫（2023）按照时间线给出了 2019 年至 2023 年 5 月比较有影响力并且模型参数量超过 100 亿的大语言模型，如下图 10-1 所示。大语言模型的进展可以大致划分为三个主要阶段：首先是基础模型的建立阶段，其次是对其能力进行深入探索的阶段，最后是实现重大突破和发展的阶段。

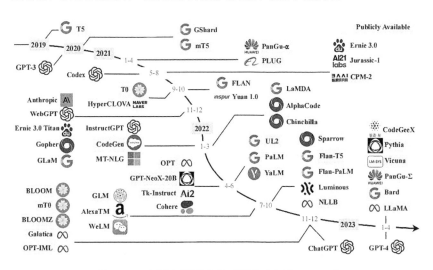

图 10-1　大语言模型发展时间线（赵鑫，2023）

基础模型建立期（2018—2021 年）　以 Vaswani 等人 2017 年提出的 Transformer 架构为起点，该架构在机器翻译领域取得重大进展。Google 和 OpenAI 随后引领了预训练语言模型的新时代，分别推出 BERT（Base 版 1.1 亿参数，Large 版 3.4 亿参数）和参数量为 1.17 亿的 GPT-1，显著超越当时其他深度神经网络的参数量。2019 年，OpenAI 发布 15 亿参数的 GPT-2，随后 Google 推出 110 亿参数的 T5 模型。2020 年，OpenAI 再次推出了参数量达 1750 亿的 GPT-3。同时，国内也出现了百度 ERNIE、华为 PanGU-α 等大语言模型。

能力深入探索期（2019—2022 年） 这个阶段的主要任务是在不针对特定任务进行微调的情况下使大语言模型的能力得到最大发挥。2019 年，Radford 等人通过 GPT-2 研究了大型语言模型在零样本条件下的性能。随后，Brown 等人在 GPT-3 上研究了通过语境学习的少样本学习方法，这种方法无需修改模型参数，减少了计算资源的需求，将少量有标注的实例加入待分析的样本中，使模型能够理解任务并给出正确结果。但仅依赖模型本身的性能在许多任务上仍不及有监督学习的结果。因此，提出了指令微调方案，将各种类型任务统一为生成式自然语言理解框架，通过训练语料进行微调。大模型具备一次性学习数千种任务的能力，在未知任务上体现了强泛化能力。2022 年，Ouyang 等人提出了结合有监督微调和强化学习的 InstructGPT 方法，使模型能够在少量监督数据下遵循指令。Nakano 等人通过结合搜索引擎 WebGPT 的问答方法。以上方法利用大模型进行零样本或少样本学习，在此基础上，过渡到通过生成式框架对大量任务进行有监督 + 微调的方法提升模型性能。

实现突破发展期（2022 年 11 月至今） ChatGPT 通过对话框，借助大语言模型实现问答、文稿撰写、代码生成、数学解题等功能。它在开放域问答、自然语言生成式任务和对话上下文理解方面表现出色。2023 年 3 月，GPT-4 的发布在多模态理解方面相比之前有显著进步。显示出大模型接近"通用人工智能"的能力。随后，诸如 Google 的 Bard、百度的文心一言、科大讯飞的星火大模型、智谱的 ChatGLM、复旦大学的 MOSS 等众多公司和研究机构也相继推出了类似系统。2024 年 2 月，Open AI 发布人工智能文生视频大模型 Sora，可根据用户文本提示创建 60 秒视频，标志着人工智能在理解真实世界场景并与之互动的能力方面进一步提升。

10.1.3 大语言模型的工作原理

根据以下 10-2 流程示意图，我们先简单介绍一下 ChatGPT 的工作原理。首先，用户对 ChatGPT 系统进行提问、请求等提示（Prompt）；然后，系统将提示文本（Text）词例化处理（Tokenization），转化为词例的向量表示（Token Vector Representation）；最后，再将向量表示输入基于人工神经网络的语言模型（Language Model, Neural Net），此模型已经过大规模文本等训练数据（Textual etc. Training Data）的预训练，是对基础模型进行强化训练（Reinforcement Training）后的模型。由于模型经过预训练，所以当向量化的提示输入对话系统后，模型能够预测出作为响应的提示后面的词例，进行迭代性的词例生成（Interative Token Generation），并通过概率选择（Probabilistic Choices）筛选合理的下一个词例，以便最后生成完整的响应文本（Generated Text）。

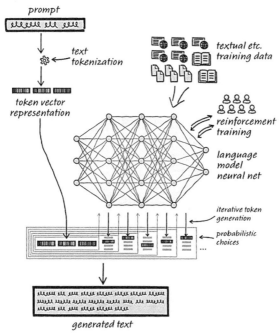

图 10-2　ChatGPT 工作原理（Wolfram, 2023）

10.1.4　大语言模型的技术基础分析——以 InstructGPT/ ChatGPT 为例

　　作为基于 Transformer 的人工智能应用，ChatGPT 主体架构遵从 "语料体系 + 预训练 + 微调" 的基本模式。其整体流程架构如图 10-3 所示。

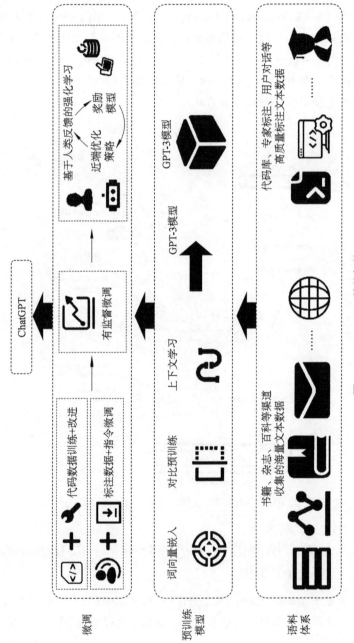

图 10-3　ChatGPT 整体架构

在 InstructGPT 中，OpenAI 创新性地提出了基于人类反馈的强化学习技术（Reinforcement Learning from Human Feedback, RLHF），使InstructGPT 可以更好地理解人类指令，输出用户期望的内容，即，（1）有用（Helpful）：能够帮助用户解决问题。（2）忠实（Honest）：不应编造信息并误导用户。（3）无害（Harmless）：不应对人或环境产生任何生理上、心理上或社会上的有害影响。

ChatGPT 所采用的技术原理与 InstructGPT 类似，使用 RLHF 进行训练，其在训练数据中额外添加了人类标注的对话数据。总体而言，其训练流程包含如下几个阶段：

1. 预训练

预训练阶段中，ChatGPT 通过学习海量语料数据学习文字接龙能力，海量高质量的语料基础是 ChatGPT 技术突破的关键要素之一。通过海量无标注语料的预训练，使 ChatGPT 学习到语言表达模式、文字前后逻辑、知识元间关系等知识内容，其中预训练语料包括 OpenAI 从书籍、杂志、百科、论坛等渠道收集并初步清理后形成的海量无标注文本数据。在大规模训练语料的基础上，OpenAI 研发了 1750 亿参数量的 GPT-3 预训练大模型，该模型具备了自然语言理解、自然语言生成与上下文学习（In-Context Learning）的能力，能够针对特定场景，根据人类提示，输出高质量的结果。

Transformer 是 GPT 系列模型的基本单元，是目前常见大规模语言模型的核心组件。它由编码器（Encoder）与解码器（Decoder）组成，其中解码器的作用是根据给定文本序列，预测后续文本内容。GPT 模型即是利用 Transformer 解码器部分构建而成，如图 10-4 所示。GPT-3 是 ChatGPT 的基础模型，其模型结构包含 96 层 Transformer 解码器，采用

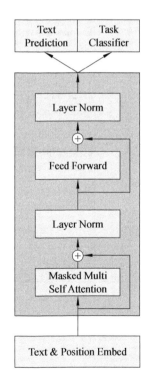

图 10-4　预训练流程

下一个词预测（Next Word Prediction）的方式进行无监督生成式预训练，从而获得文本生成的能力。

2. 有监督训练（Supervised Fine-Tuning, SFT）

采用有监督的方式对预训练的大模型进行监督训练，所采用的训练数据集来自 API 与人工标注，约 13k；标注人员需根据 Prompt 写出回答的示例，数据集格式如图 10-5 所示。

类型	Prompt
头脑风暴	List five ideas for how to regain enthusiasm for my career
分类	{java_code} What language is the code above written in?
抽取	Extract all course titles from the table below: | Title | Lecturer | Room | | Calculus 101 | Smith | Hall B | | Art History | Paz | Hall A |
生成	Write a short story where a brown bear to the beach, makes friends with a seal, and then return home.
问答	Help me answer questions about the following short story: {story} What is the moral of the story?

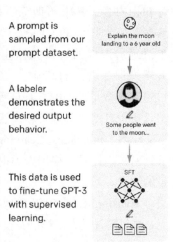

Step 1

Collect demonstration data, and train a supervised policy.

A prompt is sampled from our prompt dataset.

Explain the moon landing to a 6 year old

A labeler demonstrates the desired output behavior.

Some people went to the moon...

This data is used to fine-tune GPT-3 with supervised learning.

SFT

图 10-5　监督训练数据标注及训练流程图

通过有监督训练，使模型初步学习如何遵循指令的格式和内容进行输出。

3. 奖励模型训练（Reward Modeling, RM）

该阶段训练奖励模型学习人类偏好，利用奖励模型对上一阶段通过有监督训练的模型进行训练打分，即比较同一个 prompt 的不同输出并进行打分排序，如图 10-6 所示。

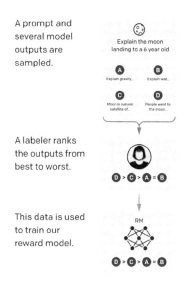

图 10-6　奖励模型训练

　　RM 模型使 ChatGPT 更接近人类表现。在 SFT 模型的基础上，由 SFT 模型生成 k 个答案，然后通过标注者对这些答案进行排序。经过标注者排序的答案，排序靠前意味着该答案更符合人类表现，反之则意味着该答案偏离人类表现。在计算 RM 模型的损失时，最大化排序靠前答案与排序靠后答案之间的差值，使模型在生成更符合人类表现的答案时获得更多的奖励。值得说明的是，相对于直接对答案打分，RM 模型采用排序的方式能够在一定程度上降低标注者个人偏好对模型训练的影响，同时在判断答案是否更符合人类表现方面保持评判的客观性。总体来说，RM 模型推动了 ChatGPT 输出更接近人类表现的结果。

　　4. 基于人类反馈的强化学习（Reinforcement Learning from Human Feedback，RLHF）

　　利用 PPO 模型优化文本生成策略。PPO 利用训练好的奖励模型，依靠奖励打分更新预训练模型参数。具体而言，在数据集中随机抽取问题，使用 PPO 模型生成回答，并利用上一阶段训练好的奖励模型给出质量分数。将该分数依次传递，由此产生策略梯度，通过强化学习的方式以更新 PPO 模型参数。在模型强化学习的过程中，使用 KL 散度衡量 PPO 模型与 SFT 模型输出之间的差异，通过控制该差异的大小，使 PPO 模型的输出不至于太过偏离 SFT 模型的输出，从而提升 PPO 模型参数更新过程中的稳定性。此外，PPO 模型在单个自然语言处理任务训练的过程中，加入了其他自然语言处理任务，从而避免 PPO 模型在当前任务中出现过拟合，同时提升在其他任务中的泛化能力。如图 10-7 所示，至此完成 ChatGPT 全流程的训练。

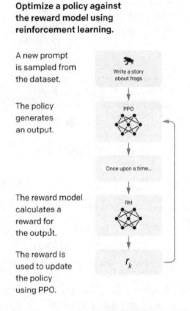

图 10-7　基于人类反馈的强化学习

　　ChatGPT 从本质上反映了人们对知识的表示和调用方式上的根本变革。大模型本身相当于一个知识库，ChatGPT 实现了使用自然语言指令调用知识，这在知识的表示和调用上迈出关键性的一步。通过这种方式，

ChatGPT 以用户友好的方式使用户从大规模知识库中提取信息变得更加直观。

10.2 大语言模型的未来研究方向

以 ChatGPT 为代表的大语言模型改变了自然语言处理领域的原有范式，使语言智能走向快速发展的车道。未来的大模型研究应坚持"以人为本，智能向善"的原则，可以在以下几个方面重点关注。

10.2.1 大模型"涌现"能力的原理与价值观对齐研究

尽管大语言模型在自然语言处理领域效果显著，但其内部运作机制仍然被认为是黑盒。尤其是模型的"涌现"能力，当参数规模达到一定临界点时，其上下文学习、指令遵循、分布推理等能力会急速提升。这一现象既令人兴奋又令人困惑，甚至引发了一些担忧。鉴于此，深入研究大语言模型的潜在工作机制有助于揭示模型如何学习语言表征、进行推理和生成文本，从而提高对模型行为的整体理解。通过深入研究基本原理，使用户更容易理解其在不同任务上的表现和决策依据。这有助于解决如模型的偏见、误差传播机制和泛化性能等潜在问题。因此，通过研究模型机理理解、描述和解释 ChatGPT 等模型的智能行为是未来研究的重要方向之一。这将有助于深化对模型的理解，为未来模型设计和实际应用提供指导（Jacovi A. & Goldberg Y., 2020）。

2023 年 10 月，在第三届"一带一路"国际合作高峰论坛上，我国提出了"全球人工智能治理倡议"。其核心要点之一是强调坚持以人为本，智能向善，旨在引导人工智能朝着有利于人类文明进步的方向发展。这为语言智能未来的研究方向提供了重要的参考。这一倡议意味着在人工智能领域，特别是计算语言学方面，我们需要关注并强调技术发展的道德、社会和文化影响，以确保人工智能的应用符合人类价值观和社会期望。

"以人为本"的人工智能是指在设计、开发和应用语言模型时，将人类的利益、价值观和福祉置于首要位置。智能行为的价值观和行为习惯应符合人类的价值观要求和行为准则。随着规模和参数的不断增长，大语言模型正朝着具有意识的方向迅速发展。未来，一旦具备某种"自主性",人的自主性和尊严将首当其冲受到冲击。大语言模型对齐（Large Language Model Alignment）是利用大规模预训练语言模型理解其内部语义表示和计算过程的研究领域。"对齐（Alignment）"指的是确保系统的目标与人类价值观一致，使其符合设计者的利益和预期，不会导致意外的有害后果，对齐技术将约束大模型规避潜在风险。

大模型现阶段存在的问题包括固有的幻觉、生成与人类期望不符的文本以及容易被滥用等。以人为本的语言智能技术强调系统应以服务人类社会和个体为目标，而非仅仅追求技术本身的进步。这要求研究大模型如何理解和满足人类需求，确保其发展符合人类价值观和道德标准，真正满足用户期望。反馈强化学习是实现对齐的重要技术途径，可通过人工反馈给模型提供不同奖励信号，引导模型高质量输出。或者提前为大模型提供明确的原则，系统自动训练模型并对生成的全部输出结果进行初始排序。虽然人类反馈强化学习在实现模型与人类价值观对齐方面取得了显著成效，但也面临着巨大困难和挑战。因为对齐的基础是基于人类行为习惯和价值观，而这些因素是多元且动态的。同时，如何界定大模型的有用性与无害性既考验技术也需要审视文化。因此，大语言模型对齐是语言智能未来需要解决的重要问题，也是一个充满挑战的领域。

10.2.2　大语言模型的语言与评测研究

传统计算语言学主要致力于设计方法使计算机理解和生成语言。大语言模型的发展解决了如句法解析、实体识别、词性标注等中间任务问题，导致那些未直接面向用户需求的任务不再是计算语言学的重点。即便如此，大语言模型与语言学仍密切相关。当大语言模型生成具有逻辑清晰、有理有据、接近人类话语能力的对话时，它已在海量数据中学到语言学和世界知识。掌握海量数据和一定语言学知识的大语言模型用在语言研究领域，有助于我们以更加宽广的视野、更客观的态度来重新审视语言习得规律、语言使用规律，避免传统研究的局限性。大语言模型可以简化复杂的语言研究任务，甚至改变我们对语言学习机理的认知。同时，可以充分发挥现有语言理论和规律的作用，将之转化为提示工程。各分支语言学研究多涵盖语言现象的描述与刻画，这种刻画本质上是对规律和模式的经验总结。这些经验总结可用于创建各种 AutoPrompt、X2Prompt 解决实际问题。

对大模型的生成结果进行评测也是未来语言智能领域研究的主要方向。当前主要采用人工评估模型的输出，这种方法存在主观差异和人力资源消耗的问题。在模型构建过程中，文本数据资源的质量、训练数据的规模和类型直接影响大型模型的性能。相对于以往的单一类型或少数任务驱动的基准评测，针对大规模语言模型的评测需要覆盖的问题场景范围更广，复杂度更高，难度也更大，涉及意识形态乃至国家政治安全等问题，这需要客观的评测指标。特别是在涉及安全伦理方面，由于当前大型模型仍然基于 Transformer 的预训练生成式模型，依赖预训练语料，缺乏可解释性和推理性，现有方法难以严格保证生成内容的安全性。因此，怎样从源头的训练数据阶段以及在模型输出阶段控制约束有害内容的生成是亟需深入探索的方向（Belinkov Y. & Glass J., 2019）。

在自然语言处理领域的模型评价中，主要关注模型在特定任务相关测试集上的性能表现，包括精确率、召回率、准确率等指标的考量（Wang et al., 2023）。然而，在评价大型模型时，现有的评测基准无法充分考量模型生成语言的能力。未来的研究应更加关注如何更全面客观地评价大型模型的语言综合运用能力，如对测试项目的设置、通过少量人工干预考察模型对复杂场景的应对能力，以及综合理解和运用多模态信息的能力。

10.2.3　数据标注与提示语工程的研究

尽管大语言模型在大规模非监督数据上进行了预训练，但精细标注的数据仍然具有重要价值。有些任务更需要特定、领域化的信息，精细标注的数据可以帮助模型学习与特定任务相关的知识，提高在这些任务上的性能。在更多的高质量数据上对模型进行微调是优化模型的有效途径。

在机器学习的有监督学习阶段，数据标注是一个关键环节。随着模型规模的扩大，对数据量的需求逐渐增加，导致标注数据的时间和成本难以控制。高质量标注数据的生产速度远远无法满足大模型的需求。相比之下，无监督学习是不需要明确目的的训练方式，也无法提前预测结果，所以省略了数据标注阶段。强化学习也无需数据标注，它不是通过标签或数值进行反馈，而是通过奖励机制学习一系列行为。

尽管 GPT 系列采用预训练模型，通过预训练学习通用的语言表示，实现从有监督到无监督的跨越，但这并非意味着传统数据标注失去价值。精细标注的数据仍有其存在的必要，它能够弥补模型在特定任务和领域中的不足，提升模型性能和可靠性。强化学习和人类反馈技术使模型更好地遵循人类指令，而这需要大规模的数据标注工作（Ouyang L. et al., 2022）。服务大模型的标注行业的首要任务是提供适合的标注工具和不同行业专业的人工智能训练师。随着大模型能力的提升，未来许多语言智能任务将不再需要小模型组合完成，而只需提供端到端的训练数据，这将是标注需求的一次革新。

除了上述提到的数据标注，提示语工程的研究也是大模型时代语言智能值得研究的方向。ChatGPT 通过指令微调、CoT、RLHF 等方式调用大模型中的知识，这些方法存在一些局限性，如指令微调需要人工编写复杂的指令，在实际应用中的成本很高，CoT 也需要人工编写答案的推理过程，RLHF 需要人工标注反馈数据等。因此，提示词已成为调用大模型知识的有效方法，不需要过多修改预训练模型，而是利用适当的提示模板重新定义下游任务（Raffel C. et al., 2020: 1-67）。针对提示词目前的局限，语言智能研究者可从以下三个方面深入研究：（1）制定任务指令集以供大模型学习；（2）针对复杂任务如形式证明和数字计算，开发格式化的提示词，这就需要语言学研究者提供特定知识或逻辑规则；（3）开发交互式提示词机制，如通过自然语言对话，尤其适用于解决复杂任务（Pengfei Liu et al., 2021）。

如最近研究的比较热门的提示词工程技术"上下文学习 + 思维链提示策略"，用户可以通过多种提示技术（Prompting Techniques）描述具体任务：（1）只用短语或句子描述任务，无需例子示范的零样本提示（Zero-Shot Prompting）；（2）用短语或句子描述任务的同时，再用一个或几个例子示范的单样本或少样本作为提示（One or Few-Shot Prompting）。以下为少样本提示：

Prompt：　请按照给定的示例，标注下面这句话中的连贯语义关系：
　　　　　例如：如果他没来｜（条件），就说明放弃这个机会｜（结果）。
　　　　　今天天气不错，但我不想出去。
ChatGPT：今天天气不错｜（原因），但｜（转折）我不想出去｜（结果）。

　　合适的提示语和样本是实现指令微调的关键。这种基于示例的提示方法被称为"在上下文中学习"（In-Context Learning, ICL）。该方法通过制定任务描述和提供示例样本的自然语言文本，辅以对话中的上下文信息和示例，帮助模型理解语言请求的内容。模型能根据用户的查询词汇及其上下文使用情况，从数据库中选取最合适的文本字符串进行回应。这类提示技术的应用促使系统更深入地理解人类的各类语言请求，打破了自然语言处理中诸如命名实体识别、情感分析、文本摘要等任务的孤立现状，使语言模型朝着统一通用的方向发展。当模型和训练数据量达到一定规模时，模型本身具备百科知识，此时，提示语能够提供语境的"引导"，通过用自然语言明确描述任务，将任务转换成一种"生成"过程。

　　除指令微调外，还有一种改进的提示策略，称为思维链（Chain-of-Thought, CoT）技术。与上下文学习方法使用"输入–输出"对构建提示不同，CoT方法通过加入一系列可以导致最终输出的中间推理步骤来增强提示的效果，通常在提出的问题后面附加诸如"Let's think step by step!"的提示语。这种方法指导语言模型将复杂问题分解成多个小步骤，逐步进行推理。因此，模型能够用来解决算术推理、常识推理和符号推理等步骤复杂的任务。为了训练和微调模型，通常使用带有人工标注的代码数据集，将程序代码的完整逻辑链迁移到大模型上，从而赋予大型语言模型一定的推理能力。

　　此外，在标注指令微调数据时，语言学研究者需遵循一定的标注策略。每条指令应以自然语言语句或模板形式呈现，重点在于保证任务的相关性和清晰性。这意味着指令的形式和内容应与对应任务紧密相关，确保指令语句最大程度上体现交互意图。鉴于指令微调模型通常要完成多任务训练，因此在标注格式上，需要为多任务设计一致的输入/输出数据格式以保证多任务融合训练。具体而言，根据是否需要推理（CoT）和提供小样本，将指令微调数据集的样本格式统一为四种类型，如表 10-1 所示：

表 10-1　指令微调数据集格式

	Prompt	输出
无 CoT，零样本	指令 + 问题	答案
有 CoT，零样本	指令 + CoT 引导（by reasoning step by step）+ 问题	理由 + 答案
无 CoT，小样本	指令 + 示例问题 + 示例问题回答 + 指令 + 问题	答案
有 CoT，小样本	指令 + CoT 引导 + 示例问题 + 示例问题理由 + 示例问题回答 + 指令 + CoT 引导 + 问题	理由 + 答案

10.3　大语言模型文本生成功能的应用

生成性是目前大语言模型的显著特征，也被称为生成式人工智能。本节讨论如何通过构建指令协助大语言模型完成不同场景下文本生成的任务。

10.3.1　事件抽取

事件抽取是信息抽取（Information Extraction, IE）技术的一种，旨从大规模的文本数据中自动抽取出结构化的信息。其目标是将线性的自然语言文本转化为结构化的、更易于计算机处理的数据形式，从而支持文本挖掘、语义分析和知识图谱等应用。

事件（Event）是指在一定时间内发生的、具有明确标志的事情或行动，包括自然事件和社会事件。如自然界中的台风、洪水、地震等；社会生活中的会议、比赛、演出等。时空特征是事件的主要特征，事件要素一般包括：

事件类型：描述事件所属的类型，例如自然灾害、社会事件、体育赛事等。

事件时间：描述事件发生的时间，包括具体的年、月、日、时、分、秒等信息。

事件地点：描述事件发生的地点，包括国家、城市、街道、建筑物等。

参与者：描述事件中的主要参与者，包括个人、组织、机构等。

行为：描述事件中的主要行为，包括发生了什么、发生了怎样的事情。

结果：描述事件发生的结果，包括对参与者、环境等的影响。

对于实体关系的描述可以用三元组的方式，这种结构化的描述方式同样适用于事件。用三元组描述一个事件通常需要定义一个事件类型，并将事件的各个方面（时间、地点、参与者行为、结果等）作为该类的属性进行描述。下面示例采用 RDF 规范，三元组描述事件：

- 定义事件类型类

:event_type rdf:type rdf:Class.

- 定义事件类型实例

:natural disaster rdf:type :event_type.

:social_event rdf:type :event_type.

:sports event rdf:type :event_type.

- 定义事件类和属性

:event rdf:type rdf:Class.

:event_type rdf:type rdf:Property.

:event time raf:type rdf:Property.

:event location rdf:type rdf:Property.

:event participant rdf:type rdf:Property.

:event_action rdf:type rdf:Property.

:event result rdf:type rdf:Property.

- 定义事件实例

:eventl rdf:type :event.

:event1 :event_type : social_event.

:event1 :event_time "2024-02-16T02:14:00Z" ^^xsd:dateTime.

:eventl :event_ location "美国旧金山 "^^xsd:string.

:eventl :event participant "OpenAI" ^^xsd:string.

:event1 :event action"发布文生视频模型 Sora"^^xsd:string.

:event1 :event result"标志着 AI 在理解真实世界场景并与之互动的能力方面实现飞跃"^^xsd:string.

在上面这个例子中，首先定义了一个事件类型类":event type"以及三个事件类型实例，包括自然灾害（:naturaldisaster）、社会事件（:social_event）和体育赛事（:sports_event）。然后定义了事件类":event"以及事件的各个属性。最后，定义了一个事件实例":event1"，并将其与事件类和各个属性关联。在该事件实例中，事件类型为社会事件，时间为 2024 年 2 月 16 日，地点为美国旧金山，参与者为 OpenAI，行为是发布文生视频模型 Sora，结果为标志着 AI 在理解真实世界场景并与之互动的能力方面实现飞跃。

需要注意的是，对于事件的结构化描述可以采用多种规范，常见的规范包括 RDF（Resource Description Framework）、JSON-LD（JSON Linked Data）、EML（Event Markup Language）、Schema.org 等。无论采用哪种规范，最终目的都是通过结构化描述，使事件表达的各种属性和关系更加清晰和准确。进而帮助计算机系统理解和处理事件数据，实现自动化的信息处理和应用。通过采用规范化的结构化描述，可以提高数据的可重用性和互操作性，使数据更易于共享和集成。此外，结构化描述还可以帮助用户更快地查找、分析和理解数据，从而支持更高效、更智能的决策和预测。

按照如上对于事件结构化的描述方式，基于预先定义事件框架，包括事件类和属性，我们尝试利用 ChatGPT 对文本进行事件抽取，并输出结果：

Prompt:

事件类和属性定义略……（如上文）

2 月 16 日凌晨，OpenAI 发布首个文生视频模型 Sora，是 OpenAI 继 ChatGPT 之后，推出的另一款具备颠覆行业能力的 AI 应用，Sora 能够仅仅根据提示词，生成 60s 的连贯视频，远超行业目前大概只有平均 "4s" 的视频生成长度。

请按照给出的事件类和属性的定义，对上述文本进行事件抽取，只需输出抽取到的 RDF 格式的事件实例，无需其他无关信息。

ChatGPT:

:event1 rdf:type :event.

:event1 :event_type :social_event.

:event1 :event_time "2 月 16 日凌晨".

:event1 :event_action "发布首个文生视频模型 Sora".

:event1 :event_result "Sora 能够仅仅根据提示词，生成 60s 的连贯视频，远超行业目前大概只有平均"4s"的视频生成长度".

通过这种方法，ChatGPT 可以完成事件抽取的任务，并以所需格式返回结果。Xiang Wei 等人对 ChatGPT 的结构化事件抽取能力进行了定量测试，与传统的监督学习方法抽取结构化事件的 F1 值 46.5 相比，百度提供的 DuEE1.0 数据集表明 ChatGPT 抽取结构化事件的 F1 值已达到 72。

事件抽取作为自然语言理解任务，服务于信息检索、知识图谱、事件预测等下游任务。事件抽取的目标通常涉及结构化数据的抽取，存在数据格式复杂、规范各异等工程问题。通过精心设计提示指令，可以将结构化信息抽取问题转换为 ChatGPT 可以处理的文本生成问题，从而获得比传统监督学习模型更准确的结果。

然而，使用 ChatGPT 进行信息抽取存在如下两方面的问题：首先，是结构化数据的表示规范的灵活性问题。ChatGPT 对于领域通用规则的结构化数据表示能够准确输出。但是，对于新定义的结构化事件表示方法的表现欠佳。其次，是处理速度和成本问题。许多信息抽取系统需要长时间运行，爬取大量的互联网文本进行信息处理，即使 ChatGPT 的分析速度足以处理这些实时更新的知识和事件库，其成本也可能是一个不可忽视的因素。

10.3.2　文本分类

传统的文本分类方法通常基于监督学习，通过已知类别的标注数据集训练模型，以便分类未知文本。文本类别关系的学习一般采用词袋模型或 TF-IDF（词频–逆文档频率），将文本转换为向量形式，然后学习文本类别之间的关系，通常采用的分类方法为朴素贝叶斯、决策树、支持向量机等。随着深度神经网络模型的出现，卷积神经网络（CNN）和循环神经网络（RNN）也被用于文本分类。前者主要用于提取文本的局部特征，后者主要对文本序列进行建模，捕捉长期的上下文信息。此外，注意力机制也被广泛应用，并有效解决文本中的噪声和干扰问题。尽管这些方法往往需要大量的训练数据和计算资源，但它们能实现高效且准确的文本分类。在常见任务如新闻文本分类中，现有方法已能达到99%以上的准确率，因此提升空间相对有限。

（1）零样本和小样本分类

小样本或零样本文本分类是文本分类的一个特殊类型，旨在极少或没有标注数据的情况下对文本进行分类。通常传统的监督学习方法无法完成，因为它们依赖于大量的标注数据训练分类器。然而，预训练语言模型由于在预训练过程中已经建立了对标签文本的语义理解能力，因此特别适合处理小样本或零样本的分类任务。

以新闻标题的分类为例，例如将"首次实射舰空导弹全部命中，他们有何秘诀"这样的标题分类为国际新闻、体育新闻、娱乐新闻或军事新闻等类别。对于传统分类模型而言，这些候选类别相当于不同的选择项，而在无监督学习的情况下，无法理解候选类别的区别。然而，由于ChatGPT这种大语言模型在训练过程中学习了如何理解自然语言，且能够根据理解推断文本所属类别，所以可以快速处理这种分类任务。

在下面的例子中，虽然没有训练样本提示ChatGPT军事新闻的定义，但是它仍能够正确地对新闻进行零样本分类。

Prompt:
新闻标题：首次实射舰空导弹全部命中，他们有何秘诀
这条新闻属于哪个类别？请在国际新闻、体育新闻、娱乐新闻、军事新闻中选择一个作为回答。
ChatGPT:
根据新闻标题"首次实射舰空导弹全部命中，他们有何秘诀"，这条新闻最符合的类别是"军事新闻"。

尽管在已有充足数据的类别（如军事新闻）中，零样本分类的必要性并不明显，但对于新出现的数据类别而言，零样本分类的实际价值便逐渐显现。以网络钓鱼邮件检测为例，这些邮件通常用于诈骗和信息盗窃，背后可能涉及重大的经济和安全风险。随着各种新型网络钓鱼邮件的不断出现，人们面临着不断更新的安全挑战。例如，一种新型钓鱼邮件可能冒充知名公司或机构，发送包含恶意链接或附件的电子邮件，诱使用户泄露敏感信息或下载恶意软件。

当这类新型钓鱼邮件首次出现时，网络安全专家迅速识别出这一新的威胁类型。但由于这种邮件的样本量相对较少，缺乏足够的数据来构建有效的训练语料，利用传统监督学习方法训练分类模型颇具挑战。在这种情况下，利用如 ChatGPT 这样的预训练语言模型进行零样本分类的优越性就显示出来了。这种方法无需大量数据即可有效识别和分类新型钓鱼邮件，为防护措施提供及时的支持。

Prompt:

短信内容："亲爱的客户，我们检测到您的银行账户可能存在安全风险，请立即通过此链接登录并更新您的账户信息：example-link.com，或致电我们的客服热线 XXXX-XXXX 进行确认。"

这条短信是否属于银行诈骗短信？

ChatGPT:

这条短信具有典型的银行诈骗短信的特征。它利用紧急安全警告来吸引用户的注意，引诱用户点击提供的链接或拨打电话，这通常是为了窃取个人信息或银行凭据。安全的银行交流不会要求用户通过未经验证的链接或电话号码验证账户信息。

（2）情感分析

作为一种特殊的文本分类任务，情感分析能够自动地判断文本表达的情感倾向（积极、消极或中性）。与传统文本分类不同，它更专注于分析文本中的情感信息，应用于如社交媒体监测、品牌声誉管理、市场调研等众多领域。具体而言，情感分析有助于企业深入理解用户的情感需求，为其提供更加个性化的产品和服务。在社交媒体监测方面，它可以协助企业实时地了解用户对品牌或产品的情感反馈，从中调整营销策略，提升品牌信誉和用户满意度。在市场调研方面，它可以帮助企业分析用户对产品或服务的情感倾向，精准市场需求，从而制定营销计划和产品策略。

1）粗粒度情感分析

下面是一个使用 ChatGPT 进行最基本的情感分析的例子：

Prompt:

这款产品的表现远低于我的期望。首先，它的设计显得粗糙且不实用，常常让我在使用中感到不便。其次，产品的质量令人担忧，几次使用后就出现了故障。客服团队的响应速度缓慢，解决问题的效率低下，这进一步加剧了我的不满。此外，产品的性能与其宣传相差甚远，这让我感觉被误导。总体来说，我对此次购买感到非常失望，并不打算再次购买或向他人推荐这个品牌。

这段话所包含的情感倾向是积极、消极还是中性的？

ChatGPT:

这段话所包含的情感倾向是消极的。

这段话表达了不满和失望的情绪。因此，这段话表现出了消极的情感倾向。

ChatGPT 准确地识别出了这种情感。

2）细粒度情感分析

细粒度情感分析也称为目标级情感分析，主要用于分析文本中针对具体对象或主题的情感倾向。如通过用户在线购物评论中对产品质量、价格、性能、性价比等方面的积极或消极细粒度情感分析，可以帮助企业更深入地理解用户的需求和偏好，并据此优化产品和服务，提升用户满意度。

传统的细粒度情感分析方法需要先从文本中识别出目标实体，然后通过情感分析技术确定文本对目标实体的情感倾向，并提取支撑此情感倾向的证据文本，这一过程面临着技术路径步骤复杂、语料标注困难以及识别准确率低等问题。为了在实际应用中实现有效的细粒度情感分析，需要在数据标注和模型训练方面投入大量的精力和资源。

大语言模型通过在大规模数据集上的预训练，已经掌握了丰富的情感相关知识，使其能够有效地应用于细粒度情感分析任务。这种方法的优势在于它不仅提高了情感分析的准确性和效率，而且免去了传统方法中识别目标实体和提取证据文本的过程。以下是一个典型的在线购物场景中的评论示例，展示了 ChatGPT 在这方面的应用潜力。

> **Prompt:**
> 这款智能手表的设计真是时尚且现代，功能多样也非常实用，戴着非常舒适。然而，电池寿命非常短，一天就需要充电，而且经常出现软件故障，导致使用体验大打折扣。
> 这段话所包含的情感倾向整体上看是积极、消极还是中性的？请只回答积极、消极或中性。无需更多解释。
> **ChatGPT:**
> 整体上看，这段话的情感倾向是消极。

评论者对于智能手表这款产品的设计和功能表达了积极的情感，称赞了它的时尚现代，功能多样，表现出了一种积极的倾向。然而，评论者对于手表电池和软件的使用表现出了一种消极的倾向。因此，这段话同时包含了积极和消极的情感倾向，需要进行细粒度情感分析，不能简单地将其分类为积极或消极。这种现象在实际购物体验中很常见。即便是对同一件商品，不同人的评价也会有所不同。因此，细粒度情感分析显得尤为重要。只有对评论进行深入分析，商家才能真正了解消费者的需求和想法，为其提供更好的服务和产品。

下面的例子采用了"目标-情感倾向-支撑证据"的格式，让 ChatGPT 能够进行针对特定目标的细粒度情感分析。

> **Prompt:**
> 这款智能手表的设计真是时尚且现代，功能多样也非常实用，戴着非常舒适。然而，电池寿命非常短，一天就需要充电，而且经常出现软件故障，导致使用体验大打折扣。
> 请对这段话所包含的情感进行细粒度分析。以三元组的形式返回分析结果，格式如下：
> （目标，情感倾向，支撑证据）

ChatGPT:

以下是对您提供的文本进行细粒度情感分析的结果，按照您所要求的三元组格式：

（智能手表的设计，积极，"真是时尚且现代"）

（智能手表的功能，积极，"功能多样也非常实用"）

（佩戴感受，积极，"戴着非常舒适"）

（电池寿命，消极，"电池寿命非常短，一天就需要充电"）

（软件性能，消极，"经常出现软件故障"）

（总体使用体验，消极，"导致使用体验大打折扣"）

这类细粒度情感分析被称作目标无方面情感分析（Target-No Aspect Based Sentiment Analysis, TN-ABSA），旨在对文本中的目标对象进行情感分析，不涉及目标的具体方面。与之相对的是目标方面情感分析（Target Aspect Based Sentiment Analysis, T-ABSA），要求对目标及目标相关方面分析。除此外，还有目标属性情感分析（Target-Grounded Aspect Based Sentiment Analysis, TG-ABSA），是在给定属性的前提下，对目标的各个属性进行情感分析。可以看出后两者的分析粒度要更细。而二者的区别在于这些细粒度是预先设定的还是文本抽取的。如目的是从文本中提取更细粒度的信息以进行目标方面情感分析，可以在指令中加入相应的提示。示例如下：

Prompt:

这部电影的视觉效果令人震撼，故事情节却平淡无奇，未能达到预期的高潮。

请对这段话所包含的情感进行 Target Aspect Based Sentiment Analysis 细粒度分析。以四元组的形式返回分析结果，格式如下：

（目标，Aspect，情感倾向，支撑证据）

ChatGPT:

对于您提供的电影评价文本，以下是基于目标方面的细粒度情感分析结果，按照您所要求的四元组格式：

1.（电影，视觉效果，积极，"视觉效果令人震撼"）

2.（电影，故事情节，消极，"故事情节却平淡无奇，未能达到预期的高潮"）

如果要进行目标属性情感分析，则需要将预先定义好的属性集合通过提示指令告知 ChatGPT。在上述示例中，我们进行细粒度情感分析的同时，还将 ChatGPT 的输出结果以三元组或四元组的形式规范化。这种规范化的输出在细粒度情感分析中至关重要，因为它便于后续的处理和深入分析。

文本分类是自然语言处理领域中的传统任务，经过广泛的研究和实践，传统方法通常能够取得良好效果。但随着生成式人工智能技术不断发展，如 ChatGPT 开始在文本分类任务中呈现优势。在某些特定应用场景中，如在进行细粒度情感分析和文本簇的主题提取时，传统方法由于语义理解能力有限和标注数据不足可能表现不佳，而 ChatGPT 则能更有效地处理这些复杂任务。

ChatGPT 也有其局限性，如目前无法处理大规模数据，而且在完成数值类任务时可重复性较差。此时需要传统算法处理数据，以获得更好的效果。在实际应用中，需要综合考虑多种因素选择最合适的技术和策略解决问题。

10.3.3　受控文本生成

受控文本是在一定的限制或约束条件下生成符合特定要求的文本。相比于传统的自由文本生成，受控文本生成能够更有效地控制生成文本的主题、风格、语法结构和情感色彩等，以适应特定场景的需求。受控文本生成的应用有电子邮件的自动回复，它能够依据接收到的电子邮件内容，自动生成符合主题和格式要求的回复。新闻报道中，受控文本生成可以根据提供的素材和要求，自动撰写符合新闻报道规范的文章。广告宣传中，受控文本生成可以生成符合产品特征和宣传要求的广告文案。

传统受控文本生成常用技术包括条件生成对抗网络（Conditional Generative Adversarial Network, CGAN）或变分自编码器（Variational Auto-Encoder, VAE）。在使用 CGAN 进行受控文本生成时，给定的条件

（如主题或风格）作为输入，生成器生成文本，判别器则评估生成的文本是否符合条件和语法等要求。而 VAE 的策略是将输入文本编码为一个潜在向量，根据指定的条件和要求进行潜在向量的采样和修改，然后解码以生成符合条件的文本。尽管这些模型结构复杂且需要大量的标注文本进行训练，但它们为实现高质量的受控文本生成提供了可行的技术途径。

随着人工智能技术的快速发展，近年来出现了许多新的方法和技术。如利用语言模型结合提示指令的方法，已成为实现受控文本生成的有效手段。这种方法不需要依赖复杂的模型结构和大量的标注数据，而是借助大语言模型，结合提示指令，生成符合特定要求的文本内容。这标志着在文本生成领域，将从传统的模型结构转向更为灵活和高效的新技术路径。

（1）文本摘要

文本摘要是受控文本生成领域中一种普遍的任务形式。其主要目的是从原始文本中抽取核心信息，压缩为简短精炼的摘要，同时保留原始文本的主要内容。在实际应用中，这项技术广泛应用于新闻报道、学术论文等多个领域。通过文本摘要技术，可以有效地提炼和传递关键信息，使阅读和理解过程更为高效。

1）生成事实准确的摘要

以下是尝试用 ChatGPT 生成摘要的示例：

Prompt:

欧洲南方天文台天文学家们（ESO）在当地时间周二（6 月 18 日）发表的研究中揭示，他们即时观测到一个超大质量黑洞的苏醒，这是人类天文学家首次见证这一现象。在一个距离地球 3.6 亿光年的遥远星系，这个超大质量黑洞从休眠中苏醒，开始吞噬周围物质，目前质量已经是太阳的约 100 万倍。

根据上述原文生成 20 个字以内的简短摘要。

ChatGPT:

距地球 3.6 亿光年黑洞"苏醒"

除了可以作为摘要生成模型，ChatGPT 还可以用于检测摘要中事实的准确性，发现并修正其他模型所生成的事实性错误，从而构造对比语料，采用 PPO 强化学习的方法提升其他小模型的摘要提取能力。

2）控制摘要的长度和风格

在现实应用中，文本摘要的任务形式有：为新闻报道撰写标题和导语，为小说和电影编写内容简介等。这些摘要任务最主要的区别在于内容的长度。新闻标题通常较短，不超过 15 个字；导语的长度稍长，大约 50 个字左右；而小说和电影的内容简介则需要更长，通常是几百个字。因此，在生成这些不同类型的摘要时，长度控制是一个关键因素。

传统的文本生成方法较难控制摘要长度，因为传统模型通常难以理解长度的概念。只能采取截断解码或逐次摘要的方法尝试控制生成摘要的长度，这就降低了摘要生成的质量。相较之下，大语言模型能够更好地理解长度的概念，因而能够更灵活地生成符合特定长度要求的摘要。

需要注意的是，ChatGPT 并不能做到对生成文本严格的长度控制。这是因为，首先，ChatGPT 没有"字"的概念，它处理文本的基本单元是 token。由于每个 token 对应的字数是不定的，因此 ChatGPT 无法准确地控制生成文本的字数。其次，解码算法具有一定的随机性。实际上，ChatGPT 输出的是一个概率分布，然后再通过随机解码的方式生成具体文本内容。因此，每次输出的结果可能会有所不同，导致长度无法被严格控制。

（2）文本复述

文本复述（Paraphrase Generation）的目标是创造出与原始文本意义相符但表达形式相异的内容。这一任务的关键在于提高文本的多样性，减少重复性，从而生成更为自然流畅的表达，有助于读者更好地理解文本的内容。文本复述在文本摘要、机器翻译、问答系统和信息检索等应用领域发挥着重要作用。

1）保持语义一致，控制改写程度

文本复述的实现方法包括基于规则的策略、统计机器学习模型，深度神经网络模型等。在神经网络模型方面，常使用编码器-解码器架构完成文本复述任务。GPT 这样的预训练语言模型，凭借其卓越的语言理解和生成能力，也被广泛应用于文本复述任务。如下示例展示了 ChatGPT 对原始句子进行改写的能力。

Prompt:

面对即将到来的春运，铁路部门充分运用新增线路，实现铁路资源的进一步优化组合，最大程度释放运输能量。

请生成这句话的复述文本，要求与原文本保持语义一致，但是表达方式有明显区别。

ChatGPT:

针对迫在眉睫的春运高峰，铁路系统通过利用新开通的路线，有效地整合了铁路资源，以充分提升运输效率和能力。

原始句中的"面对即将到来……"被改写成"针对迫在眉睫……"。这种改写方式虽然在表达形式上与原始句有显著不同，但语义上仍然保持一致。这种修改方式符合文本复述任务的要求，同时提高了文本的可读性，使文本更易于理解。

在进行文本复述时，改写的程度可能会根据任务的不同有所差异。文本复述可以分为以下三个子任务：句子重写（Sentence Rewriting）、句子复述（Sentence Paraphrasing）和文本重组（Text Rephrasing）。这三个任务都旨在变换句子或文本表达方式的同时保持原始语义，但它们的侧重点略有不同。句子重写注重保持语义和结构的一致性；句子复述注重表达方式的多样性，但两者都在句子级别进行处理。相较之下，文本重组则在段落级别进行处理，强调在重新排列和重新表达句子的同时保持含义不变。一般而言，句子重写生成的文本与原始文本更相似，而文本重组生成的文本可能更加灵活。因此，根据具体应用需求选择不同的文本复述任务。

2）控制文本复述时的情感倾向

情感倾向在文本复述中扮演着关键角色。文本复述旨在通过不同的措辞和结构表达相同的意思。复述者通过不同的词汇、语法结构和语气来调整文本的情感倾向。如原始文本带有消极情绪，复述者可采用更中性的措辞以缓和情感倾向。反之，如原始文本缺乏情感倾向，复述者可使用更生动、富有情感的措辞以增强情感倾向。因此，复述文本过程中，适当的情感倾向不仅能够吸引读者的注意力和提高文本可读性，还有助于更好地传达作者的思想和情感倾向。

传统深度学习模型主要采用编码器-解码器结构，需要对齐语料对模型进行训练。一条原始文本和一条与之相同内容但情感倾向不同的文本构成一组对齐语料。要成功训练出符合要求的深度神经网络模型，至少需要数十万组对齐语料。人工编写的方式会导致巨大的工作量。但ChatGPT给我们提供了解决路径。示例如下：

Prompt:

祥子，是老舍小说《骆驼祥子》的主人公。他是一个出生于农村的普通人力车夫，后来来到北京城谋生。祥子以他的力气和勤奋著称，他的最大梦想是拥有一辆自己的车。在小说中，祥子被描绘成一个朴实、勤劳、有志向的人物，但他在残酷的社会环境和复杂的人际关系中经历了种种磨难。他的故事反映了20世纪初中国社会底层人民的生活困境和精神抗争，是一个充满悲剧色彩的角色。祥子的形象和经历深刻地揭示了当时社会的不公和个人命运的无奈，成为中国现代文学中一个难忘的人物。

请从悲愤和不满的角度生成这段话的复述文本，要求与原文本保持语义基本一致，但是表达方式和情感倾向有明显区别。

ChatGPT:

《骆驼祥子》的主角，广为人知的是祥子，他是一位从农村来到北京的人力车夫。虽然以他的力量和不懈努力著称，但祥子在追求简单梦想——拥有自己的车辆时，遭遇了极大的挫折和不公。小说中的祥子代表了勤勉和抱负，但不幸地，他的生活被残酷的社会现实和错综复杂的人际纠葛所吞噬。他的经历激起了对这个时代不平等和压迫的强烈愤慨。祥子的形象不仅凸显了社会的不公，还暴露了个人命运面临的绝望，使他成为中国现代文学中一个令人愤慨不已的重要人物。

上例中被复述的是著名小说《骆驼祥子》的内容简介。这段文字强调了祥子在面对生活挑战时的挣扎，以及他的故事如何反映出20世纪初中国社会底层人民的困境和精神抗争。此外，还指出祥子的形象在中国现代文学中的重要地位，他的经历揭示了当时社会的不公和个人命运的无奈。然而，它缺乏对那个时代下卑微小人物的同情和怜悯。为此，可以通过明确情感倾向的提示指令，让 ChatGPT 从不同的情感视角复述这段文本，得到一篇内容大致相同、但情感倾向完全不同的内容简介。

（3）数据到文本的生成

数据到文本生成技术旨在将结构化数据转化为自然语言文本。典型的生成任务包括天气预报、地震报道、财经快讯、商品描述、医疗检验报告等。以天气预报为例，这是数据到文本生成技术的典型应用场景。将气象数据、空气质量数据等结构化数据输入自然语言生成模型，自动将这些数据转化为天气预报文本。天气预报文本通常包含当前天气、天气预测、温度变化、风力风向、空气质量等信息。它们可通过结构化数据自动生成，提高了天气预报准确性和实时性。生成模型智能化程度增强，能自动识别并提取关键信息，生成更准确的天气预报文本。对于天气预报中数据到文本的生成任务，所涉及的结构化数据通常包括以下几个方面。

气象数据：包括温度、湿度、气压、降雨量、日照时数等信息。

风力风向数据：包括风向、风速、阵风等信息。

空气质量数据：包括空气污染指数、颗粒物浓度等信息。

地理位置数据：包括经纬度、地区名称等信息。

以上数据源自气象监测站、气象卫星、气象雷达等设备。这些设备实时采集气象数据，并上传至气象局或其他机构的数据库。通过对比和分析实时数据与历史数据，可预测未来天气变化，生成相应天气预报文本。以下是一个具体的例子，包括结构化的数据和 ChatGPT 基于这些数据生成的文本。

Prompt:

城市：北京

时间：2023 年 12 月 30 日

温度：最高 3℃，最低 −9℃

天气：晴朗无云

风速：阵风风速最高 4 米 / 秒

请根据上述数据生成一段天气预报的文本。

ChatGPT:

北京市，2023 年 12 月 30 日的天气预报如下：预计今天天气晴朗，无云。气温方面，最高温度将达到 3℃，而最低温度可能下降至 −9℃，感觉会比较寒冷。在风力方面，将有阵风出现，风速最高可达 4 米 / 秒。请市民朋友们注意保暖，适当增加衣物，并注意防风。同时，晴朗的天气也是户外活动的好机会，可以享受冬日的阳光。

天气预报文本的生成对人们的日常生活至关重要，为人们提供实时天气信息，为人们出行提供穿衣选择。对于那些与天气变化息息相关的行业，如农业和建筑业，天气预报的准确性就变得尤为重要，这时数据到文本的生成技术为这些行业提供了参考。

受控文本生成不仅限于文本摘要、文本复述和数据到文本的生成。在教育领域中，文本生成技术可根据学生需求生成个性化学习材料，提升学习效果。此外，受控文本生成在创意写作和艺术创作方面也有应用。通过约束生成文本的风格、主题和情感，创作者能够获得灵感，拓展创作思路。

10.3.4　意图识别

如何准确理解用户问题和意图是构建问答系统的关键。ChatGPT 通过其强大的语义理解能力，可判断问题的关联性，增强问题和答案的匹配度，提升友好用户体验。如下例：

Prompt:

问题：如何申请售后？

回答：非常抱歉商品未能让您满意，如需处理售后问题，可点击下方按钮提交【退货】/【换货】申请，商家会在工作时间（9:00—21:00）100 分钟内完成审核。

您的订单由商家提供售后服务，若是商品使用方面的问题，或是对售后政策仍有疑问，您也可以点击下方按钮，联系商家客服答疑哦。

以上是在线客服系统的回复。目前，用户的问题是："请问如何带着退货产品去贵公司面试？"以上回答是否适切，能否满足用户所需信息？

ChatGPT:

上述回答并不适切，因为用户的问题是关于如何带着退货产品去公司面试，而回答却提供了关于售后处理的信息。在这种情况下，用户需要的是关于面试流程或者如何处理退货产品的相关信息。

以上方法虽然能够更准确地判断用户意图，但是对于大量的用户在线咨询如果都借助 ChatGPT 进行实时处理，会面临响应速度缓慢和费用高昂的问题。因此，更加有效的方法是利用 ChatGPT 构建多样化问题，扩充问答对数据库，进而提高问题覆盖率和回答准确性。示例如下：

Prompt:

问题：如何申请售后？

回答：非常抱歉商品未能让您满意，如需处理售后问题，可点击下方按钮提交【退货】/【换货】申请，商家会在工作时间（9:00—21:00）100 分钟内完成审核。

您的订单由商家提供售后服务，若是商品使用方面的问题，或是对售后政策仍有疑问，您也可以点击下方按钮，联系商家客服答疑哦。

以上是在线客服系统的回复。请参考问题和对应的回答，采用文本复述技术构造出 10 个针对这个回答可能提出的问题。并确保上文的回答能够完整地满足所构造的问题。

ChatGPT:

1. 如何提交退货或换货申请？
2. 售后审核需要多长时间？
3. 商家提供的售后服务时间是什么？
4. 若对售后政策有疑问，如何联系商家客服？
5. 是否可以在工作时间外提交售后申请？
6. 如何知道退货或换货申请是否已经被处理？
7. 售后申请审核完成后，下一步应该怎么做？
8. 售后申请审核不通过的话，是否有其他处理方式？

9. 能否在提交售后申请后直接带着退货产品去实体店面交？

10. 如果需要换货，如何确定新商品的规格和型号？

以上操作确保在响应用户提问时，仍能使用本地部署的简单模型进行匹配，但是将相似度的阈值限制到一个较高的程度，目的是减少 ChatGPT 的调用次数，提升在线客服系统的响应速度。通过知识增强，有效地提高系统问答的准确性和效率，为用户提供更好的服务体验。

思考与讨论

1. 请通过多轮问答激发大语言模型对于不同的依存句法分析规范的记忆，并基于此规范进行依存句法分析下文：北京外国语大学坐落在北京市海淀区西三环北路，是中国共产党创办的第一所外国语高等学校。

2. 文本复述的子任务有哪些，它们之间有什么区别？

3. 利用大语言模型对用户询问天气的提问提取结构化意图表示。

参考文献

[1] Belinkov Y. & Glass J. Analysis methods in neural language processing: A survey [J]. *Transactions of the Association for Computational Linguistics*. 2019, 7: 49-72.

[2] Brown T. B., et al. Language models are few-shot learner [J]. *Advances in Neural Information Processing Systems*. 2020, 33: 1877-1900.

[3] Brown T., et al. Language models are few-shot learners [J]. *Advances in Neural Information Processing Systems*, 2020, 33: 1877-1901.

[4] Duan J F, et al. A survey of embodied AI: from simulators to research tasks [J]. *IEEE Transactions on Emerging Topics in Computational Intelligence,* 2022, 6 (2): 230-240.

[5] George A. S., George A. H. A review of ChatGPT AI's impact on several business sector [J]. *Partners Universal International Innovation Journal,* 2023, 1 (1): 9-23.

[6] Jacovi A., Goldberg Y. Towards faithfully interpretable NLP systems: How should we define and evaluate faithfulness? [C]. In: *Proceedings of the 58th Annual Meeting of the Association for Computational Linguistics*. 2020, 4198-4205.

[7] Liu P F, et al. Pre-train, prompt, and predict: A systematic survey of prompting methods in natural language processing [J]. preprint arXiv: 2107.13586v1. 2021.

[8] Ouyang L., et al. Training language models to follow instructions with human feedback [J]. *Advances in Neural Information Processing Systems*. 2022: 35: 27730-27740.

[9] Radford A., et al. Language models are unsupervised multitask learners [OL]. Open AI blog, 2019, 1 (8): 9.

[10] Radford A., et al. Improving language understanding by generative pre-training [OL]. https://cdn.openai.com/research-covers/language-unsupervised/language_understanding_paper.pdf.

[11] Radford A., et al. Language models are unsupervised multitask learners [J]. OpenAI blog, 2019, 1 (8): 9.

[12] Vaswani, A., et al. Attention Is All You Need [C]. 31st Conference on Neural Information Processing Systems (NIPS 2017), Long Beach, CA, 5998-6008, 2017.

[13] Wang J, et al. Is ChatGpt a good NLG evaluator? A preliminary study [J]. arXiv preprint arXiv: 2302.04048, 2023.

[14] Wei J, et al. Emergent abilities of large language models. [OL]. arXiv preprint arXiv: 2206.07682, 2022.

[15] Wei X, et al. Zero-shot information extraction via chatting with ChatGPT [J]. arXiv: 2302.10205v1, 2023.

[16] Wolfram, S. *What is ChatGPT Doing and Why Does It Work?* [M]. Massachusetts: Wolfram Media, Inc., 2023.

[17] Zhao W X, et al. A survey of large language model [J]. preprint arXiv: 2303. 18223, 2023.

[18] 陈峥. 与 AI 对话 ChatGPT 提示工程揭秘 [M]. 北京：电子工业出版社，2023.

[19] 冯志伟. 计算语言学方法研究 [M]. 上海：上海外语教育出版社，2023.7.

[20] 冯志伟. 自然语言计算机形式分析的理论与方法 [M]. 合肥：中国科学技术大学出版社，2017.

[21] 黄河燕等. 人工智能语言智能处理 [M]. 北京：电子工业出版社，2020.

[22] 李佐文，梁国杰. 语言智能学科的内涵 [J]. 外语电话教学，2022.10.

[23] 李佐文. 语言智能的新发展与新挑战. 光明网 . [EB/OL]. https://share.gmw.cn/tech/2023-02/20/content_36377739.htm. 2023-02-20.

[24] 刘挺. 从 ChatGPT 谈大语言模型及其应用 [J]. 语言战略研究，2023.8（05）：14-18.

[25] 史忠植. 智能科学（第 2 版）[M]. 北京：清华大学出版社，2013.

[26] 孙茂松，李娟子等. 自然语言处理研究前沿 [M]. 上海：上海交通大学出版社 . 2019.

[27] 武俊宏，赵阳，宗成庆. ChatGPT 能力分析与未来展望 [J]. 中国科学基金，2023. 37（5）：735-739.

[28] 张华平，李林翰，李春锦. ChatGPT 中文性能测评与风险应对 [J]. 数据分析与知识发现，2023.3.

[29] 张琦，桂韬，郑锐，黄萱菁. 大规模语言模型：从理论到实践 [M]. 北京：电子工业出版社，2024.

[30] 张琦. 自然语言处理导论 [M]. 北京：电子工业出版社，2023.

[31] 赵世举，姬东鸿，李佳. 语言学与人工智能跨学科对话 [M]. 北京：中国社科出版社，2021.

[32] 赵鑫，窦志成，文继荣. 大语言模型时代下的信息检索研究发展趋势 [J]. 中国科学基金，2023.10.

第十一章　语言智能伦理与规范

本章提要

　　人类社会正在步入智能革命的新时代，人工智能被广泛应用于不同行业及领域，深刻影响着人类社会的变革，对人们现有的法律规范、伦理标准等提出了新的挑战。以 ChatGPT 为代表的大语言模型迅速发展，给人类社会带来高效和便利的同时，也引发了违背正常社会秩序和社会伦理的风险，伦理问题逐渐凸显。破解这一难题，必须前瞻研判语言智能带来的伦理挑战。本章旨在探讨语言智能研究主要面临的伦理问题，并结合现已发布的伦理规范与原则，尝试性地提出对语言智能伦理治理的未来展望，推动语言智能向善发展，更好增进人类福祉。

11.1　语言智能与伦理

11.1.1　伦理的相关概念

　　所谓伦理，其本意是指事物的条理，引申指向人伦道德之理。19 世纪以后人类借助科学技术不断加速人类文明发展步伐，伦理道德也成为引导和规范科学技术更好地服务于人类的基本规范（张华夏，2010）。

　　20 世纪 40 年代以来，现代科学迅速发展，涌现出一系列高新科技和尖端技术，如生物技术、新能源技术等，由此引发了与科技伦理相关的新问题和新思考。科技伦理是指关于各种科学技术发展所引发的伦理问题，包括基因编辑、克隆、纳米、互联网以及人工智能等各种科学技术发展和应用所引发的伦理问题（陈彬，2014）。科学技术的向善发展和正确应用需要伦理规范的正确引导。

　　语言智能技术近年来迅猛发展，目前已普遍应用于诸多领域。图像识别、语音合成、虚拟现实、自然语言处理等方面都相继投入市场使用。人工智能技术的研发和应用一方面产生了极大的良性社会效益，另一方面带来了诸多的负面问题，如果应用过度或者应用不当，会给人类、社会带来危害或损失。因此任何一项智能技术、方法及应用的发展都必须遵守伦理规范，必须符合人类的伦理和价值以及利益需要。

11.1.2　语言智能伦理

　　自 1936 年艾伦·图灵提出图灵测试以来，人工智能与自然语言的关系一直备受关注。人工智能所涉任务众多，所涉技术复杂，其核心在于知识的获取、表示和运用，语言无疑是其中关键。语言智能即语言信息的智能化，指运用计算机信息技术模仿人类的智能，分析和处理人类语言的过程，是人工智能的重要组成部分（周建设等，2017）。随着神经网络语言模型、无监督深度学习等技术不断推陈出新，机器理解和产出自然语言的能力大大提高，语言智能的研发和应用规模也达到了历史新高，在人工智能领域大放异彩。其成功以十分直观的方式展示了语言之于人类知识乃至人类思维的重要性，也就是语言无可替代的资源属性。比尔·盖茨更是将语言智能誉为人工智能皇冠上的明珠。与此同时，语言智能发展中的伦理问题引发社会各界的关注，凸显语言智能治理的紧迫性与重要性。

　　语言智能伦理聚焦语言智能开发与应用中的伦理道德问题，涉及语言智能科学研究中的伦理、语言智能研究者和开发者应遵守的伦理，以及语言智能应用中的伦理。语言智能伦理与人工智能伦理既有共性也有特性。从技术应用角度讲，作为人工智能的关键发展领域之一，语言智能不可避免地存在着人工智能伦理已有的一些问题，与人工智能伦理存在交叉关系。但就语言智能本身而言，大语言模型时代的到来，ChatGPT 的横空出世，引发了大量真实具体的伦理问题。以 ChatGPT 为例，它以海量信息为"食"，数据量越大、数据越新，其功能性越好。要保证良好的用户体验，它必须获取足够多和准确的知识与信息，那么这些数据的来源和合法性是否可以确保？ChatGPT 现象级爆火，被全球不同用户应用于多个领域，其生成的文字、图片内容是否正确真实？是否涉及剽窃和抄袭，等等。语言智能的伦理困局集中在隐私伦理、算法伦理、技术伦理、学术伦理等方面。

11.2　隐私伦理问题

11.2.1　隐私及隐私权

关于隐私的概念界定，观点众多。有学者认为，不希望被窃取和公开的私人信息就是隐私（冯菊萍，1988）。也有学者认为，隐私是主体的个人信息，不愿他人知道或者干涉的，不愿让他人入侵的私人领域，并且是与公共的、群体利益无关的（王利民，1994：482）。概括来说，隐私是指个人生活安宁和生活秘密不受他人披露和干涉的状态。

隐私权是公民人格权的重要内容，指个人对其私生活安宁、私生活秘密等享有的权利，是自然人享有的对其个人的、与公共利益无关的个人信息、私人活动和私有领域进行支配的一种人格权。2021 年 1 月 1 日开始施行的《民法典》对隐私权的内涵、效力和范围等都作出了较为详细的规定，明确规定："自然人享有隐私权。任何组织或者个人不得以刺探、侵扰、泄露、公开等方式侵害他人的隐私权。隐私是自然人的私人生活安宁和不愿为他人知晓的私密空间、私密活动、私密信息。"

11.2.2　隐私泄露

语言智能的实现基于对于大规模语言数据的加工和利用，数据是最核心的资源要素，决定了模型能力的上下限，语言模型对语言资源的利用能力是其性能的重要指标。在处理数据的过程中容易引发隐私泄露问题，主要发生在数据采集环节、数据存储环节和数据应用环节中。

仅仅使用行业数据训练大语言模型无法充分发挥其涌现能力，因此通过互联网进行广泛的数据采集就成为训练大语言模型的必要基础工作。大语言模型的训练数据源于网络文本、社交媒体、问答网站、新闻网站和文学作品等，其本身也可以收集、存储、使用问答中的个人信息。多种终端和设备连接互联网所留下的海量数据信息通过多个渠道被采集，带来个人信息和商业数据隐私泄露的风险。隐私泄露的形式包括主动提交和被动采集。主动提交是指用户通过互联网进行信息登记或发布时所泄露的关于自己的信息；被动采集指的是无意识地对非特定目标数据进行收集，用户在使用软/硬件过程中，软/硬件收集用户信息并记录在数据库中（古天龙，2022）。以 ChatGPT 为例，它通过对超大型文本语料的训练，来获得语言知识和世界知识。训练的语料，除了标注精细的专门语料库，还有海量无标注数据，对这类信息数据来源无法进行事实核查，极有可能涉及隐私泄露（李佐文，2023）。

在数据存储环节，由于人工智能背景下数据类型的特殊性，存储类型各有不同，缺乏统一管理，易导致安全漏洞风险。安全漏洞给存储隐私数据带来了极大的挑战。数据存储环节隐私泄露的典型方式包括访问控制不完善、身份认证不健全、漏洞利用、黑客攻击、操作失误、人为窃取、数据管理系统不完善、人为管理混乱等（古天龙，2022）。

在数据应用环节，通过强大的算法和数据分析，从已存储的数据中提取有价值的信息，通过对海量信息的挖掘和分析，可以对个人乃至集体的隐私进行预测，对隐私造成极大的威胁。数据应用环节隐私泄露的典型方式包括权限控制不当、违规备份、违规分析挖掘、过度披露隐私等。2019 年 7 月 27 日的《卫报》消息称，苹果公司雇佣承包商收听 Siri 的对话录音，承包商透露在 Siri 中可以听到苹果用户的隐私录音。苹果公司在对待 Siri 录音和是否能听到录音的问题上含糊不清，在隐私条例中也并没有交代清楚。最终苹果公司承认只有不到 1% 的录音被用于分析，但其中难免涉及苹果手机用户的敏感隐私。迫于舆论，苹果公司发表声明宣布，终止人工语音分析业务。

11.2.3 隐私伦理问题的应对

一是重视个人信息的保护。保护隐私不仅是法律义务，也是社会责任和道德要求的体现。电子数据中包含了越来越多的个人隐私信息，数据处理者应提高对个人信息保护的关注度，尊重信息主体，保护个人信息主体的权益，采取适当的安全保护措施以及技术上的处理以防止数据泄露和黑客攻击。个人层面首先应该增强防范意识，谨慎提供个人信息；定期升级应用软件版本，及时更新填补系统漏洞；拒绝安装来路不明的软件，防范恶意程序；仔细阅读隐私政策，开放应用程序合理权限，关闭过分收集个人信息的非必要权限；审慎使用公共无线网络等。

二是贯彻知情同意原则。对个人信息的收集利用必须经过本人充分知情前提下的同意，即个人信息保护的知情同意原则。《中华人民共和国个人信息保护法》从纲领层面对告知和授权同意进行了概括性规定。我国现有的个人信息使用的一般规则仍是建立在知情同意的框架下，以择入式同意为主，即数据处理者得到用户肯定性的表示，选择参与行为信息的采集进程才可以开始收集和处理个人信息，确保在个人知情同意的情况下规范化收集数据。个人也应该了解个人信息保护的相关知识，发挥知情同意原则对个人信息的保护作用，明确个人信息收集的合理范围和使用边界，将隐私泄露的风险降到最低。

11.3　算法伦理问题

语言智能技术的发展得益于算法的成功。算法伦理主要指各种智能技术算法在处理大数据时产生的伦理问题。主要包括以下三种主要风险：首先，由于模型参数的泄漏或恶意篡改以及容错和韧性不足，存在算法安全风险。其次，由于采用了复杂的神经网络算法，导致决策过程不透明，无法进行充分的解释。最后，由于算法推理结果的不可预见性和人类认知能力的局限性，无法预测智能系统的决策原因和结果，从而产生算法决策偏见。算法产生的伦理问题主要包括偏见、歧视、控制、欺骗、不确定性、信任危机、评价滥用、认知影响等。

11.3.1　偏见、歧视

算法的设计和功能反映了它的设计者和预期用途的价值，当研发人员编制算法时隐含价值倾向，算法不可避免地就会受到算法程序员的主观影响，因此社会偏见可以由个体设计者有目的地嵌入到系统设计中。目前的智能系统或平台多数以"深度学习＋大数据＋超级计算机或算力"为主要模式，需要大量的数据来训练其中的深度学习算法。在搜集过程中，各类数据的数量可能不均衡。在标注过程中，某一类数据可能标注较多，另一类标注较少，这样的数据被制作成训练数据集用于训练算法时，就会导致结果出现偏差。如果这些数据与个人的生物属性、社会属性等敏感数据直接关联，就会产生偏见、歧视等问题（莫宏伟，2018）。算法的偏见、歧视问题牵涉性别、种族、边缘群体、地域、民族、年龄、收入、宗教等因素。

以 ChatGPT 为代表的大语言模型为例，内容的输出由其模型所决定，而模型又来自算法选择以及用于模型训练的庞大数据库，这也就使得模型开发者能够相对容易地将自己所偏好的价值观植入训练数据，或通过算法选择呈现某种价值观。假若少数族裔、弱势群体的可用数据量相对比较少或者模型开发者的价值观存在着历史曲解、文化偏见以及种族歧视，那么这种曲解、偏见与歧视将会随着模型与用户的交互对用户产生潜移默化的影响，甚至是误导。在首批用户测试中，ChatGPT 甚至出现了辱骂用户、诱导用户离婚等言论。可见，一旦训练语料库中包含有害言论、错误言论时，将进一步加剧算法偏见和歧视。ChatGPT 前身GPT-2 经测试发现有 70.59％的概率将教师预测为男性，将医生预测为男性的概率则是 64.03％，涉及性别歧视。

11.3.2 算法伦理问题的应对

一是善用算法，秉持算法人文主义。智能算法时代，仍然要坚持人的主导价值。将算法广泛应用于人类决策的同时，仍然要坚持以人为本（陈昌凤，吕宇翔，2022）。

二是理性、辩证地看待算法。明确算法的工具属性，不能盲目地将算法伦理风险的一切责任归咎于算法。算法伦理风险的责任主体不是单一的，而是包括算法、算法平台、算法工程师、个人以及社会在内的链条式的责任闭环（王敏，吴信训，2022）。

三是提高个人算法素养，做算法的"主宰者"。提高在应用算法平台过程中的风险意识与伦理意识，更好地选择、判断、监管算法所提供服务的合理性。

11.4 技术伦理问题

技术滥用是指过度使用或不加节制地，甚至是恶意使用某些技术以实现某种利益或者产生某种社会后果的现象或者行为（李建军，2023）。技术滥用的诱发原因可以概括为以下三个方面：一是技术设计者出于自身利益，产生对人类不利的行为；二是过度依赖技术本身，技术缺陷引发不良后果和影响；三是盲目扩大技术的应用范围，导致超出人们预期的结果（古天龙，2022）。

"爬虫"技术是一种常见的数据抓取技术。而"爬虫"技术的滥用，已经成为互联网行业面临的最大的问题之一（龙卫球，2018）。就技术本身而言，网络"爬虫"可以在互联网上采集数据，满足科学计算、数据处理及网页开发等多个方面的用途（李文华，2021）。当前"爬虫"技术出现大量违法犯罪现象，如非法收集个人信息、窃取商业秘密、窃取数据等。

2017 年，北京市海淀区人民法院审理了全国首例利用"爬虫"技术侵入计算机信息系统抓取数据案，该案系全国首例利用"爬虫"技术非法入侵其他公司服务器抓取数据，进而实施复制被害单位视频资源的案件。从现实案例来看，"爬虫"技术的使用存在多个方面的社会风险，甚至是刑事风险，比如滥用"爬虫"技术侵犯个人信息权利、污染商业环境、危及国家安全、公共安全等（邱波，2020）。技术的合理使用必须在法律的框架之内，违反法律规定非法利用技术可能构成犯罪。

随着用于开发和训练深度学习模型的线上数据量不断扩大，自然语言处理技术滥用问题逐渐凸显。大语言模型的出现使得 ChatGPT 等人工智能自动生成与人类写作逻辑相似的深度伪造文本。ChatGPT 可以根据给定的一个或多个关键词，生成看上去真实、实际上却完全是编造的新闻。其能够实现从新闻标题到内容甚至评论的全部自动化产出。自然语言处理被广泛用于制造假新闻，已在多领域被不法人员利用或滥用，成为侵权甚至犯罪工具，给社会治理带来风险挑战。其在短时间内制造大批谣言，制造虚假新闻操控舆论走向。

目前智能技术深刻而广泛地改变了人们的生活，影响着生产、生活和社会的各个领域。对于智能技术，既需要高度重视，同时也要有理性地把握。要把握技术的使用边界，正确认识智能技术的工具性。积极推进智能技术赋能各行业各领域的生产发展，不能误用或滥用，更不能不合法、不合理地使用。

11.5　学术伦理问题

自 ChatGPT 发布以来，对学术研究工作造成了重大冲击，学术伦理问题引起教育界及学术界的担忧。2023 年 1 月 27 日，《科学》杂志发表评论文章，明确拒绝 ChatGPT 的作者署名权，禁止在投稿论文中使用 ChatGPT 生成的文本。2023 年 2 月 9 日，《自然》杂志发文更新投稿规则，明确只能将 ChatGPT 在内的大语言模型作为一种工具，并在论文的方法部分适当介绍，不能将 ChatGPT 列为作者。这类大语言模型带来的学术不端问题主要集中在四个方面。

一是抄袭剽窃的界定问题。国外已有研究表明，目前生成式人工智能系统组合改写的文章很难被检测出来，这使得以重复为核心的剽窃概念受到极大冲击，给抄袭剽窃的界定带来新难题。

二是责任归属的认定问题。这类大语言模型生成的内容通常源自他人的作品，虽然在内容组合中模糊了模仿和抄袭，但非原创的本质并未改变。那么抄袭剽窃的责任由谁承担，这类大语言模型是否具备法律人格，是否可以成为承担责任的主体均无法界定。

三是批判误导的判定问题。首先，其训练所用数据集可能有局限性，无法反映当前事件或趋势，甚至编造并输出错误文本，这些文本中的错误既有事实错误，也有数据错误和陈述错误，研究者很可能因此被误导。其次，所生成文本可能包含虚假引用和虚假参考文献，是否能发现其中的谬误并及时修正，这对于学术研究和创新至关重要。

四是学习秩序的安定问题。首先，越来越多的学生利用 ChatGPT 完成学业和功课，甚至将其用于作弊。教育工作者担心类似的大语言模型提供的智能服务将导致学术不端行为的泛滥，使得培养学生的批判思维及创新能力变得愈发困难，且无法正确有效评估学生的能力和知识水平，进而影响到构建公平的学术氛围和学术环境。其次，个人想法和客观环境不同，科研工作者是否借助智能服务辅助学术研究的选择不同，而技术背后的使用者可能并不具备其所表现出来的科研能力，误导他人的行为可能会一直持续并越来越普遍。

智能技术的飞速发展推动着技术对教育教学的赋能、创新与重塑。在引导学生理性使用智能技术赋能学术研究、减少技术对学习者思维发展产生负面影响的同时，应加快提升智能技术在教育应用中的感知能力与计算水平，深入推动智能技术为教育教学注入新活力，实现学习者高阶思维培养方式的创新与变革，注重持续深入挖掘智能技术在学习者高阶思维培养中的新潜能。

11.6 语言智能伦理规范准则

11.6.1 国内语言智能伦理规范准则

2021 年 9 月 25 日，国家新一代人工智能治理专业委员会发布了《新一代人工智能伦理规范》，旨在将伦理融入人工智能全生命周期，为从事人工智能相关活动的自然人、法人和其他相关机构等提供伦理指引，促进人工智能健康发展。《新一代人工智能伦理规范》充分考虑当前社会各界有关隐私、偏见、歧视、公平等伦理关切，针对人工智能管理、研发、供应、使用等活动提出了六项基本伦理要求和四方面特定伦理规范。

2022 年，中共中央办公厅、国务院办公厅印发了《关于加强科技伦理治理的意见》，其中明确了"增进人类福祉""尊重生命权利""坚持公平公正""合理控制风险""保持公开透明"等五项科技伦理原则。五项原则基本涵盖了相关的伦理要求，彰显了科技向善的文化理念。科技向善的文化理念，根本目标是让科技发展更好地服务社会和人民，带来良好社会或社会公益的善。

2023 年 7 月 13 日，国家网信办联合国家发展和改革委员会、教育部、科学技术部、工业和信息化部、公安部、国家广播电视总局公布《生成式人工智能服务管理暂行办法》，自 2023 年 8 月 15 日起施行，我国正式迎来首个国家层面的生成式人工智能的监管文件。《生成式人工智能服务管理暂行办法》共 24 条，内容包括总则、技术发展与治理、服务规范、监督检查和法律责任等。其核心要义是：倡导生成式人工智能健康发展和规范应用并举的价值取向，重点围绕生成式人工智能的技术发展与治理路径进行了规制。

《生成式人工智能服务管理暂行办法》就提供和使用生成式人工智能服务设置了五项合规义务：一是坚持社会主义核心价值观，不得生成煽动颠覆国家政权、推翻社会主义制度，危害国家安全和利益、损害国家形象，煽动分裂国家、破坏国家统一和社会稳定，宣扬恐怖主义、极端主义，宣扬民族仇恨、民族歧视，暴力、淫秽色情，以及虚假有害信息等法律、行政法规禁止的内容；二是在算法设计、训练数据选择、模型生成和优化、提供服务等过程中，采取有效措施防止产生民族、信仰、国别、地域、性别、年龄、职业、健康等歧视；三是尊重知识产权、商业道德，保守商业秘密，不得利用算法、数据、平台等优势，实施垄断和不正当竞争行为；四是尊重他人合法权益，不得危害他人身心健康，不得侵害他人肖像权、名誉权、荣誉权、隐私权和个人信息权益；五是基于服务类型特点，采取有效措施，提升生成式人工智能服务的透明度，提高生成内容的准确性和可靠性。

国家及行业主管部门也在推动《网络安全法》《数据安全法》《个人信息保护法》《反电信网络诈骗法》等法律在 ChatGPT 等生成式人工智能领域的延伸适用，并结合《互联网信息服务算法推荐管理规定》《互联网信息服务深度合成管理规定》和《科技伦理审查办法（试行）》等安全相关规定，强化对技术滥用等的法律约束（张峰等，2023）。

11.6.2　国际语言智能伦理规范准则

近年来，世界各主要国家在人工智能领域竞争日趋激烈，纷纷将人工智能发展置于国家发展的战略层面。为了确保其始终服务于增进人类福祉和科技向善的初衷，保持应有的道德敏感性，欧盟、英国等地区和国家制定了有关智能技术开发和应用的伦理规范。

2017 年 6 月，英国下议院成立了 2017—2018 会期内工作的特别委员会，成立目的在于研究与人工智能发展相关的经济、伦理和社会问题，并提出相关建议。2018 年 4 月 16 日发布了名为《人工智能在英国：是否准备好、愿意并且有能力应对？》的报告。报告讨论了人工智能各个方面的问题，并以问题为导向提出政策建议。其中提到了数据利用与隐私保护问题、加强智能技术算法的透明度和可解释性等，并且鼓励赞扬公司和组织制定相关的伦理行为准则。

2017 年 5 月 31 日，欧洲经济和社会委员会（European Economic and Social Committee, EESC）采纳并发布了《人工智能对（数字）单一市场、生产、消费、就业和社会的影响》。其中指出 EESC 需要从伦理和安全的角度密切关注人工智能的发展，呼吁制定人工智能开发、应用和使用的伦理准则（包括统一的全球伦理规范），在人工智能系统运行的整个过程中保证其符合欧洲的价值观和基本人权原则。

2019 年 4 月，欧盟人工智能高级专家组发布的《可信赖的人工智能伦理准则》（"Ethics Guidelines for Trustworthy AI"），确立了"可信赖人工智能"的三项必要条件，即人工智能须符合法律法规、人工智能须满足伦理道德原则及价值、人工智能在技术和社会层面应具有可靠性。该准则还明确了构成可信赖人工智能的 7 个关键要素，分别为人的能动性与监督，技术稳健性与安全性，隐私与数据管理，社会与环境福祉，多样性、非歧视性与公平性，透明性和问责制度。

2023 年 12 月 8 日，欧洲议会和欧洲理事会就《人工智能法案》达成初步协议，这是世界上首次尝试以全面的、基于伦理的方式监管这项快速发展的技术。法案为不同风险程度的人工智能系统施加不同的要求和义务，提出风险分类、价值链责任、负责任创新和实验主义治理等思路。建立全球首个全面监管人工智能的法案，旨在打造安全可信的人工智能时代。

11.7　规范准则对语言智能研究和应用的影响

国内外语言智能伦理规范准则的各项规定均体现了伦理先行、发展和安全并重的原则。其中既包括了对智能技术在应用过程中可能产生的道德伦理、安全隐私、知识产权、歧视及不当言论等问题的监管，同时也为新技术的发展留下包容开放的空间，这对语言智能的研究和应用带来了纲领性的指导。

一是引领技术创新。科技向善的文化理念将在技术创新发展过程中发挥价值引领作用。语言智能的研究仍需持续推进，探索优化应用场景；鼓励算法、框架等基础技术自主创新；重视模型治理，这些都是语言智能研究和应用的机遇和方向。

二是要认识到向善发展的内在要求，以人为本。坚持社会主义核心价值观是语言智能研究和应用中要严守的基本原则，语言智能研究和应用要以人为本，以社会主义核心价值观为价值观导向。重视公众利益，塑造公众信任，向上向善健康发展。

11.8 语言智能伦理问题防范治理的未来展望

2023年10月18日，习近平主席在第三届"一带一路"国际合作高峰论坛开幕式上的主旨演讲中提出《全球人工智能治理倡议》，围绕人工智能发展、安全、治理三方面系统阐述了人工智能治理中国方案。为相关国际讨论和规则制定提供了蓝本。核心内容包括：坚持以人为本、智能向善，引导人工智能朝着有利于人类文明进步的方向发展；坚持相互尊重、平等互利，反对以意识形态划线或构建排他性集团，恶意阻挠他国人工智能发展；主张建立人工智能风险等级测试评估体系，不断提升人工智能技术的安全性、可靠性、可控性、公平性；支持在充分尊重各国政策和实践基础上，形成具有广泛共识的全球人工智能治理框架和标准规范，支持在联合国框架下讨论成立国际人工智能治理机构；加强面向发展中国家的国际合作与援助，弥合智能鸿沟和治理差距等。

国际合作和协调是解决智能技术安全挑战的关键。各国尤其是技术大国应共同制定适用于人工智能的国际准则和标准，以确保其安全、可靠和负责任地开发和应用。加强监管和监督机制也是确保人工智能安全的重要措施。各国在加强国内立法，制定相关法律法规以保障人工智能的道德、隐私和安全的同时，也应在国际层面推动信息共享和情报合作，以便及时发现和应对潜在的安全漏洞（张丁，2023）。

希望在未来能够从国家层面、行业层面、公众层面形成对语言智能领域的多方共治，重视防范风险。布局相关法规体系，应对化解伦理问题带来的挑战，确保其在科技向善的道路上行稳致远，实现良性发展，推动语言智能为人类社会带来更多福祉和进步。

思考与讨论

1. 语言智能伦理的主要问题有哪些？
2. 如何看待学术伦理问题？请结合实际情况谈谈你的看法。
3. 语言智能伦理相关研究对语言智能研究与应用有何意义？
4. 随着大语言模型的不断发展，你认为未来还可能出现哪些伦理问题？会带来哪方面的影响？

参考文献

[1] AI HLEG. Ethics Guidelines for Trustworthy AI[EB/OL]. [2023-12-08]. https://digital-strategy.ec.europa.eu/en/library/ethics-guidelines-trustworthy-ai. 2018.

[2] 车万翔，窦志成，冯岩松等. 大模型时代的自然语言处理：挑战、机遇与发展 [J]. 中国科学：信息科学，2023，53（09）：1645-1687.

[3] 陈彬. 科技伦理问题研究：一种论域划界的多维审视 [M]. 北京：中国社会科学出版社，2014.

[4] 陈昌凤，吕宇翔. 算法伦理研究：视角、框架和原则 [J]. 内蒙古社会科学，2022，43（03）：163-170+213.

[5] 杜严勇. 人工智能伦理风险防范研究中的若干基础性问题探析 [J]. 云南社会科学，2022（03）：12-19.

[6] 冯菊萍. 隐私权探讨 [J]. 法学，1998（11）：33-35+55.

[7] 冯雨奂. ChatGPT 在教育领域的应用价值、潜在伦理风险与治理路径 [J]. 思想理论教育，2023，（04）：26-32.

[8] 古天龙. 人工智能伦理导论 [M]. 北京：高等教育出版社，2022.

[9] 郭丰，李贤达. ChatGPT 引发互联网治理新变局 [N]. 中国社会科学报，2023-03-06（7）.

[10] 何哲. 通向人工智能时代——兼论美国人工智能战略方向及对中国人工智能战略的借鉴 [J]. 电子政务，2016，（12）: 2-10.

[11] 胡小勇，孙硕，杨文杰，陈孝然. 人工智能赋能：学习者高阶思维培养何处去 [J]. 中国电化教育，2022（12）: 84-92.

[12] 李文华. 解析网络爬虫技术原理 [J]. 福建电脑，2021，37（01）: 95-96.

[13] 李佐文. 语言智能的新发展与新挑战 [J/OL]. 光明网，2022-02-20.

[14] 刘宝存，苟鸣瀚. ChatGPT 等新一代人工智能工具对教育科研的影响及对策 [J]. 苏州大学学报（教育科学版），2023，11（03）: 54-62.

[15] 刘荣，王爱强. 网络爬虫技术滥用的刑事责任 [J]. 中国检察官，2021，（18）: 28-31.

[16] 刘挺. 从 ChatGPT 谈大语言模型及其应用 [J]. 语言战略研究，2023，8（05）: 14-18.

[17] 龙卫球. 再论企业数据保护的财产权化路径 [J]. 东方法学，2018（03）: 50-63.

[18] 罗生全，谭爱丽，钟奕军. 人工智能教育应用伦理风险及其规避 [J]. 中国教育科学（中英文），2023，6（02）: 79-88.

[19] 莫宏伟. 强人工智能与弱人工智能的伦理问题思考 [J]. 科学与社会，2018（01）: 14-24.

[20] 莫宏伟，徐立芳. 人工智能伦理导论 [M]. 西安：西安电子科技大学出版社，2022.

[21] 蒲清平，向往. 生成式人工智能——ChatGPT 的变革影响、风险挑战及应对策略 [J]. 重庆大学学报（社会科学版），2023，29（03）: 102-114.

[22] 邱波. 滥用爬虫技术的刑事风险与刑法应对 [J]. 上海法学研究，2020（23）: 87-95.

[23] 沈苑，胡梦圆，范逸洲，汪琼. 可信赖人工智能应用的建设路径与现实启示——以英国典型举措为例 [J]. 现代远程教育研究，2023，35（4）: 65-74.

[24]《生成式人工智能服务管理暂行办法》.中华人民共和国国务院公报 [OL]. 2023,（24）: 39-42.

[25] 桑基韬, 于剑. 从 ChatGPT 看 AI 未来趋势和挑战 [J]. 计算机研究与发展, 2023, 60（06）: 1191-1201.

[26] 宋时磊, 杨逸云. 大语言模型的主权、安全及其治理 [J]. 中国高校社会科学, 2023,（06）: 109-118+155-156.

[27] 唐林垚. 具身伦理下 ChatGPT 的法律规制及中国路径 [J]. 东方法学, 2023,（03）: 34-46.

[28] 汪怀君, 汝绪华. 人工智能算法歧视及其治理 [J]. 科学技术哲学研究, 2020, 37（02）: 101-106.

[29] 王春晖. 谈《生成式人工智能服务管理暂行办法》的核心要义 [J]. 通信世界, 2023（14）: 4-5.

[30] 王利民. 人格权法新论 [M]. 吉林: 吉林人民出版社, 1994.

[31] 王少. ChatGPT 与学术不端治理: 挑战与应对 [J]. 科技进步与对策, 2023, 40（23）: 103-110.

[32] 王敏, 吴信训. "人·机·环"关系重构: 对算法伦理风险与应对的再审思 [J]. 新闻爱好者, 2022（10）: 13-16.

[33] 翁员媛. 文化自信视阈下语言智能发展中的伦理省思 [J]. 汉字文化, 2020（22）: 139-141.

[34] 解学芳, 何鸿飞. "智能 +"时代发达国家构建现代文化产业体系的经验——兼及国际比较视野中对中国路径的思考 [J]. 华中师范大学学报（社会科学版）, 2022, 61（4）: 62-74.

[35] 薛桂波, 赵建波. 从"应当"到"是": 人工智能伦理规范实践策略探析 [J]. 自然辩证法研究, 2023, 39（01）: 88-96.

[36] 杨晓雷. 人工智能治理研究 [M]. 北京: 北京大学出版社, 2022.

[37] 於兴中, 郑戈, 丁晓东. 生成式人工智能与法律的六大议题: 以 ChatGPT 为例 [J]. 中国法律评论, 2023,（02）: 1-20.

[38] 张成岗. 人工智能时代: 技术发展、风险挑战与秩序重构 [J]. 南京社会科学, 2018,（05）: 42-52.

[39] 张丁. 全球安全倡议下的中国人工智能治理路径 [J]. 信息安全与通信保密, 2023,（08）: 34-45.

[40] 张峰，江为强，邱勤，郭中元，王光涛. 人工智能安全风险分析及应对策略 [J]. 中国信息安全，2023（05）：44-47.

[41] 张华夏. 现代科学与伦理世界：道德哲学的探索与反思 [M]. 北京：中国人民大学出版社，2010.

[42] 张黎，周霖，赵磊磊. 生成式人工智能教育应用风险及其规避——基于教育主体性视角 [J]. 开放教育研究，2023，29（05）：47-53.

[43] 赵磊磊，闫志明. 生成式人工智能教育应用的生态伦理与风险纾解 [J]. 贵州师范大学学报（社会科学版），2023，（05）：151-160.

[44] 郑智航. 人工智能算法的伦理危机与法律规制 [J]. 法律科学（西北政法大学学报），2021，39（01）：14-26.

[45] 周建设，吕学强，史金生，张凯. 语言智能研究渐成热点 [N]. 中国社会科学报，2017-02-07.